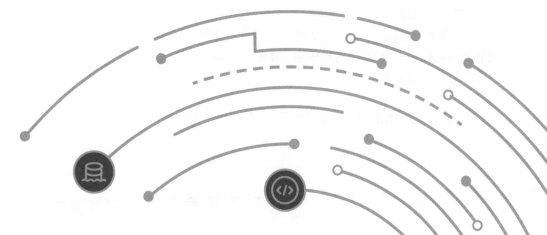

大模型工程化
AI驱动下的数据体系

腾讯游戏数据团队 编著

人民邮电出版社

北京

图书在版编目（CIP）数据

大模型工程化：AI 驱动下的数据体系 / 腾讯游戏数
据团队编著. -- 北京：人民邮电出版社，2025.
ISBN 978-7-115-65971-2

Ⅰ．TP18

中国国家版本馆 CIP 数据核字第 2025DH8887 号

内 容 提 要

大模型在众多领域得到了广泛应用，促进了 AI 技术的整合和创新。然而，在实际应用过程中，直接将大模型应用于特定行业常常难以达到预期效果。本书详细阐述如何在游戏经营分析场景中利用大模型实现数据体系的建设。

本书分为 6 个部分，共 16 章。第 1 部分主要介绍大模型技术的发展与应用，从大模型的发展现状展开，重点介绍大模型与数据体系的相关知识。第 2 部分主要介绍大模型下的关键基础设施，涵盖湖仓一体引擎、湖仓的关键技术、实时数据写入和高效数据分析等内容。第 3 部分主要介绍大模型下的数据资产，围绕数据资产重塑、数据资产标准、数据资产建设、数据资产运营展开。第 4 部分主要介绍自研领域大模型的技术原理，涵盖领域大模型的基础、需求理解算法、需求匹配算法、需求转译算法等内容。第 5 部分主要介绍大模型的工程化原理，涉及工程化的基础、技术筹备、建设要点、安全策略等内容。第 6 部分介绍大模型在游戏领域的应用，通过游戏领域的经营分析案例，系统地阐述如何实现业务需求。

本书适合致力于大模型技术应用的数据工程师阅读，也适合寻求 AI 自动化编程解决方案的软件开发者阅读，还适合希望利用 AI 提升业务效率的企业决策者阅读。

◆ 编　　著　腾讯游戏数据团队
　　责任编辑　单瑞婷
　　责任印制　王　郁　胡　南

◆ 人民邮电出版社出版发行　　北京市丰台区成寿寺路 11 号
　　邮编　100164　电子邮件　315@ptpress.com.cn
　　网址　https://www.ptpress.com.cn
　　固安县铭成印刷有限公司印刷

◆ 开本：800×1000　1/16
　　印张：19.25　　　　　　　　　2025 年 3 月第 1 版
　　字数：384 千字　　　　　　　2025 年 5 月河北第 3 次印刷

定价：89.80 元

读者服务热线：(010)81055410　印装质量热线：(010)81055316
反盗版热线：(010)81055315

作者简介

张凯，腾讯专家工程师，主要从事游戏的大数据分析工作。具有 10 多年的互联网从业经验，先后负责游戏安全对抗、反欺诈对抗、游戏大数据应用等项目。曾主编 3 本畅销图书，荣获异步社区"2023 年度影响力作者奖"。

司书强，腾讯资深专家工程师，负责游戏业务的数据工程、数据分析等工作。在大数据技术工程、数据分析、商务智能、企业级数据治理等领域有 10 年以上的实践积累，主导并落地多个大型企业数据体系建设。

刘岩，腾讯资深专家工程师，曾任三一重工智能制造研究院院长。目前负责腾讯游戏 AI 驱动下的数据体系建设工作，曾负责全球"灯塔工厂"建设。在数据驱动业务、业务流程重构、数据智能应用等领域有 20 年以上的工作经验，主导和落地多个大型企业数字化转型项目。

张昱，腾讯资深工程师，主要从事游戏大模型、大数据应用等工作。具有 10 年大数据、数仓技术和数据分析领域从业经验，曾先后负责云产品研发、大数据治理、湖仓一体和大模型应用等项目。

戴诗峰，腾讯资深工程师，主要从事游戏的数据治理规划与架构工作。具有近 20 年的数据领域工作经验，参与多个领域大数据平台和数据治理的咨询与交付工作，擅长数据资产体系、数据资产持续运营、数据治理标准等方面的规划与设计。

谢思发，腾讯资深工程师，主要从事游戏行业的算法研究工作。具有 8 年以上的大数据搜索推荐实战经验，曾先后负责游戏用户画像建设、推荐系统建设及游戏知识图谱（游谱）系统的建设与应用。曾发表多篇学术论文和专利，在 OGB 挑战赛等国际赛事中获得佳绩。

李飞宏，腾讯专家工程师，主要从事游戏的大数据平台研发及治理工作。具有 10 多年的大数据行业从业经验，曾先后负责游戏大数据分析平台、游戏数据治理平台、游戏大数据应用等项目，主编并参与多个腾讯数据治理标准的编写工作。

前　言

笔者团队在大数据领域深耕十多年，见证了从早期处理能力有限的大数据平台，到如今能够实现秒级处理的湖仓一体架构的演进，以及大数据的存储、计算、治理、应用等各类底座、平台的蓬勃发展。随着大模型时代的到来，构建以 AI 为驱动的数据体系已经从可能转变为必然。在这一进程中，笔者团队也积极地融入大模型的浪潮，以大模型、湖仓一体等新技术为基础，实施并落地了基于 AI 与湖仓一体技术的数据资产方案，从而达成在 AI 驱动下构建数据体系的目标。

2024 年，笔者团队决定撰写本书，旨在通过介绍项目中积累的技术体系与方法论，助力读者构建起体系化的思维模式。笔者团队深刻意识到，在大模型时代，不仅要关注大模型技术本身，还要具备全局视角，提出系统化的解决方案。因此，本书内容由浅入深，侧重于介绍基础概念、技术原理、解决方案和实战案例。

在具体的工程化实现中，为了让 AI 成为提高生产力的有力工具，笔者团队对需求沟通、资产建设、资产推荐、Text2SQL、SQL 结果验证、数据验证等环节进行了系统化整合，并确保 AI 贯穿全流程，打造以 AI 为核心的数据体系。笔者团队结合数据湖和数据仓库的优势，基于 AI 重构了数据资产体系，建立了领域大模型。在此基础上，以智能助手系统为例，阐述 AI 驱动下的数据体系在游戏领域的应用。

本书分为 6 个部分，共 16 章，各章主要内容如下。

第 1 章介绍大模型的发展现状，涉及大模型的发展历程、市场规模和应用现状。

第 2 章介绍大模型与数据体系的相关背景知识，从业务对数据体系的需求出发，介绍经典数据中台解决方案，并围绕经典数据中台解决方案中的痛点，探讨大模型带来的新机会，包括大模型的优势与不足、与经典数据中台的结合方式，以及新思路的提出。最后，提出全新的大模型解决方案，包含其建设目标、关键技术和方案架构。

第 3 章聚焦于大模型下的新基建。首先，介绍湖仓一体引擎，包括数据技术的发展和湖仓一体架构。接着，详细探讨 DeltaLH 湖仓的关键技术，包括存储计算分离、数据冷热分层和湖仓一体化。随后，介绍实时数据写入，包括实时数据链路、全链路监控和数据预构建。

最后，探讨高效数据分析，包括查询引擎优化和物化透明加速。

第 4 章介绍数据资产重塑。首先分析数据资产方案的现状，随后探讨其面临的核心挑战，包括缺失非结构化标准、建设和治理成本高、运营目标不一致等。接着，提出重塑数据资产的思路，旨在解决现有问题并优化数据资产的管理和应用。

第 5 章介绍数据资产标准，分析如何通过定义更广义的数据资产标准，包括需求资产标准、特征资产标准和库表资产标准，为数据资产的建设奠定坚实基础。

第 6 章聚焦于数据资产建设。首先，介绍 AI 如何助力资产初始化，包括特征资产和库表资产的初始化。接着，探讨 AI 如何辅助需求资产、特征资产和库表资产的建设。

第 7 章主要探讨数据资产运营。首先，明确数据资产运营的目标。接着，以北极星指标为牵引，分别介绍需求资产、特征资产和库表资产的运营策略，包括这 3 个运营策略中的不同关键指标。

第 8 章介绍领域大模型的基础知识。首先，介绍领域大模型的背景，包括通用大模型的局限性和领域大模型的优势。接着，详细阐述领域大模型方案，包括 3 种构建方案和模型选型等内容。最后，以 Text2SQL 为例，讲解领域大模型架构。

第 9 章聚焦于需求理解算法。首先，阐述从模糊需求到清晰需求的必要性及面临的挑战。接着，介绍常见的需求理解算法，包括传统 Query 理解算法和创新需求理解算法。最后，详细探讨需求理解算法的设计原理，包括构建业务知识库和构建需求理解链路。

第 10 章主要介绍需求匹配算法。首先，阐述从需求到资产的必要性、面临的挑战和解决方案。接着，详细介绍召回算法，包括资产图谱、文本召回、向量召回、意图召回和召回粗排。最后，介绍精排算法，包括数据生成、模型微调和多 LoRA 部署。

第 11 章聚焦于需求转译算法。首先，阐述从需求到查询的必要性及面临的问题。接着，介绍解决方案，包括传统的 Text2SQL 技术和创新的需求转译算法。最后，详细探讨实战原理，包括评测数据集和算法流程等内容。

第 12 章介绍工程化的基础。首先，介绍工程化的背景，包括工程化的定义和理念。接着，阐述工程化的核心和建设思路，包括业务流程和系统架构等内容。

第 13 章主要探讨工程化的技术筹备工作。首先，进行技术调研评估。然后，介绍大模型应用框架的 4 个层次，分别是核心层、社区组件层、应用层和技术生态层。接着，探讨提示词工程的内容模块，包括少样本提示、链式思考提示和自调整提示。最后，介绍开发环境的准备过程，包括软件安装和依赖库安装。

第 14 章聚焦于工程化的建设要点。首先，明确构建目标，包括功能性需求、非功能性需求和流程定义。接着，介绍核心功能的实现，具体包括模块化架构、安全管控、工具模型、人机协同和应用场景。最后，介绍运营质量的评估指标，包括回归评估指标和资产运营指标。

第 15 章主要探讨工程化的安全策略。首先，介绍安全体系建设要点，包括制度与流程、数据安全和运行安全。接着，提出安全体系实施方案，包括数据分类分级方案、资产匿名化与脱敏方案、访问控制方案和监控告警方案。

第 16 章介绍游戏领域的应用案例。以游戏领域为例，首先介绍游戏经营分析的背景。接着，详细阐述智能助手系统架构的设计和实现。最后，展示代码生成应用和探索分析应用的具体实践。

本书由多位作者梳理结构和写作，具体分工如下。

- 张凯负责制订本书整体框架、梳理技术流程，以及统筹和优化所有章节的内容。
- 司书强负责组织团队写作，合理配置项目资源，严格把关并细心审阅本书的技术内容。
- 刘岩负责撰写第 1 章到第 3 章的内容。
- 张昱负责撰写第 4 章到第 6 章的内容。
- 戴诗峰负责撰写第 7 章、第 16 章的内容。
- 谢思发负责撰写第 8 章到第 11 章的内容。
- 李飞宏负责撰写第 12 章到第 15 章的内容。

衷心感谢众多朋友的鼎力相助。特别感谢周威、皇甫学军、梁彪、黄奕文对第 3 章内容的贡献，以及人民邮电出版社编辑单瑞婷对本书出版工作的全程支持。

虽然在写作过程中，我们尽最大努力保证内容的完整性与准确性，但由于写作水平有限，书中难免存在不足之处，恳请读者批评和指正。

腾讯游戏数据团队

2024 年 10 月

目　　录

第 4 部分　自研领域大模型的技术原理

第6部分　大模型在游戏领域的应用

第 1 部分　大模型技术的发展与应用

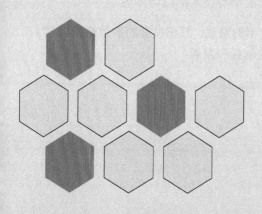

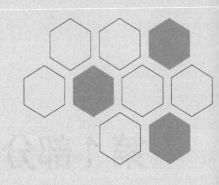

第1章
大模型的发展现状

随着 2022 年大模型技术的突破,各类基于大模型的应用逐步普及到大众的工作和生活中。大模型的核心在于迅速响应人们对信息处理和智能服务的需求。大模型不仅能在文本创作、翻译等方面提供帮助,其应用还能扩展至图像处理、语音处理和推理规划等多个领域。这种强大的信息处理能力极大地提升了人们获取、理解和应用信息的效率,进而能显著提高工作效率。

大模型的技术创新和发展不仅加速了科技进步,而且在推动经济增长方面发挥了不可或缺的作用。这些先进的模型已经渗透到众多行业和领域,包括但不限于教育、医疗、游戏等,为各行业的企业开辟了新的商业机会和市场。同时,大模型的发展也促进了一系列相关产业的兴起,如云计算、大数据等。在科研和技术创新领域,大模型和其他新技术的结合,产生了新的产品、服务和业态,为经济的增长提供了新的动力。

1.1 大模型的发展历程

大模型是人工智能领域几十年技术积累和研究沉淀的结果。大模型的概念已经不再是单纯的模型本身,而是硬件、算法、模型、数据、算力和应用等技术的综合体现。

深度学习是人工智能领域最重要的分支,经过几十年的发展,其在模型的参数规模和信息推理能力方面取得了重大突破,从而促进了大模型的创新和发展。

深度学习技术的发展经历了 4 个阶段,如图 1.1 所示。

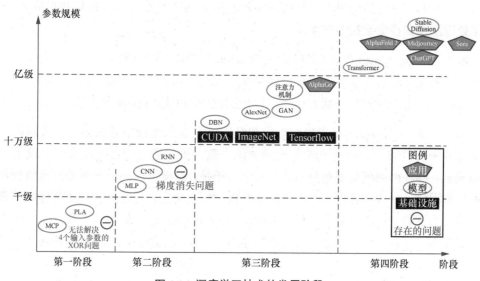

图 1.1 深度学习技术的发展阶段

1. 第一阶段（1943—1969 年）

1943 年，Warren McCulloch 和 Walter Pitts 发表论文 "A logical calculus of the ideas immanent in nervous activity"，提出了人工神经元模型 MCP（McCulloch-Pitts）。此模型模拟了神经元之间信息的传递和处理方式，为神经网络和人工智能研究奠定了基础。

1958 年，Frank Rosenblatt 提出了感知机模型和感知机学习算法（Perceptron Learning Algorithm，PLA）。PLA 通过不断调整神经元之间的连接权重，使得神经网络能够自动学习和适应输入数据的模式，从而实现了神经网络学习。

1969 年，Marvin Minsky 和 Seymour Papert 指出，PLA 是一种线性模型，无法解决 4 个输入参数的 XOR（异或）问题。这一发现象征着深度学习领域首次遭遇挫折，随后该领域经历了长达近 20 年的相对停滞期。

2. 第二阶段（1986—1991 年）

1986 年，Geoffrey Hinton 等人提出了多层感知机（Multilayer Perceptron，MLP）模型，并在 MLP 的基础上实现了反向传播算法（Back Propagation Algorithm，BP），使得神经网络训练可以到达更深的层次，有效解决非线性分类和复杂训练的问题。此外，MLP 可逼近任意连续函数，以便深度学习处理复杂的任务。

1989 年，Yann LeCun 等人利用 BP 算法成功训练了卷积神经网络（Convolutional Neural

Network，CNN），并将其应用于手写邮政编码的识别。CNN 通过卷积操作和权值共享机制，提高了处理图像和视觉数据的效率。

1990 年，Jeffrey Elman 在论文 "Finding Structure in Time" 中提出了 Elman 网络——一种可用于处理序列数据和时序任务的循环神经网络（Recurrent Neural Network，RNN）。RNN 通过在隐藏层引入上一时间步的状态信息，以便捕捉序列中的时间依赖关系。

1991 年，Sepp Hochreiter 指出，多层神经网络在训练过程中存在梯度消失问题。这一问题会导致神经网络的训练速度非常慢或训练失败。虽然通用逼近定理证明了仅需一层以上的隐藏层，神经网络便能逼近任意连续函数。于是，深度学习的研究者始终面临使用多层神经网络的困境。在这一背景下，当时的计算资源相对匮乏，无法为大规模神经网络训练提供足够的算力支持。加之支持向量机（Support Vector Machine，SVM）等统计学模型在特定任务上展现出了卓越的性能，进而使得机器学习再度陷入低谷，研究热点纷纷转向支持向量机等模型。

3. 第三阶段（2006—2016 年）

2006 年，Geoffrey Hinton 等人在论文 "A Fast Learning Algorithm for Deep Belief Nets" 中提出了深度置信网络（Deep Belief Network，DBN）模型。该模型通过逐层贪婪预训练的策略，解决了多层神经网络训练中的梯度消失问题。

2006 年，NVIDIA 推出了 CUDA 框架。该框架将图形处理单元（Graphics Processing Unit，GPU）的并行处理能力转化为通用的并行计算能力，使得 GPU 在每秒浮点操作数（Floating-point Operations Per Second，FLOPS）上比中央处理器（Central Processing Unit，CPU）高了 10 倍不止，从而大幅提升了算法训练的效率。

2009 年，李飞飞团队发布了 ImageNet 数据集，该数据集包含数百万个带有标签的图像，可被用于图像分类和目标识别任务。ImageNet 数据集成为许多深度学习模型和算法的基准数据集，对计算机视觉领域的发展有着重要的推动作用。

2012 年，Alex Krizhevsky 等人在 ImageNet 图像分类竞赛（ILSVRC）中，凭借 AlexNet 模型取得历史性的突破。AlexNet 首次引入了 ReLU 激活函数，进一步解决了深度神经网络训练中的梯度消失问题，标志着计算机视觉进入了应用和普及阶段。

2014 年，Ian Goodfellow 等人提出了生成对抗网络（Generative Adversarial Network，GAN）。GAN 通过生成器和判别器的对抗训练，实现了图像生成和转换。

2014 年，Dzmitry Bahdanau 等人在机器翻译领域引入注意力机制（Attention Mechanism），

提升了模型对长序列和大文本的处理能力，这是机器翻译领域的拐点。

2015 年，Google 推出了 TensorFlow 开源深度学习框架。这些框架大大降低了神经网络模型开发和训练的门槛，促进了深度学习的研究和应用。

2016 年，DeepMind 的 AlphaGo 战胜世界围棋冠军李世石，展示了深度学习和强化学习在处理复杂任务和决策制定方面的巨大潜力。AlphaGo 通过大规模数据的学习和自我对弈的训练，逐步提高自身水平，开启了人工智能发展的新篇章。

4. 第四阶段（2017 年至今）

2017 年，Google 在论文 "Attention is All You Need" 中提出了 Transformer 模型，该模型避免了 RNN 模型中常见的梯度消失或爆炸问题，从而在机器翻译任务上的表现全面超越RNN 模型。这一突破性的创新迅速扩散到整个深度学习领域，后续的 BERT 和 GPT 算法架构均是基于 Transformer 架构提出的。

2021 年，DeepMind 在国际蛋白质结构预测竞赛（CASP）中使用 AlphaFold 2 成功突破了蛋白质结构预测领域的技术瓶颈，为生物学研究和药物开发提供了新方法，展示了深度学习在解决复杂科学问题上的巨大潜力。

2022 年，Stability AI 推出了开源模型 Stable Diffusion。Stable Diffusion 通过逐步向样本中引入噪声，使其逐渐过渡到一个简单的分布状态，随后通过逆向的扩散过程来生成高质量的图像。Stable Diffusion 对比之前的 GAN，具备更容易训练、对 GPU 资源需求更低和生成的图像质量更高的特点，成为图像生成、视频生成领域的核心模型。

2022 年，David Holz 发布了 Midjourney。Midjourney 能够根据用户输入的文本快速生成高质量且具备差异化的图片，可以大大提高设计师的工作效率。Midjourney 展现出巨大的商业化和产品化潜力，使人工智能生成内容（Artificial Intelligence Generated Content，AIGC）成为舆论的焦点。

2022 年，OpenAI 发布了基于 1750 亿参数规模的大语言模型应用 ChatGPT，它所展示的能力充分证明了大模型在社会各领域的应用潜力。仅仅两个月，ChatGPT 的活跃用户数就突破 1 亿，彻底"引爆"了人工智能，使大模型相关产业飞速发展。

2024 年，OpenAI 发布了基于文本生成视频的应用 Sora。Sora 不仅能够生成长达 60 秒的视频内容，还具备对现实世界的惊人建模与模拟能力，这意味着 AI 技术正在朝着能够全面理解和模拟物理世界规律的方向发展，通用人工智能（Artificial General Intelligence，AGI）的实现成为可能。

1.2　大模型的市场规模

自 2021 年起,大模型在全球范围内经历了一段快速增长期,其市场规模呈现出显著的指数级增长。与此同时,国内大模型相关应用在 Android 渠道上的下载量也呈现出类似的指数级增长趋势,被消费者广泛接受。

1. 全球市场规模

根据大数据之家、钛媒体数据,从全球市场来看,2020 年大模型的全球市场规模为 25 亿美元。到 2028 年,大模型的全球市场规模预计达到 1095 亿美元。

2020—2028 年大模型的全球市场规模如图 1.2 所示。

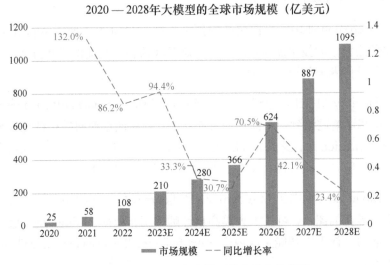

图 1.2　2020—2028 年大模型的全球市场规模

2. 中国市场规模

根据大数据之家、钛媒体数据,从中国市场来看,2020 年大模型的中国市场规模为 15 亿元。预计到 2028 年,大模型的中国市场规模达到 1179 亿元。

2020—2028 年大模型的中国市场规模如图 1.3 所示。

图 1.3　2020—2028 年大模型的中国市场规模

3.国内大模型在 Andriod 渠道的下载规模

国内的大模型相关应用包括腾讯元宝、豆包、讯飞星火、文心一言、智谱清言、天工、通义和 Kimi 等，这一类应用在 Android 渠道的下载规模呈现超高速增长的态势。2023 年 8 月 6 日到 2024 年 8 月 6 日，国内大模型相关应用在 Android 渠道的累计下载量达到 8.2 亿，如图 1.4 所示。

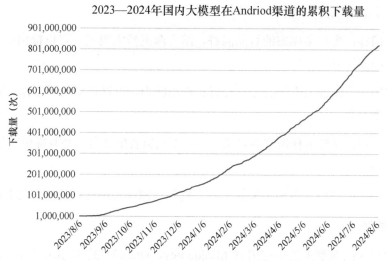

图 1.4　国内大模型相关应用在 Andriod 渠道的累计下载量

1.3 大模型技术的应用现状

随着大模型技术的快速发展，大模型相关应用如雨后春笋般涌现。本节将以通用大模型技术的应用和领域大模型技术的应用为例，阐述大模型的应用现状。

1.3.1 通用大模型技术的应用

通用大模型技术应用的场景主要包括自然语言处理、图像处理和视频处理等，如图 1.5 所示。

图 1.5 通用大模型技术应用的场景

1. 自然语言处理

针对自然语言处理的典型大模型应用有 OpenAI 的 ChatGPT、Anthropic 的 Claude、腾讯元宝、字节旗下的豆包等，其核心功能如下。

- 智能问答：支持多模态的智能问答，结合深度搜索模式，可以提供更新、更专业、更全面的信息。

- 文档写作：通过大模型的语言理解和输出能力，可以辅助内容创作，完成报告、方案的撰写等。

- 语言翻译：支持多种语言的对话，理解不同语言的任务，并且提供高质量的多语言翻译服务。

- 内容摘要：支持对多种类型的文档、链接、图片等进行解析和信息总结。

2. 图像处理

针对图像处理的典型大模型应用有 Midjourney、OpenAI 的 DALL-E 2、开源的 Stable Diffusion 等，其核心功能如下。

- 图像生成：用户描述场景或角色，大模型能够将这些语义信息转换为视觉元素，生成高质量的图像。

- 图像修复：能够处理低质量或受损的图像，使其变得更加清晰和逼真。

- 风格转换：能够将图像转换成不同的艺术风格，例如印象派、涂鸦等。

- 图像编辑：能够执行常见的图像编辑任务，如裁剪、调色和添加元素等。

实际使用时，需要提前准备好提示词（Prompt），并将提示词给大模型，这样大模型才能完成相应的图像处理任务。以 Midjourney 为例，给到大模型的提示词是"在夜晚的雪地中，一位拥有星星般的发光肌肤的女性，被花朵环绕，呈现出奇幻的风格。女性闭着眼睛，创造出一种超凡的效果。她的脸和脖子上有星星，增添了场景的魔幻感。--chaos10 --stylize150 --pdzkthys --ar3：4"。此时，大模型会根据提示词生成高清图片，如图 1.6 所示。

图 1.6　Midjourney 根据指定提示词生成的高清图片

3．视频处理

大模型应用于音视频方向的典型场景包括视频生成、视频增强、音频生成、音频增强等。

针对视频处理的典型大模型应用有 OpenAI 的 Sora、Luma 的 Dream Machine、Runway 的 Gen-3、Pika labs 的 Pika 和 MiniMax 的海螺 AI 等，其核心功能如下。

- 文生视频：能够将用户提供的文本描述转化为动态的视觉内容，并在生成视频时模拟现实世界的物理规则，生成包含多个角色和复杂背景的视频。

- 多模态输入：支持基于文本、图像或视频输入来生成视频，或者在现有视频的基础上进行内容修改或者视频延长。

- 角色一致性：能够在模拟现实世界物理规律的同时，保持角色的完整性，确保视频内容在时间上的连贯性和逻辑性。

- 多种镜头运动：支持一系列流畅、电影化和自然的摄像机运动，确保与每个场景的情感基调相匹配。

同图像处理类似，实际使用时，需要准备好提示词给大模型，这样大模型才能生成视频。以 Dream Machine 为例，给到大模型的提示词是"该场景是从穿过繁忙的城市街道的骑行者角度拍摄的。摄像机捕捉到了自行车的车把、前方的道路和周围的交通情况。当骑行者穿梭在街道上时，行人、汽车和店面都模糊地闪过。使用 POV 镜头让观众身临其境地体验骑行，强调了速度和活力"。此时，大模型会根据提示词生成视频，视频的截图如图 1.7 所示。

图 1.7　Dream Machine 根据指定提示词生成的视频的截图

另外，在音频生成和音频增强领域，用户也可以使用文本提示词来生成完整的音乐，其中典型的大模型应用有 Udio、Fryderyk、Suno 和网易天音等。

1.3.2　领域大模型技术的应用

大模型技术的应用已经广泛深入各个专业细分领域。本节将以大模型在科学发现、机器人、企业应用，以及代码编程等关键领域的技术应用现状为例，展示其在推动行业创新和解决复杂问题方面的潜力。领域大模型技术应用的典型场景如图 1.8 所示。

图 1.8 领域大模型技术应用的典型场景

1. 科学发现

大模型应用于科学发现领域的典型场景包括蛋白质预测、新材料发现、药物开发和天文物理等。

- 蛋白质预测：如 DeepMind 的 AlphaFold 3，不仅能预测单个蛋白质序列或蛋白质复合物的结构，还能预测蛋白质与其他蛋白质、核酸、小分子中的一种或多种物质复合的结构。此项技术是一个革命性的创新，能够预测所有生命分子的结构和相互作用，并且在预测蛋白质与其他分子的相互作用的准确率上比传统方法提高 50%。

- 新材料发现：如 DeepMind 的 GNoME（材料探索图形网络）平台，其在 17 天内独自创建了 41 种新材料。GNoME 发现了超过 220 万种稳定结构，将稳定结构的预测精确度提高到 80% 以上。在预测成分时，每 100 次实验的精确度提高到 33%，此前仅为 1%，相比之下，其速度和精确度远超人类。

- 药物开发：如 Atomwise 公司的 AtomNet 平台，其运用一种虚拟高通量药物筛选（High-Throughput drug Screening，HTS）方法，可以在由超过 15 万亿个可合成化合物组成的、不断扩大的化学库中进行搜索，准确地找到与任何已知结合剂截然不同的新型结合剂，从而在新的化学空间中找到热门药物。

- 天文物理：中国天眼 FAST 望远镜在寻找脉冲星的过程中，使用 AI 技术来应对每秒高达 38 GB 的传输数据，大幅提高了搜索效率。

2. 机器人

针对机器人领域的典型大模型应用有 DeepMind 的 RT-2、Google 的 PaLM-E、Covariant 的 RFM-1 和北京大学的 RoboMamba 等，此类应用的核心功能如下。

- 多阶段任务规划：能够根据视觉和语言输入完成复杂的多阶段任务规划，例如决定哪种物体可以用作临时的锤子。

- 自主操作与控制：能够应对任务执行期间可能发生的中断，显示出对环境的适应性和弹性。

- 多模态理解和生成：能够对输入的语义和视觉进行理解，解释成命令，并通过执行基本推理来响应用户指令。

- 端到端执行：能够直接从视觉输入到机器人动作输出，降低了传统机器人学习过程的复杂性。

以 RT-2 模型为例，展示大模型技术在机器人领域的应用。RT-2 模型是一个"视觉—语言—动作"模型，需要处理的数据包括当前图像、语言命令和特定时间步骤的机器人动作。RT-2 模型可以将现有的视觉语言模型与机器人动作数据进行共同微调，通过生成的机器人动作文本字符串（如"1 128 91 241 5 101 127 217"）驱动机器人执行相应动作，于是，机器人就有了自主应对新对象、新环境和新任务的能力。

3. 企业应用

大模型在企业应用领域的典型应用场景包括智能营销、智能设计、智能制造和智能客服等。

- 智能营销：Jasper 是一款专为企业营销场景研发的 AI 工具。例如，可以将 AI 生成的图像内容重新包装成符合品牌风格的多种格式和语言；支持跨平台使用，允许用户通过电子邮件、社交媒体和企业官网等多个渠道发布内容；具备撰写高质量文案的能力，支持用户上传品牌风格的写作指南，让 AI 模仿，从而确保内容的一致性；支持集成到常用开发工具和浏览器中，提高内容创作效率。Jasper 还是一个多人协作 AI 平台，可以在其中分配工作、查看状态等。

- 智能设计：新思科技（Synopsys）的 DSO.ai 通过 AI 自动优化流程，提高芯片设计的效率和质量。DSO.ai 通过强化学习进行智能设计和优化，可在优化过程中智能优化数万亿个设计方案，从而在设计空间中实现更好的优化结果。DSO.ai 还能够同时针对多个目标（如性能、功耗和面积等）进行设计空间优化，并在这些目标之间找到最佳平衡，实现更高效和有效的设计。此外，DSO.ai 还支持从寄存器传输级（Register Transfer Level，RTL）到最终版图（GDSII）的全流程自动优化，从而缩短设计时间，提升设计质量。

- 智能制造：ClondNC 通过 AI 可以实现无须模板或宏即可生产出优质零件，以及自动生成专业的加工策略，从而使得以前需要数小时甚至数天才能完成的任务，现在只需几分钟或几秒钟就能完成。使用 ClondNC 生成加工策略能够延长机器的正常运行时间、缩短交货时间和提高流程稳定性。

- 智能客服：Salesforce 的 Einstein 平台通过 AI 技术提供多种功能，从而改善客户体验和提高服务效率。例如，通过自动化客户服务任务，帮助服务团队节省时间，从而服务团队可以专注于更复杂的客户问题；通过理解客户查询的自然语言，自动提取关键信息并将其路由到正确的服务代表或解决方案；根据客户的历史交互和偏好，推荐个性化的服务选项和解决方案；自动从客户交互中提取信息，并更新知识库，使服务团队能够快速地找到解决方案。

4. 代码编程

大模型应用于代码编程领域的典型应用有 GitHub Copilot、Tabnine、JetBrains Fleet 等，此类应用的核心功能如下。

- 代码生成：根据开发者的注释或代码描述，能够生成多种编程语言的代码，支持 Python、JavaScript、TypeScript、Ruby、Go、Java 等。

- 代码补全：能够根据上下文、已有的代码、相关的代码库及开发者的编码习惯，给出合适的代码补全建议，帮助开发者快速编写程序。

- 错误检查：能够在开发者编码时识别潜在的错误，并给出修复代码的建议，从而提高代码的质量和可维护性。

- 测试用例：能够解释已有代码，并且根据现有代码生成测试用例，同时生成注释。

使用 GitHub Copilot 生成测试用例，如图 1.9 所示。

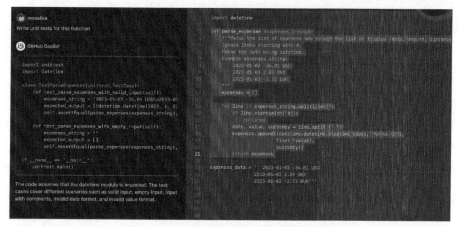

图 1.9　使用 GitHub Copilot 生成测试用例

在使用大模型生成代码的领域中，SQL 代码生成是一个重要的研究方向，它能够通过大模型解析用户描述的自然语言需求并生成相应的可执行 SQL 代码，还可以生成 BI 图表等，从而完成数据分析。

1.4　小结

本章重点阐述了大模型的发展现状。首先，通过介绍大模型的发展历程，深入探究深度学习技术演进的关键阶段；其次，通过介绍大模型的市场规模，揭示当下大模型的市场普及程度；最后，以通用大模型技术的应用和领域大模型技术的应用为例，详细阐述大模型技术的应用现状。这些内容可为读者后续学习大模型在数据体系中的应用提供背景知识。

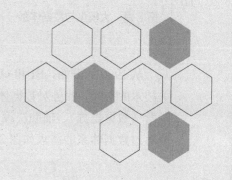

第2章
大模型与数据体系

随着信息技术和互联网技术的迅猛进步，业务运营过程中产生了海量的数据。为了更加精准地进行业务决策，实现业务增长和优化的目标，业务方会不断增加对数据体系的需求，并且逐步深化需求的层次。为了适应这一发展趋势，不仅要快速迭代和发展与业务相配套的数据体系管理和处理技术，还需要积极探索和尝试大模型的应用。

一般而言，数据体系包含数据获取、存储、更新、挖掘和应用等环节。对于数据体系的管理与处理等系列工作，可以统称为数据工程。此领域作为数据科学与软件工程的交叉领域，通过数据准备、存储、加工、分析和可视化等技术，帮助用户从海量的数据中提取有用信息，并为基于数据的业务决策提供支持。随着数据量越来越大，处理大数据所需要的数据工程技术也越来越复杂，逐渐衍生出以数据中台为代表的一系列大数据解决方案。

为了持续实现数据与业务更为紧密融合的目标、有效应对传统数据工程所面临的诸多挑战，本章从业务对数据体系的需求、经典数据中台解决方案、大模型带来的新机会和全新的大模型解决方案4个维度逐一阐述。

2.1 业务对数据体系的需求

自 1989 年起，数据便开始在业务决策与增长中扮演着关键角色。1989 年，高德纳（Gartner）公司的分析师 Howard Dresner 统一了商务智能（Business Intelligence，BI）的定义，将其界定为涵盖数据采集、存储、处理及应用分析的综合体系。随后，在 1990 年，数据仓库领域的先驱 Bill Inmon 进一步阐明了数据仓库的概念，并对联机分析处理（Online Analytical Processing，OLAP）与联机事务处理（Online Transaction Processing，OLTP）进行了系统性的区分。通过利用 OLTP 生成的数据构建 OLAP 系统，企业得以迅速分析并有效利用数据，从而加速 BI 系统的构建进程，进而辅助业务决策、驱动业务增长。

从 1990 年开始，BI 和 OLAP 的发展进入快车道，尤其是随着互联网的普及和大数据相关技术的兴起，业务对数据体系的需求从经营分析（可视化）开始不断深入，发展出精细化运营（数据挖掘）、辅助决策（预测）、驱动业务（干预）、智能自适应业务（AI）等需求。业务对数据体系的需求如图 2.1 所示。

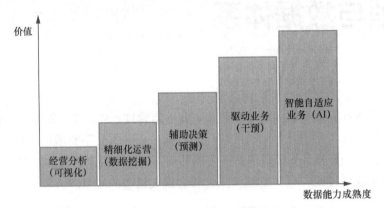

图 2.1　业务对数据体系的需求

1. 经营分析

经营分析类的需求一般以企业运营的关键绩效指标（Key Performance Index，KPI）为指引。通过对 KPI 的分解，将企业的整体运营目标落实到各部门、各小组及各员工层面，使业务目标可描述、可拆解和可度量。最终，通过 OLAP 和 BI 系统准时地反馈 KPI 的完成情况，从而提高企业整体的运营效率。

在构建指标体系时，首先，设计企业的北极星指标，如收入增长、营业毛利和资本效率等；其次，将北极星指标分解成各部门的 KPI，如收入增长指标可以分解成营业收入、高附加值产品收入和市场占有率等；最后，将各部门的 KPI 进一步分解为小组或员工个人的 KPI，如营业收入可以分解成新签用户数、续费用户数和平均客单价等。

为了满足上述需求，通常采用从 ERP、SRM、CRM、HR 等系统同步数据至 OLAP 数据仓库的方法。在数据仓库中，可以通过数仓建模构建指标体系，借助 BI 系统实现指标体系的全面监控与管理，确保各项指标的实时跟踪与评估。通常有 3 类厂商可以提供这样的解决方案：一是 ERP 等应用系统厂商，其优势在于能够更好地与自家应用系统进行深度集成；二是 OLAP 厂商，其优势在于拥有丰富的行业通用模型及强大的开发集成能力；三是 BI 厂商，其优势在于拥有丰富的图表展示方式，以及简单、灵活、易用的操作界面。

2. 精细化运营

随着互联网的普及，企业和用户之间的关系从线下转为线上。同时，随着物联网（Internet of Things，IoT）技术的成熟，企业内部的人、设备、材料、环境间的交互也由线下变为线上。此外，随着云计算、大数据的兴起，企业存储、计算、应用数据的能力比以前高了几个数量级。因此，业务对数据的需求已不再局限于简单地查看报表和指标。相反，业务人员期望通过更丰富的数据来深入剖析和还原业务过程，了解发生了什么事情，并探究其背后的原因和机理。通过数据挖掘和归因分析，业务人员能够识别和沉淀那些有助于业务发展的正面运营动作，同时规避那些可能导致业务受阻的负面运营动作，从而推动业务的可持续、健康发展。

精细化运营通常根据特定场景进行分析。常见的场景包含用户运营分析、活动运营分析、设备综合效率（Overall Equipment Effectiveness，OEE）分析和企业能耗分析等。在确定场景后，需要采用生命周期、画像分层等方法来确定模型。例如，在用户运营场景中，常用的模型有 AARRR 模型、RFM 模型等。在确定模型后，使用数据和算法进行建模，对用户进行分群，从而进行精细化分析，例如基于 RFM 模型，按照最近一次消费时间（Recency）、消费频率（Frequency）和消费金额（Monetary），可以给用户打上高、中、低等标签，从而对相同标签对应的群体进行精细化运营。

为了满足精细化运营的需求，企业通常从解决自身业务问题的角度出发，逐步发展出适合不同行业和场景的解决方案。客户数据平台（Customer Data Platform，CDP）便是典型的代表，这类解决方案最初主要由腾讯、阿里、百度等互联网公司提出，旨在解决自身业务中的精细化运营问题。随着实践的深入，客户数据平台逐渐积累了丰富的经验，并逐步实现了标准化，最终形成了标准的解决方案和产品。

3. 辅助决策

随着机器学习技术的不断发展、硬件算力和数据的指数级增长，深度学习相关算法和模型在很多垂直领域已接近或达到人类的表现水平。特别是在 2016 年，Google 的 AlphaGo 成功击败世界围棋冠军李世石，标志着深度学习在图像识别、声音识别、自然语音理解等方面取得了显著的进展。同时，也促进了人们对数据的理解，即意识到半结构化、非结构化的数据也需要采集、处理、分析和管理。随着业务对数据需求的日益增长，我们期望利用深度学习技术对结构化、半结构化和非结构化的数据进行模型训练。通过分析历史数据，预测未来趋势，从而做出及时的决策和预案。

辅助决策一般会嵌入业务场景，在业务流程中的某个或某几个节点上对后续节点和结果进行预测。特别是在流程的前期节点上，通过预测来优化资源、控制成本、合理安排计划和规避风险。常见的需求预测流程有销量预测、产品定价优化、产销协同规划、供应链计划和故障预测等。以产品定价为例，首先，收集多方面的数据，如用户偏好、市场信息、产品配方、产品成分、销售渠道和品牌价值等；其次，定义目标，如销量最大化目标、利润最大化目标和市场占有率目标等；最后，根据选定的目标进行数据清洗与加工、模型选择与训练等，最终得到产品定价优化模型，从而辅助新产品定价。

为了满足上述需求，我们可以构建一个机器学习平台，该平台整合了数据清洗与加工、模型选择与训练，以及上线发布的整个工作流程。通过这一平台，我们能够统一进行数据处理、特征工程的管理，以及算法模型的沉淀。这不仅促进了团队间的协作和知识共享，还显著提升了团队在机器学习训练和在线推理方面的效率。

4．驱动业务

移动互联网和智能终端的发展改变了人、产品、时空的关系。产品和服务提供者必须提升响应速度，通过持续的实时互动，吸引和保持用户的注意力，从而为用户提供更优质的体验。实时互动对数据也提出了更高的要求，如果之前基于 T+1 的数据做预测、做事后的复盘和改善，那么现在就需要基于 T+0 的数据实时处理和响应用户的行为，把实时的行为和历史的行为进行联合计算，并根据这些行为做出实时的、智能的判断和决策，从而使企业可以个性化地、高效地、精准地为更多客户提供服务。

驱动业务一般会嵌入业务流程的节点，具体而言，就是把原来需要人工处理的流程节点变成自动处理的流程节点；把原来按照规则机械执行的流程节点变成利用数据加算法的智能化流程节点；把原来执行效果需要事后评估的流程节点变成执行效果可以实时评估且动态优化的流程节点。驱动业务的常见流程节点有实时广告投放、实时个性化推荐与营销、实时价格调整与促销、实时订单处理与配送优化、实时顾客服务与反馈管理等。以实时个性化推荐与营销为例，首先需要实时处理大量的用户行为数据，如浏览记录、搜索记录、购买记录等，以及用户的历史行为、个人信息、偏好、商品热度等信息；其次运用协同过滤、深度学习等技术，基于实时数据通过算法模型预测用户的兴趣和需求，并生成个性化商品、店铺、优惠等推荐结果；最后通过推荐结果帮助用户发现感兴趣的商品，为用户提供更好的购物体验，同时也为商家提供更精准和有效的广告投放渠道，提高交易的成功率和效果。另外，可以应用 A/B Test 来评估推荐的效果、应用强化学习等智能自适应算法来逐步提升推荐的精准度，使算法和业务能够协同进化。

为了满足上述需求，通常需要建立实时数据处理系统，使其能够接收实时的用户、环境、产品之间的互动数据，并实时进行数据转换、过滤、聚合、计算和模型推理等工作。驱动业务实时嵌入业务流程的节点，一方面可以实现流程自动化来优化运行效率，另一方面可以通过数据和算法实现精细化管控和个性化服务，从而提高组织的竞争力。

5．智能自适应业务

在智能自适应业务场景下，我们仅需负责决策和设定目标，而 AI 则承担将目标细化与分解的重任，并负责制订详尽的计划与资源协调策略。在执行过程中，AI 能够实时与人、环境、产品及规则等要素进行深度互动，准确评估目标的执行情况，并预测可能出现的各种状态。同时，AI 还能根据预测结果和环境信息灵活调整计划与资源安排，不断积累经验、优化自身策略，当未来遇到类似任务时，就能够达到最佳执行效果。

通用人工智能依旧是理想目标，当下大模型只能在具体的任务（Task）上体现出强大的通识能力，对于工作（Job）还需要人机协同或者在人类的监督下完成。至于项目（Project）级别的管理和企业（Enterprise）级别的整体运营，智能自适应业务目前还没有成熟和完整的实现方案。

2.2　经典数据中台解决方案

为了满足业务经营分析、精细化运营、辅助决策和驱动业务等方面的需求，企业通过搭建平台来实现对应功能，从而满足经营管理者、业务用户、数据工程师、数据科学家和客户的使用需求。由此，数据中台应运而生。数据中台并不是一个具体的产品，而是一个解决方案，包括技术平台、数据建模、数据治理 3 个部分。经典数据中台解决方案如图 2.2 所示。

图 2.2　经典数据中台解决方案

2.2.1　技术平台

技术平台涵盖数据开发和使用过程，通过提供统一的集成开发环境来降低数据工程师、数据科学家及数据分析师开发和使用数据的门槛。技术平台的主要功能如图 2.3 所示。

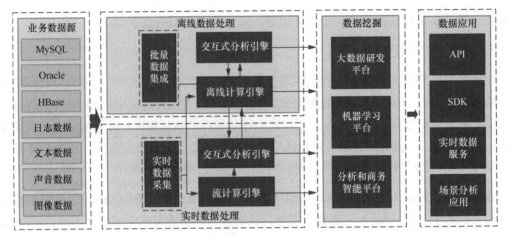

图 2.3　技术平台的主要功能

- 业务数据源：主要包括结构化、半结构化和非结构化三大类。结构化数据源主要存储在 MySQL、Oracle 和 HBase 等数据库中；半结构化数据主要是各种日志数据，包括客户端日志、服务器端日志和联网设备日志等；非结构化数据主要是各种文本数据、声音数据和图像数据。

- 离线数据处理：主要包括批量数据集成、离线计算引擎和交互式分析引擎。批量数据集成主要通过接入数据库、Excel/CSV/JSON 文件和数据传输协议等，利用 ETL 工具①进行数据抽取、转换和加载；离线计算引擎主要支持在大规模数据集上进行复杂的数据转换、聚合和分析，并且通过任务调度将计算的结果进行持久化保存；交互式分析引擎支持使用 SQL 代码直接读取、查询数据。

- 实时数据处理：主要包括实时数据采集、流计算引擎和交互式分析引擎。实时数据采集通过数据库订阅、消息队列、日志文件监控、WebSocket 等方式，对采集到的实时数据进行数据清洗、格式转换和字段提取等操作；流计算引擎对实时数据流进行处理，确保高吞吐量和低延迟，支持基于事件时间的处理、状态管理和容错恢复，能完成数据流的转换、聚合、过滤、窗口操作等实时计算任务；交互式分析引擎支持使用 SQL 代码对存储的实时数据进行实时分析和应用。

- 数据挖掘：主要包括大数据研发平台、机器学习平台、分析和商务智能平台。大数据研发平台提供一站式的数据开发功能，包括数据处理与计算、数据存储与管理、

---

① ETL 即抽取（Extract）、转换（Transform）、加载（Load）。ETL 工具是一种用于数据集成和处理的软件。——编者注

资源管理与调度，以及运维与监控等；机器学习平台能够高效地开发、训练和部署机器学习模型，主要功能包括数据准备与管理、模型开发与训练、可视化、协作与共享，以及模型部署与服务化；分析商务智能平台能够简化和加快数据分析和决策的过程，主要功能包括数据整合与准备、数据可视化与报表生成、自助式分析与查询，以及数据探索与发现等。

- 数据应用：主要包括应用程序接口（Application Program Interface，API）、软件开发工具包（Software Development Kit，SDK）、实时数据服务和场景分析应用。API支持通过编程方式获取、处理和管理数据；SDK提供了封装、抽象和便捷的方式来集成和使用数据服务；实时数据服务是指通过API、SDK等提供实时数据访问、分析、处理等服务；场景分析应用是指对特定场景的数据进行分析和挖掘，并且以交互式界面的方式封装成业务人员可直接使用的应用。

2.2.2 数据建模

数据建模通常包含数据标准、概念模型和物理模型3个方向的工作。

- 数据标准：保障在内部和外部使用和交换数据时的一致性和准确性的规范性约束。数据标准有助于提升数据质量、厘清数据构成、打通数据孤岛、加快数据流通和释放数据价值，对业务数据的使用有着至关重要的作用。

- 概念模型：对业务实体的描述，通常由业务人员和数据架构师创建，用于标识用户在现实世界中看到的数据。概念模型用于规划数据治理主题，梳理业务对象之间的关系，以及指导系统建设。注意，本书将逻辑模型的细化过程也纳入概念模型的范畴。

- 物理模型：对真实数据库的描述，包括属性定义、数据类型和索引等。物理模型通常由开发人员和数据库管理员（Database Administrator，DBA）创建，解决了数据存储和系统性能等技术问题。

1. 数据标准

常见的数据标准定义过程如图2.4所示。接下来，按照从上到下、从左到右的顺序，对图2.4中的核心环节进行阐述。

- 业务板块：逻辑空间的重要组成部分，也是基于业务特征划分的命名空间，可依据独立的运营体系进行划分。

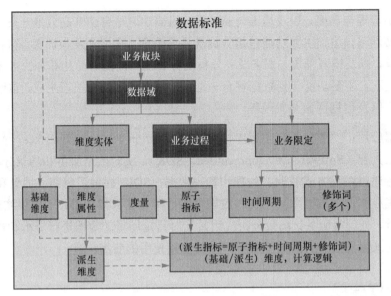

图 2.4 常见的数据标准定义过程

- 数据域：将业务过程或维度进行抽象的集合，也是对业务对象高度概括的概念归类，其目的是便于数据的管理和应用。

- 维度实体：用来反映业务的一类属性，通常包括基础维度、维度属性和派生维度。维度实体具有业务主键这种唯一性标识，确保与之相连的各个事实表之间存在引用完整性的根本保障。

- 业务过程：企业业务的活动事件，用以描述实体与实体间的关系，通常可以概括为不可拆分的行为事件。

- 业务限定：在构建派生指标的过程中，对原子指标进行特定的描述性修饰，通常通过一个逻辑表达式来限定指标的统计范围。业务限定也需要进行一定的通用性抽象，从而尽可能地复用，改善数据标准的一致性问题，大幅提升研发工作的效率。

- 基础维度：用来反映业务的一类属性，这类属性的集合构成一个维度，如产品维度的产品大类、产品小类和所属生产线等。

- 维度属性：用以查询约束条件、分组和标签生成的基本来源，是数据易用性的关键，如产品名称、产品规格等。

- 度量：用来衡量业务指标的具体数值，通常为数字型，随着业务过程记录并存储，例如销售下单过程中的订单金额。

- 原子指标：在某业务事件行为中所使用的度量，是业务定义中不可再拆分的指标，具有明确的业务含义。原子指标通常通过业务过程（动作）和度量计算得来，或者通过基础维度和计数方法获得，例如销售下单过程中的原子指标就是订单金额。

- 时间周期：数据统计的时间范围或者时间点，例如最近 7 天、最近 30 天、自然周和截至当日等。

- 修饰词：对除了统计维度以外指标的业务场景进行限定和抽象（维度值），例如在日志域的访问终端类型下，修饰词有 PC 端、无线端等。

- 派生维度：通过维度属性添加统计区间计算得来，用于业务细分场景的分析，例如产品的价格区间通过计算产品价格得出。

- 派生指标：用户在业务需求中需要统计的指标。一个派生指标通常由一个或多个原子指标在不同的指标套件、不同的计算公式下组合而成，也可以理解为是对原子指标业务范围的限定。

2. 概念模型

常见的概念模型的设计过程如图 2.5 所示。接下来，对图 2.5 中的三大模块（实体梳理、事件梳理和模型设计）进行详细阐述。

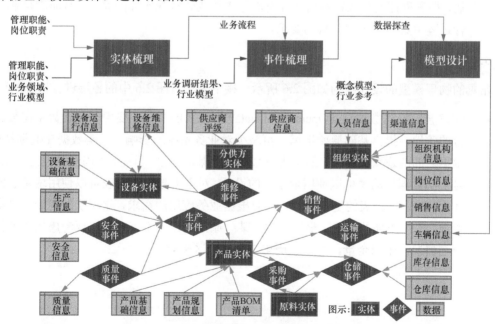

图 2.5 常见的概念模型的设计过程

- 实体梳理：一般从企业的核心产品和服务价值流入手，从管理职能、岗位职责、业务领域和行业模型等方面来梳理数据域和实体。首先，根据企业的管理职能和岗位职责，整理出数据域目录；其次，对数据域内的实体进行剥离，通常分为客观实体和虚拟实体，客观实体为现实世界存在的对象，如人、设备、产品、生产线等，虚拟实体为数字化对象，如组织、流程等；最后，对于一个数据域存在多个实体的情况，不论是客观实体还是虚拟实体，都以实体为最小单位进行拆分。

- 事件梳理：一般通过业务流程详细调研，梳理数据流与事件（业务过程）的关联关系，再根据业务调研结果和行业模型抽取出全部事件。首先，将组合型的事件拆分成不可分割的行为事件。其次，按照业务分类规则，将拥有相似特征的事件分为一类，且每个事件只能唯一归属于一类。最后，进行事件、实体和关系梳理，明确每个数据域下有哪些事件以及事件与实体的关系，输出事件—实体总线矩阵，通过定义一个二维矩阵，对数据域下的事件与实体信息进行记录。

- 模型设计：一般通过数据探查做进一步的分析和模型细化，通过概念模型和行业参考设计更详细的数据实体和数据属性的描述，从而更好地指导系统的逻辑实现。首先，需要为每个数据实体定义特征和属性；其次，通过实体之间的关系，可以表达数据实体之间的依赖和联系，建立模型之间的一对一、一对多或多对多的关系；最后，根据事件的输入和输出来补充虚拟实体或者客观实体的属性，从而满足业务运行过程中数据记录和分析的要求。

3. 物理模型

常见的物理模型的设计结构如图 2.6 所示。接下来，对图 2.6 中的各层进行详细阐述。

- ODS 层：操作数据层（Operational Data Store，ODS），主要用于原始数据在数据平台的落地，提供基础原始数据，可减少对业务系统的影响。此类数据在数据结构、数据之间的逻辑关系上，都需要与原始数据保持一致。首先，考虑源数据的数据量，对于小数据量的表可以使用全量表的设计，对于大数据量的表可以使用增量表的设计；其次，考虑表的更新频率，需要根据业务应用的需求，采取实时更新、准实时更新、T+1 更新的策略；最后，对于某些原系统设计不合理，需要考虑历史数据更新的情况，采取全量、增量、历史 3 个存储区来处理。

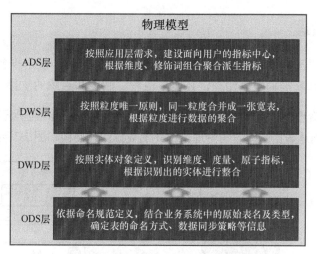

图 2.6　常见的物理模型的设计结构

- DWD 层：明细数据层（Data Warehouse Detail，DWD）包含了一系列由 ODS 层数据经过清洗、过滤和连接等操作后得到的规范化明细数据。首先，通过梳理原子指标和实体的对应关系矩阵，将相同粒度的原子指标整合到同一实体下面；其次，将 ODS 层中不同粒度的原子指标拆分成各自的实体；最后，筛选基于该表原子指标衍生出来的派生指标，判断派生指标的计算逻辑，若是由该表的原子指标组合而成且数据粒度仍能保持一致，则将筛选出来的符合该原则的派生指标放在 DWD 表中，作为新的列字段。

- DWS 层：数据轻度汇总层（Data Warehouse Summary，DWS）按粒度、维度对明细数据进行统计汇总，为上层数据分析和算法应用生成公共指标。首先，将 DWD 表维度相同的指标，按照最明细的粒度，汇总到一张 DWS 表中；其次，对于高频使用的汇总维度，基于该 DWS 表进行聚合，产生新的粒度，从而形成新的 DWS 表；最后，若不同粒度的 DWS 层的指标被经常性地组合调用，则会把不同粒度的 DWS 表提前 JOIN（连接），进行关联计算，形成冗余的 DWS 表。

- ADS 层：应用数据层（Application Data Store，ADS）通常以业务场景或职能来划分主题域，此层数据一般需要从 DWS 层导出到 OLAP 数据库中，方便最终业务用户直接查询和使用。首先，ADS 层通常按照业务应用的需求进行设计，需要按业务需求进行指标梳理；然后，从 DWS 层寻找是否有满足的指标，若有则直接查询获取，如果没有则需要加工 DWS 层指标以满足 ADS 层的需求；最后，对于个性化的、低频使用的指标，需要考虑穿过 DWS 层，直接从 DWD 层、ODS 层获取设计。

2.2.3 数据治理

数据治理素有"三分技术、七分管理"的说法，前文讲到的技术平台、数据建模属于技术，想要进行高效和精准的数据治理，还需要流程、制度和组织的支撑。

国际上的数据治理架构有很多，但都大同小异。本节以数据治理研究所（DGI）的数据治理架构为例，详细阐述数据的建设与治理。DGI 的数据治理架构如图 2.7 所示。

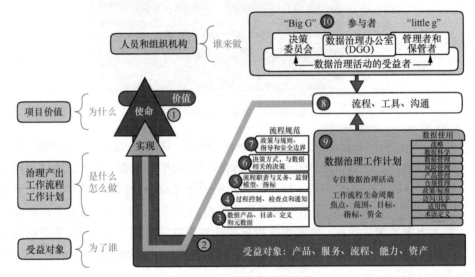

图 2.7　DGI 的数据治理架构

- 使命价值：对应图中的①部分。数据治理的使命与价值是对企业愿景和战略的分解，DGI 给出的建议包括实现更好的决策、减少操作摩擦、建立标准可重复的流程、通过协调降低成本并提高效率、确保流程的透明度等。

- 治理目标：对应图中的②部分。治理目标指具体的受益对象（一般会设定为产品、服务、流程、能力和资产等）方面的 KPI。

- 流程规范：对应图中的③④⑤⑥⑦部分。流程规范是数据治理的核心，主要包括数据产品、过程控制、流程职责与义务、决策方式、政策与规则等部分。此规范主要是确定数据治理的标准，落实标准的流程、保障流程执行的制度和规则。

- 平台工具：对应图中的⑧部分。一般指数据开发和使用的工具链，本书 2.2.1 节主要就是讲这部分的能力，可以通过平台来提高数据的开发和使用效率。

- 工作计划：对应图中的⑨部分。工作计划是关于如何协调和组织各数据治理相关角色、人员以及数据治理的不同生命周期，而制订的统一的项目工作计划。

- 人员和组织结构：对应图中的⑩部分。人员和组织结构给出了数据治理的建议，数据治理办公室（DGO）负责推动数据治理工作的落地。其中，"Big G"负责决策（批准数据治理体系），并将决策转化为行动；"little g"专注于执行，通过治理活动的管理与控制，增加数据资产的价值。

2.3 大模型带来的新机会

前文提到业务对于数据的需求（包括经营分析、精细化运营、辅助决策、驱动业务）都有成熟的解决方案，例如经典数据中台解决方案。但这些传统方案的资源投入非常大，各个环节都需要专家来解决。大模型技术的突破给智能自适应业务带来了新的机会，基于大模型我们可以尝试解决智能自适应的问题，让数据离业务越来越近。

2.3.1 大模型的优势与不足

目前各个厂商都在积极拥抱大模型，并且在数据工程领域做了诸多尝试，大模型在以下方向具备优势。

- 自然语言处理：能够处理问题、指令和需求，并提供相应的回答和解决方案，熟悉行业和领域的基础知识。

- 文本处理和解析：能够处理和解析文本数据，进行分词、词性标注、命名实体识别等操作。

- 数据库知识：能够处理数据的存储、查询和管理等任务，熟悉常见的数据库系统和相关概念。

- 数据查询和处理语言：能够进行数据查询、过滤和聚合等操作，熟悉 SQL 等数据查询和处理语言。

- 数据结构和算法：能够处理数据分析、效率优化和性能提升等任务，熟悉常见的数据结构和算法。

- 机器学习和统计分析：能够处理数据建模、模型评估和预测分析等任务，熟悉基本的机器学习和统计分析相关概念。

- 编程语言：能够编写和执行相关的数据处理代码，熟悉常见的编程语言，如 Python、JavaScript 等。

然而，大模型具备的这些能力在实战场景中的真实效果是否满足预期，取决于实际的业务场景。例如，在数据工程领域里根据需求写 SQL 代码是一个重要且基础的工作，涵盖自然语言处理、文本处理与解析、数据库知识、数据查询与处理语言。大模型在根据需求写 SQL 代码上的表现，可以通过以下两个评测数据集来定性或定量。

1. Spider 评测

Spider 是一个由 11 名耶鲁大学学生标注的大规模且复杂的跨域语义解析的 SQL 数据集。它由 10181 个问题和 5693 个独特的复杂 SQL 查询组成，涉及 200 个数据库，覆盖 138 个不同领域的多个表。基于 Spider 数据集测评的模型的 SQL 执行准确率排行如图 2.8 所示。

Rank	Model	Test
1 Nov 2, 2023	MiniSeek *Anonymous* Code and paper coming soon	**91.2**
1 Aug 20, 2023	DAIL-SQL + GPT-4 + Self-Consistency *Alibaba Group* (Gao and Wang et al.,'2023) code	**86.6**
2 Aug 9, 2023	DAIL-SQL + GPT-4 *Alibaba Group* (Gao and Wang et al.,'2023) code	**86.2**
3 October 17, 2023	DPG-SQL + GPT-4 + Self-Correction *Anonymous* Code and paper coming soon	85.6
4 Apr 21, 2023	DIN-SQL + GPT-4 *University of Alberta* (Pourreza et al.,'2023) code	85.3
5 July 5, 2023	Hindsight Chain of Thought with GPT-4 *Anonymous* Code and paper coming soon	83.9
6 Jun 1, 2023	C3 + ChatGPT + Zero-Shot *Zhejiang University & Hundsun* (Dong et al.,'2023) code	**82.3**
7 July 5, 2023	Hindsight Chain of Thought with GPT-4 and Instructions	80.8

图 2.8　基于 Spider 数据集测评的模型的 SQL 执行准确率排行

根据 Spider 官网的测评结果，排名第一的模型的水平超过了 90 分，已达到中等以上人类数据工程师的水平。然而，Spider 数据集偏实验室场景，与数据工程师面对的真实的复杂场景不同。因此，Spider 官网于 2024 年 2 月 5 日停止了 Spider 1.0 的测评排名，并计划在后续发布更真实、更具挑战性的测评标准。

2. BIRD 评测

BIRD 是一个开创性的跨域数据集,用于评估广泛的数据库内容如何影响文本到 SQL 的解析过程。BIRD 包含超过 12751 个独特的问题和 SQL 查询、95 个总大小为 33.4 GB 的大型数据库,涵盖区块链、医疗保健和教育等多个专业领域。基于 BIRD 数据集测评的模型的 SQL 执行准确率排行如图 2.9 所示。

	Model	Code	Size	Oracle Knowledge	Dev (%)	Test (%)
	Human Performance *Data Engineers + DB Students*			✓		**92.96**
🏆1 Jan 14, 2024	MCS-SQL + GPT-4 *Dunamu*		UNK	✓	63.36	**65.45**
🥈2 Nov 16, 2023	Dubo-SQL, v1 *Mercator Technologies*		UNK	✓	59.71	60.71
🥉3 Oct 12, 2023	SFT CodeS-15B *Anonymous*		15B	✓	58.47	60.37
4 Nov 21, 2023	MAC-SQL + GPT-4 *BUAA*		UNK	✓	57.56	59.59
5 Oct 12, 2023	SFT CodeS-7B *Anonymous*		7B	✓	57.17	59.25
6 Nov 09, 2023	DAIL-SQL + GPT-4 *Alibaba Group* [Gao and Wang et al. '23]	[link]	UNK	✓	54.76	57.41
7 Aug 15, 2023	DIN-SQL + GPT-4 *University of Alberta* [Pourreza et al. '23]	[link]	UNK	✓	50.72	55.90
8 Jul 01, 2023	GPT-4 *Baseline*	[link]	UNK	✓	46.35	54.89

图 2.9 基于 BIRD 数据集测评的模型的 SQL 执行准确率排行

根据 BIRD 官网的测评结果,排名第一的模型的水平在 65.45%,而人类的水平在 92.96%。BIRD 官方给出了 AI 测试水平远低于人类水平的解释,主要有以下 3 点。

- 大而脏的数据库字段:由于 BIRD 数据库字段更接近于真实场景,通常保留原始且"脏"的数据。因此,大模型必须首先分析这些值以解释其非标准格式,然后再进行推理。例如,工资字段是字符型的,存储的值为¥57,500.00,必须使用 CAST(REPLACE(SUBSTR(Salary,2),',','')) 将字符串转换成数字才能进行查询。

- 外部知识:由于没有在数据库元数据中定义外部知识或者隐藏知识,如"查询有资格获得贷款的用户",因此需要大模型能够推断出"account.type = 'OWNER'"这样的隐藏知识。

- SQL 执行效率：BIRD 关注 SQL 准确率，也关注 SQL 查询的执行效率。在真实的数据及业务分析环境中，执行效率尤其重要。

3. 综合对比

从基于 Spider 和 BIRD 数据集测评的模型的 SQL 执行准确率可以推断出，在信息完备的情况下大模型的 SQL 处理能力是没有问题的。然而，问题出在没有给大模型足够的信息。如果想给大模型完备的行业信息，就需要了解大模型的特点。

- 大模型在训练过程中接触了大量的文本数据，包括新闻、百科全书、小说、论文等，因此它对许多行业和领域都有一定的了解。

- 训练大模型的数据有截止日期，因此不具备最新的行业动态和发展信息，尤其是那些快速变化的行业，需要从外部获取行业知识。

- 大模型能提供一般性的行业知识和常见的概念，但对于某些高度专业化的行业或领域，就无法提供深入的专业知识。

最后，总结一下大模型的优势与不足。大模型写 SQL 代码的能力已经接近或达到人类水平，但是要想在实际场景中运用大模型还需要做很多事情，比如给大模型"完备的信息"，弥补大模型在行业知识上的不足。

2.3.2　大模型与经典数据中台

经典数据中台能够将组织内部各个部门和业务系统的数据整合到一个统一的平台中，实现数据的共享和集中管理，通过定义和推广统一的数据标准和规范，确保不同系统和部门的数据格式、命名规则等保持一致。通过经典数据中台治理过的数据，能够满足大模型在数据工程和数据分析中的要求，但经典数据中台需要通过数据治理才能满足大模型的应用需要，而业务对于数据的需求，有30%～50%是创新性需求，是数据中台满足不了的。经典数据中台的挑战如图 2.10 所示。

图 2.10　经典数据中台的挑战

- 治理架构：从管理上来说，数据中台自顶向下的规划，保障了流程的标准性、规范性和一致性，在执行过程中数据治理委员会要进行评审和协调，最终形成统一的数据目录和资产。但业务是变化的，总会有新的需求出现，那么数据中台这种体系化方案就会与业务追求的敏捷迭代不匹配，而这些需求对业务拓展来说往往是重要的，需要想办法优先满足业务，而不是等数据中台的数据治理完再满足。

- 技术架构：从技术上来说，数据中台是多种技术的集成平台，将实时数据、离线数据、数仓数据通过数据摆渡等方式集成到一个平台上，给数据工程人员、数据科学人员、业务用户提供统一工具链，从而提高数据使用效率。然而，在使用过程中需要考虑成本因素，往往只有离线数据是完整的集合，而实时数据、数仓数据则是部分的集合。这就出现了两个缺陷：不是所有数据都能被实时查询，不是所有数据都能被进一步快速探索和挖掘。

- 成本收益：从价值上来说，通过建设数据中台，可以帮助组织减少数据管理和数据处理的成本。通过集中管理和共享数据，可以减少数据冗余和重复工作，从而提高数据利用效率，并降低相关的 IT 和数据管理成本。但这些工作对大部分业务人员来说是没有感知的，即使做了大量的培训和赋能工作，更多的业务人员也只是通过数据应用来使用数据，由此耗费了大量的人力、物力，业务人员几乎察觉不到治理和不治理的区别，从业务视角来看数据中台的成本收益较低。

经典数据中台对于沉淀好的已知需求的支撑性较好，尤其是大部分已经承载在 BI 系统、数据应用系统中的需求，用户已经能够很方便地应用。但对于业务创新类的需求，则需要通过大模型的能力来更好地支撑业务对于数据明细、数据挖掘、数据归因和干预类的需求。

从 2.3.1 节关于大模型的能力与边界的讲解中我们认识到，如果想让大模型更好地完成数据工程领域的任务，就必须给它完备的信息，即合适的数据资产。对于传统数据中台沉淀好的数据资产，可以让业务通过人机对话来使用现有的 BI 看板，但面对业务创新性需求和复杂需求，大模型需要新的资产体系来承载，这是要解决的核心问题。如何解决这个问题？需要再看一下大模型的技术发展，如图 2.11 所示。

从大模型的技术发展来看，要解决实际业务应用的问题，除了训练更强大的大模型外，还需要朝着应用的工程化方向去努力。例如，OpenAI 在 2023 年 3 月推出了 GPT-4，GPT-4 提升了复杂任务的推理能力和多模态能力，之后的版本完善了工程化应用能力。这些工程化应用技术包括 Prompt 工程、Agent、检索增强生成（Retrieval-Augmented Generation，RAG）和函数调用（Function Calling）等。

综上所述，如果想让大模型在实际工作中发挥作用，那么可以通过 RAG 方式来补充大模型所需要的完整信息，通过 Agent 方式让流程节点的任务执行智能化，通过 Prompt 工程提升大模型处理任务的准确性；再基于传统数据中台的基础，建设让大模型能够理解的资产体系，让大模型能够准确和快速地获取信息；最后，通过工程化的方式将大模型和数据资产结合起来，打造 AI 驱动下的数据体系，让大模型写 SQL 在真实场景下达到较高的准确率。

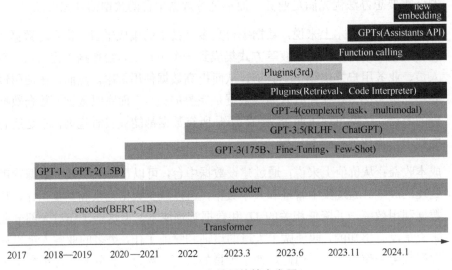

图 2.11   大模型的技术发展

2.3.3   大模型的新思路

如上文所述，大模型不仅能使现有业务大幅提效，还能解决传统数据中台没有解决的问题。基于大模型的特性、大模型写 SQL 代码的能力现状、业务场景的需求和成本收益等因素的综合考量，本书提出了一种大模型写 SQL 代码的新思路，如图 2.12 所示。

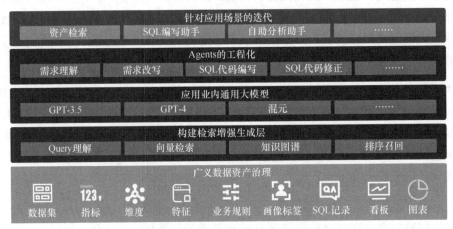

图 2.12   大模型写 SQL 代码的新思路

大模型写 SQL 代码的新思路从广义数据资产治理开始，到构建检索增强生成层、应用业内通用大模型，再到 Agents 的工程化，最后到针对应用场景的迭代。

1. 广义数据资产治理

鉴于大模型有较强的理解自然语言的能力，所以资产层面就可以使用更广义的数据资产，而不仅仅局限于使用数据中台已经治理好的 ADS 层、DWS 层的资产。为了提升资产的适应性和灵活性，治理策略正在经历一种转变，即从传统的"先治理后使用"模式转向一种更为灵活的"先使用后治理"模式。在"先使用后治理"模式中，资产的存在本身就是合理的，允许在治理之前使用。这种转变不仅促进了现有资产的广泛利用，还为大模型提供了一个更为多样化和丰富的资产选择库，从而增强了模型的决策能力，扩大了其应用范围。

另外，采用更多的语义资产，而非实体资产，可以大幅加快资产建设的速度，即使遇到现有资产不能支持新需求的情况，也可以快速地补充或者通过大模型进行语义补充，从而实现大模型的快速建设。广义数据资产治理包括但不限于以下内容。

- 数据集：一般指物理表、视图、SQL 代码等通过语义层转换而成的面向最终业务用户的语义资产。常见数据集包括数据集描述、主键、指标、维度等。

- 指标：一般指加工的 SQL 代码和指标的逻辑描述。常见指标包括原子指标、派生指标、复合指标等。

- 维度：一般指枚举维度、离散维度、多级维度和区间维度等，这里的维度可以是维度表，也可以是用户自定义的逗号分隔值（Comma-Separated Value，CSV）文件和指定区间等。

- 特征：一般指一段 SQL 代码的逻辑，通过特征可以加工成指标。特征还可以通过算法加工成用户标签，是 AI 使用资产的原子组成部分。

- 业务规则：一般指特征、维度和指标的通用抽象，是文字性的描述，也可以叫业务知识，旨在增强 AI 在处理新需求时的泛用性。

- 画像标签：一般指实体的画像，通常包含用户画像、产品画像和设备画像等，是经过算法加工后的特征集合，一般以实体的形式存在。

- SQL 代码记录：一般指历史的 SQL 代码运行记录，是"后治理"的重要部分，可以通过历史 SQL 代码来沉淀特征、指标和业务规则，且通过过去错误的 SQL 取数代码还可以微调和优化模型。

- 看板：一般指由图表组成的、在 BI 系统上运行的看板，也是重要的语义资产，现有看板的热度可以用于优化资产。

- 图表：一般指需求、SQL 代码和展示方式的组合语义，通过现有图表的语义能够提升 AI 智能问答的准确性。

2. 构建检索增强生成层

增强检索层通常由检索模块和生成模块组成，检索模块使用倒排索引或向量检索等技术从大规模的文本数据中检索出与给定查询相关的文档或片段；生成模块根据检索到的文档或片段生成最终的回答或解决方案。

广义数据资产治理增加了资产的厚度，可以应对更多的用户需求，尤其是新需求，所以对 RAG 提出了更高的要求。其要求 RAG 能够理解不同资产之间的血缘关系，能够根据不同的应用场景和用户问题检索所需要的资产，最终生成与用户问题相匹配的答案。接下来详细介绍 RAG 的核心功能。

- Query 理解：指对用户提出的查询进行理解和解析，包括语义解析、意图识别、实体识别、查询扩展和查询纠错等。通过 Query 理解，可以更好地理解用户的查询意图，提升搜索结果的准确性。

- 向量检索：指通过使用机器学习算法将文本表示为数值向量，通过计算向量之间的相似度来确定文本之间的相关性。基于向量空间模型的检索方法，可以快速检索和查询相关的文档或文本片段。

- 知识图谱：指通过语义网络，将实体、属性和关系以图的形式进行建模，本章主要是将数据集、指标、维度、特征、业务规则、画像标签和数据集的字段等，按照实体、属性和关系的形式进行建模。

- 排序召回：指通过对结果进行加权或使用机器学习等算法，提供与用户查询相关且排序合理的结果。通过对 Query 理解、向量检索和知识图谱等进行综合加权，可以提升排序召回的准确率。

3. 应用业内通用大模型

本文提到的通用大模型，通常是指未经过微调的商用版本或开源版本的大模型，例如 OpenAI 的 GPT-3.5、GPT-4，腾讯混元大模型等。这里强调未经微调的原因是，大模型的基础模型训练目前处于快速迭代期，这个领域的竞争者多、技术更新速度快，微调大模型在短期内可能获得比通用大模型更好的单点能力，但在一个快速迭代的领域，经过微调取得的成果也会很快被更强大的模型超越。所以作为大模型的技术应用方，更应该把精力放到工程化上，使系统具备适配不同大模型的能力，支持使用性价比更高的大模型，更好地解决不同的业务场景下的业务问题。

4．Agents 的工程化

Agents 是指具有自主性和交互能力的实体或程序，其可以感知环境、进行决策和执行动作，以达到特定的目标。由于一个数据工程的项目需要拆解成多个任务，有的任务需要人来完成，例如需求的输入；有的任务需要机器来完成，例如需求理解、需求改写、SQL 代码编写和 SQL 代码修正等，这些机器完成的任务就是 Agents，用来实现更智能、更自主的系统和应用。

5．针对应用场景的迭代

应用场景是指在特定领域或特定情景下，某项技术、产品或服务在实际应用中解决了什么问题、提供了什么功能，以及如何满足用户的需求的业务场景。数据工程领域涵盖众多应用场景，需要根据企业的实际需求和大模型的特点，聚焦痛点进行单点突破。数据工程领域常见的应用大模型的场景有资产检索、SQL 编写助手和自助分析助手等。

2.4 全新的大模型解决方案

本节以大模型写 SQL 语句为例，提出全新的大模型解决方案，分别从建设目标、关键技术和方案架构方面来概述。

2.4.1 建设目标

在应用场景的选择上，以业务自助分析场景为例，例如，某游戏业务每年有超过 3 万个数据提取类需求，且这些需求的平均交付周期为 2 小时，在不改变当前人工服务模式的前提下，交付效率已经达到了瓶颈。尽管这类需求呈现出长尾特性，但它们却是业务精细化运营、数据挖掘及归因分析等关键环节的重要组成部分。如果能够缩短平均交付周期，并提高业务自助化的比例，能够大幅提升游戏业务的运营效率。

业务自助分析场景除了要满足业务长尾的数据提取需求外，还需要满足业务正常的数据分析需求。通过大模型，使用自然语言对话的交互方式使业务能够获取想要的数据结果，其系统建设的核心目标至少包含以下 5 个：

- 可以基于明细数据进行更深层次的分析和探索；

- 能够快速响应用户的后验需求和分析挖掘需求；

- 数据资产能够被人和 AI 理解；

- 让用户可以通过 AI 自助解决数据需求；

- 支持低成本地治理和迭代数据资产。

2.4.2　关键技术

为了达成建设目标，需要突破湖仓一体技术、数据资产技术、资产推荐技术、智能引擎技术和智能运营技术，如图 2.13 所示。

图 2.13　全新的大模型解决方案的关键技术

- 湖仓一体技术：将数据湖和数据仓库的优势结合，能够支持对实时的明细数据进行探索和分析。采用湖仓一体架构，运用数据实时接入、虚拟数仓、冷热分层等技术，可针对大模型生成的实时明细分析探索类的 SQL 语句执行高效查询。并且通过资产整合、物化视图等方式，能够低成本、高效率地使用数据。

- 数据资产技术：将语义资产技术和实体资产技术结合，使系统能够更加高效地建设、使用和运营资产。语义资产技术可以对企业的知识和信息进行语义建模，提高资产的可维护性、可理解性和可应用性，从而快速地响应用户的后验需求。通过实体资产技术，实现语义资产智能地转换为实体资产、实体资产智能地改写语义资产，从而实现快速地实现用户的需求。

- 资产推荐技术：根据场景和用户的需求，通过数据分析和机器学习算法向用户推荐合适的数据资产。向用户推荐的资产既要满足用户直接使用的需求，更要适应大模型的使用要求，所以资产推荐需要有针对性地进行优化，即针对同一个需求 Query，无论是在大模型使用的场景还是用户直接使用的场景，推荐的资产应该是同一份，但其组织和展现形式不同,以确保人能够理解,AI 也能理解。

- 智能引擎技术:通过工程化的机制将通用大模型的能力、资产推荐能力、工具能力和 Agents 能力进行智能集成和调度,实现不同应用场景下的灵活适配。自然语言理解技术将复杂的技术细节封装成对外通用的 API,以便应用系统的灵活调用,降低开发的难度,使大模型的能力可以便捷地嵌入业务系统中,最终实现用户无感地通过 AI 解决数据需求。

- 智能运营技术:根据预设的规则和算法,对运营过程中的问题和需求进行识别、分析和决策,并自动执行相应的操作和调整。在新一代 AI 数据工程的各个环节,包括用户需求、资产推荐、资产治理、AI 交付以及湖仓底座,都要求系统能够伴随实际应用过程,逐步实现优化和迭代,并把治理问题转换成技术问题,通过采取低成本的迭代策略,让系统越用越好用。

2.4.3　方案架构

全新的大模型解决方案的核心是上述五大关键技术的实现和落地。该解决方案用于将大模型的能力和数据工程的能力进行整合和封装,通过产品化的方式支持数据提取、智能问答、数据科学和其他业务自助分析等多种应用场景。同时,支持与企业现有的数据系统和业务系统集成,实现大模型和企业业务流程的融合,从而通过大模型降低业务使用数据的门槛。全新的大模型解决方案的架构如图 2.14 所示。

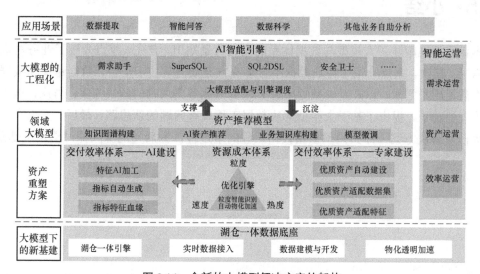

图 2.14　全新的大模型解决方案的架构

- 大模型下的新基建是湖仓一体技术的落地实现，主要包括湖仓一体引擎、实时数据接入、数据建模与开发和物化透明加速等。

- 资产重塑方案是 AI 数据资产技术的落地实现，主要包括交付效率体系和资源成本体系。交付效率体系分为 AI 建设和专家建设两部分，主要包括特征 AI 加工、指标自动生成和优质资产自动建设等。资源成本体系包括粒度智能识别、自动物化加速等。

- 领域大模型是资产推荐技术的落地实现，主要包括知识图谱构建、AI 资产推荐、业务知识库构建和模型微调等。

- 大模型的工程化是智能引擎技术的落地实现，主要包括大模型适配与引擎调度、需求助手、SuperSQL、SQL2DSL 和安全卫士等。

- 智能运营是智能运营技术的落地实现，主要包括需求运营、资产运营和效率运营等。

- 应用场景是大模型方案的实战落地场景，包括数据提取、智能问答、数据科学和其他业务自助分析等。

针对图 2.14 中的核心模块，将会按照自下而上的顺序在后文进行详细阐述。在第 16 章中，将以游戏经营分析场景为例，详细阐述应用该解决方案的全过程。

2.5 小结

本章系统地阐述了大模型与数据体系的相关背景知识。首先，重点介绍了业务对数据体系的需求；其次，重点介绍了经典数据中台解决方案如何从技术平台、数据建模和数据治理等方面满足用户需求，以及经典数据中台无法响应业务需求时的解决方案；再次，重点介绍了大模型的特点，提出了基于大模型解决数据工程现有问题的新思路；最后，重点介绍了全新的大模型解决方案，即大模型重塑数据工程的全过程，为后文的深入探讨奠定了基础。

第 2 部分　大模型下的关键基础设施

→　第 3 章　大模型下的新基建

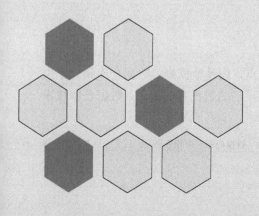

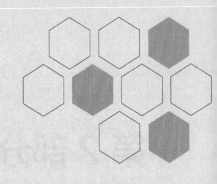

第 3 章
大模型下的新基建

数据技术领域的创新和进步主要得益于数据量的爆炸性增长,这种增长呈现出指数级趋势,为技术革新提供了强大的推动力。国际数据公司(International Data Corporation,IDC)的数据报告显示,2000 年全球数据量是 0.8 TB,2010 年增长到了 7.9 ZB(1 ZB = 10^9 TB),2024 年预计达到 159.2 ZB。因此,在大模型时代下,为了能够对指数级增长的数据进行分析,新基建技术将围绕更低的存储和计算成本、更大的数据处理能力、更高的数据更新频率和更简洁的数据加工标准等目标进行不断迭代。

大模型技术的应用使得自然语言交互成为可能,它能够将用户的需求转化为可执行的 SQL 代码,从而实现数据的快速检索和分析。用户获取数据的时间包括 SQL 代码的开发时间和数据库执行 SQL 代码的时间,所以从用户使用的视角来看,大模型不仅要能够写对 SQL 代码,还要能够借助数据库提升 SQL 代码的执行效率,对存储、计算成本和数据及时性进行优化,从而高效、低门槛地获取和使用数据。

本文将基于湖仓一体引擎的数据库作为新基建的底座,通过统一技术栈,简化大模型编写 SQL 代码的复杂度;通过存算分离[①]、数据冷热分层、湖仓一体化等关键技术,提高查询性能、降低存储计算成本、提高数据更新时效;通过实时数据写入,实现数据的实时查看;通过优化查询引擎和对物化视图进行透明加速,实现高效的数据分析。

3.1 湖仓一体引擎

湖仓一体(简称湖仓)引擎不仅是一个独立的技术点,还是数据湖、数据仓库和云原生等多种技术不断发展和叠加的成果。数据湖技术提供了灵活的数据存储能力,数据仓库技术

---

① 存算分离是一种数据架构设计理念,其核心是将数据存储和数据计算(数据处理)功能分离开。后文也称"存储计算分离"。

提供了实时处理和整理数据的能力，云原生技术提供了弹性扩展和自动化管理数据的能力，这些技术相互融合，形成了湖仓一体引擎。

3.1.1 数据技术的发展

数据技术的发展，是通过解决数据工程中的一个个具体问题而不断创新和突破的过程。数据仓库、离线计算和流式计算分别解决了数据集中存储与计算、数据分布式存储与计算、数据实时处理与计算的问题；Lambda 等架构则是将批处理和流处理结合，提供了更全面的数据处理能力；湖仓一体技术则结合了数据湖和云原生技术，解决了大数据处理的性能和复杂性问题。

湖仓一体技术以原始数据形态来存储数据，支持对各种类型和格式的数据进行存储和分析，同时充分利用云计算的优势，提供更灵活、可扩展和一体化的数据处理和分析能力。数据技术的发展历程可以分为 4 个阶段，分别是数据仓库、离线计算、流式计算和湖仓一体，如图 3.1 所示。

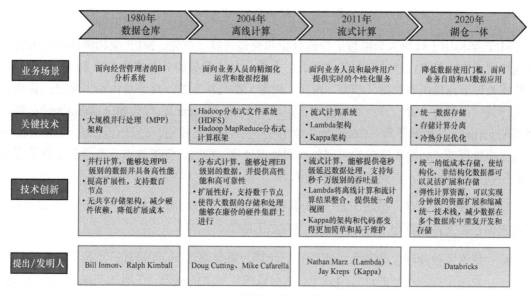

图 3.1 数据技术的发展历程

1. 数据仓库

1970 年，关系数据库（Relational Database）的概念被提出。在那之后，数据库架构发展出了独立主机数据库（Shared Everything）、共享磁盘系统（Shared Disk）、无共享架构（Shared

Nothing）等。其中无共享架构是一种分布式计算架构，其核心思想是各个数据处理节点中不存在共享的资源，而是拥有独立的 CPU、内存和磁盘，各个节点完全私有化地处理自身的本地数据，处理结果通过网络在节点间流转。

20 世纪 80 年代，数据仓库的主要技术架构是基于无共享架构的大规模并行处理（Massively Parallel Processing，MPP）架构，如图 3.2 所示。

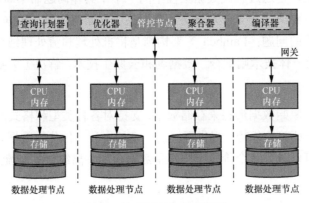

图 3.2　大规模并行处理架构

MPP 架构用于解决大数据量的快速分析和查询问题。首先，MPP 架构将许多单机数据库通过网络连接起来，通过管控节点形成一个统一对外服务的分布式数据库系统；其次，每个数据处理节点的所有资源（CPU、内存、磁盘）都是独立的，且节点内不需要通过管控节点进行调度；最后，管控节点通过查询计划器（Query Planner）、优化器（Optimizer）、聚合器（Aggregator）和编译器（Compiler）对任务进行精准的控制，通过合理地分配任务到不同的数据处理节点，提高资源的利用效率和处理速度。同时，管控节点支持数据处理节点水平扩展物理处理单元，以此增加查询速度。

需要特别注意的是，虽然 MPP 架构具备可扩展性，但实际上 MPP 架构不会无限扩展，通常来说它能支持数百个节点，主要原因有如下两个。

- 数据分片处理：通常为了实现并行计算，需要通过 Hash 模式、均匀分布模式等将数据分布到不同的计算节点上，这会带来扩展上的问题，在增加和减少节点时需要对数据重新进行分片处理，其成本较大。

- 节点短板效应：由于 MPP 架构中单节点的执行和管控任务是绑定的，因此，如果单节点响应过慢或者发生故障，就会引发整个 MPP 架构集群执行速度下降的短板效应；如果节点过多，单个节点出现问题的概率就会变大（一般实际应用 MPP 集群的节点不会过多）。

2. 离线计算

当企业需要处理的数据量超过 PB 级别，MPP 架构的扩展性和成本便难以应对用户的需求。此时，Hadoop 分布式文件系统（Hadoop Distributed File System，HDFS）和 Hadoop MapReduce 分布式计算框架应运而生，解决了低成本、大规模计算的问题。Hadoop 的架构如图 3.3 所示。

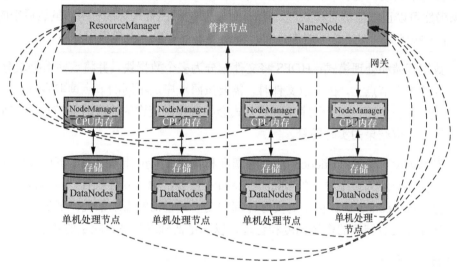

图 3.3   Hadoop 的架构

Hadoop 架构将计算框架和分布式存储进行分层管理。管控节点的 ResourceManager 和单机处理节点的 NodeManager 共同协作，实现了 Hadoop 集群的资源管理和任务执行；管控节点的 NameNode 和单机处理节点的各个 DataNodes 协作，实现了分布式存储和管理。

ResourceManager 用于维护集群中所有可用的资源信息，包括 CPU、内存和磁盘等。NodeManager 负责管理和监控单机处理节点上的资源。每个节点上都有一个 NodeManager 进程与 ResourceManager 进行通信，并接收来自 ResourceManager 的资源分配指令。ResourceManager 接收来自客户端的请求，并根据资源需求和每个单机处理节点的资源使用情况进行资源的合理分配和调度。

NameNode 负责管理 HDFS 的命名空间和元数据信息，维护着整个文件系统的目录结构、文件和目录的属性，以及文件块间的映射关系。DataNodes 负责单机处理节点的存储文件数据和处理文件数据的读写操作，每个数据块有多个副本（默认 3 个），这些副本存储在不同的 DataNodes 单机处理节点上。DataNodes 定期向 NameNode 发送心跳信号，以汇报自身的存活状态和可用容量，NameNode 根据 DataNodes 的状态信息，动态地管理文件块的复制和移动，以及故障恢复。

Hadoop 使用 HDFS 来存储大规模数据，并通过 MapReduce 计算框架将数据处理任务分解为多个独立的任务，以便进行水平扩展。因此，Hadoop 能够处理 PB 级别甚至更大规模的数据，解决了传统数据库和单机处理方式难以应对的可扩展性问题。Hadoop 通过数据的冗余备份和故障的自动恢复机制，保证数据的高容错性和可靠性，即使在节点发生故障的情况下，数据仍然可以正常被访问和处理。但 Hadoop 架构只能处理离线任务，虽然后来的 Yarn、Spark 做了一些优化，但还是不能满足实时查询的场景需求，主要原因如下。

- 数据存储和处理模式：HDFS 将文件划分为多个数据块，并将这些数据块分布在集群的多个节点上，在读取文件时，需要按照顺序从不同的节点读取数据块，然后进行合并和处理。这种顺序读取的方式会导致实时查询的响应时间较长，不适合需要快速获取结果的实时场景。

- 资源调度和管理：Hadoop 的资源调度和管理在批量计算的假设下进行设计，将计算任务分解为多个独立的 Map 和 Reduce 任务，通过并行执行任务提高计算速度。但 MapReduce 计算框架对实时计算和交互式查询的需求来说，延迟较高，而实时计算需要更精确的资源调度和管理，以满足低延迟和高吞吐量的要求。

3．流式计算

在越来越多的企业应用需要实时处理大规模数据的场景下，离线计算架构的数据处理效率难以满足用户对实时性的需求，因此 Storm 等能够高效处理实时数据的流式计算系统应运而生。

流式计算系统的数据处理过程是，首先，将实时数据源（数据流，如消息队列、日志文件）接入实时流处理系统；其次，在实时流处理系统中，构建一个有向无环拓扑图来定义数据处理的流程和逻辑；再次，将拓扑图中的任务分配到集群中的多个工作节点上执行，采用分布式分配机制以实现并行处理；紧接着，开始从数据源中获取数据并发送到拓扑图，对数据进行处理和转换，数据在拓扑图中流动，经过一系列的处理和计算操作最终产生结果；最后，将处理结果输出到外部系统，如数据库、消息队列、实时仪表盘等，用于实时监控、报警和决策支持等。

流式计算系统虽然解决了实时数据的计算需求，但针对历史数据的统计和分析处理能力较弱，需要和离线计算（批处理）架构结合使用，于是诞生了 Lambda 和 Kappa 等比较典型的数据处理架构。

（1）Lambda 架构

2012 年，Lambda 架构由 Storm 的作者 Nathan Marz 提出，其处理过程如图 3.4 所示。

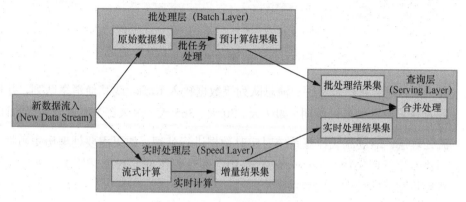

图 3.4　Lambda 架构的处理过程

- 新数据流入（New Data Stream）：将日志文件、消息队列等数据流接入系统。该层负责将数据收集、转换和传输到后续的处理层。

- 批处理层（Batch Layer）：将数据放到分布式文件系统（如 HDFS）中进行持久化存储，利用分布式计算框架（如 MapReduce）来执行离线计算，并将计算结果存储到可查询的数据库中，以便后续查询和分析。

- 实时处理层（Speed Layer）：通过流式计算系统（如 Storm）对数据进行实时计算和增量更新，并将计算结果存储到实时查询数据库中，以提供低延迟的查询和响应。

- 查询层（Serving Layer）：合并批处理层和实时处理层的计算结果，并提供查询接口（如 API、SQL 查询等），使用户能够对数据进行查询和分析。

由于批处理层和实时处理层之间存在一定的延迟，因此可能会出现数据不一致的情况。为了解决这个问题，Lambda 架构会进行数据补偿：当实时处理层的结果可用时，会与批处理层的结果相比较，并进行必要的合并和修正。Lambda 架构的数据处理过程由两层组成，一层是批处理层，另一层是实时处理层，另外还要进行数据合并和数据补偿，实际落地并应用的开发和维护成本高。

（2）Kappa 架构

2014 年，Kappa 架构由 Kafka 的作者 Jay Kreps 提出，其处理过程如图 3.5 所示，核心分为数据流入层、流处理层和查询层。

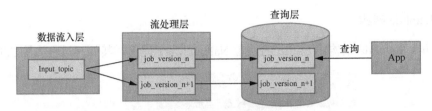

图 3.5 Kappa 架构的处理过程

- 数据流入层：将日志文件、消息队列等数据接入 Kafka 或其他消息队列，并按照业务的需求设置数据保留期（如 7 天、30 天、365 天、永久等）和多个数据的订阅者。

- 流处理层：通过流式计算系统对实时数据进行处理。如果需要处理历史数据，可以创建一个新的实例（job_version_n+1），并从保留期的数据开始重新处理该实例，然后将结果输出到新的表中。

- 查询层：用新的实例中的数据替代原实例中的数据。当新的实例处理时间赶上最新状态时，停止原实例的作业，并删除旧的数据库表，将应用切换至从新表中取数。

Kappa 架构将数据处理流程简化为单一的流处理管道，仅使用实时流处理引擎进行数据处理，而不需要维护独立的批处理和实时处理系统，可以大幅降低架构和部署系统的复杂性。但对历史数据进行复杂的离线分析和批处理时，Kappa 架构并不是一个合适的选择。

4．湖仓一体

由于数据仓库在处理大规模的非结构化数据、半结构化数据时性价比较低且处理数据规模受限，而数据湖（包括上文的离线计算和流式计算）不支持事务并且缺乏一致性/隔离性，使得系统会有不可避免的复杂性和延迟，导致数据专业人员总是需要在不同系统之间移动或复制数据。鉴于此，诞生了湖仓一体技术，将数据湖和数据仓库的特点结合，同时支持结构化、半结构化和非结构化数据、支持实时和批量处理数据，提供弹性和灵活的统一的数据存储和处理平台。

湖仓一体于 2020 年由 Databricks 提出。湖仓一体的设计思路如图 3.6 所示。

图 3.6 湖仓一体的设计思路

3.1.2 湖仓一体架构

湖仓一体架构是一种开放式架构，整合了数据仓库和数据湖的优势，其设计基于低成本的开放式云存储和云原生技术，直接实现与数据仓库类似的数据存储和数据管理功能。因此，湖仓一体架构需要对整个数据引擎进行重构，从而达到如下设计目标。

- 统一数据存储：支持结构化、半结构化、非结构化的多种数据类型，以及原始数据和经过加工的数据；支持在一个统一的平台上管理和访问所有的数据。

- 存算分离：支持存储和计算分别使用单独的集群，可以独立扩展和管理存储和计算，以适应数据的快速增长和变化；支持根据需求选择不同的存储和计算技术，例如，存储可以使用分布式文件系统、对象存储，而计算可以使用虚拟机、容器等技术。

- 冷热分层优化：支持根据数据的访问频率和重要性来优化数据的存储，将频繁使用的数据加热，将低频使用的数据降温，更有效地分配计算资源和处理能力，从而提高数据处理的效率和性能。

- 支持多种计算的处理引擎：支持多种数据处理和分析技术，包括批处理、流处理和机器学习等；支持不同类型的数据处理场景，包括人工智能、数据挖掘和数据分析等。

- 支持事务一致性和 BI 工具：支持多数据管道同时读取和写入数据，支持 ACID 特性，支持直接使用 BI 工具。因此，可以降低在数据湖和数据仓库中处理两份数据的成本。

本书设计了 DeltaLH 湖仓一体架构，旨在解决大数据领域中数据可用性和实时性的问题。首先，选择合适的数据湖存储引擎和数据仓库引擎；其次，解决湖仓一体关键技术，包括存算分离、数据冷热分层和湖仓一体化等；再次，支持实时数据和离线数据的接入，以满足不同的数据源需求；最后，用工程化能力将数据湖、数据仓库整合到一起，提供统一的SQL 访问接口，并支持上层应用的数据查询和分析。DeltaLH 湖仓一体架构如图 3.7 所示，主要包含 4 个模块，分别是数据湖、数据仓库、计算加速和智能应用。

1. 数据湖

主流的存储协议有简单存储服务（Simple Storage Service，S3）、HDFS。由于湖仓一体是新一代架构，在选择存储协议时需要更加注重弹性、可扩展性、高可靠性、持久性、数据管理的灵活性、兼容性和生态支持。

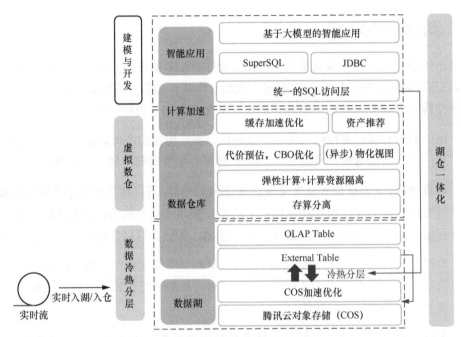

图 3.7　DeltaLH 湖仓一体架构

　　在弹性和扩展性方面，S3 可以根据需要无限扩展存储容量；在高可靠性和持久性方面，S3 可以在多个设备和多个数据中心中进行数据的复制和冗余存储；在数据管理的灵活性方面，S3 可以根据需要通过 API 无限制地进行上传、下载、复制、删除和移动等操作，使得数据湖和数据仓库之间的数据转换和整理更加灵活和高效；在兼容性和生态支持方面，S3 是开放协议，主流云厂商都提供了对 S3 协议的支持，使得湖仓一体架构可以与不同的存储解决方案和云平台集成。鉴于此，DeltaLH 湖仓一体架构选择 S3 协议作为湖仓存储的标准协议。在支持 S3 协议的产品中选择了腾讯云对象存储（Cloud Object Storage，COS），并将其作为数据湖的底座。COS 具备如下 5 个优点。

- 稳定持久：COS 支持数据跨多架构、多设备冗余存储，为用户数据提供异地容灾和资源隔离功能，每个对象可实现高达 99.9999999999% 的数据持久性。

- 安全可靠：COS 提供防盗链功能，可屏蔽恶意来源的访问，支持数据 SSL 加密传输，单独控制每个文件的读写权限。

- 成本最优：COS 提供按需、按量使用功能，无须预先支付任何预留存储空间的费用，也无须进行传统硬件的采购、部署和运维等工作，从而节省了运维工作和托管成本。另外，通过生命周期管理进行数据降温，可以进一步降低成本。

- 接入便捷：COS 提供丰富的 SDK、RESTful API，可以轻松接入湖仓数据，同时提供无缝迁移工具实现数据的快速迁移。

- 服务集成：COS 支持与其他腾讯云产品联动，针对数据的存储和处理提供一体化解决方案，为大数据的分析与计算提供数据源，实现事件的通知与自动处理。

2. 数据仓库

对于数据仓库的选择，要求能够屏蔽底层数据湖的复杂性、支持高并发的查询分析、实现任意集群/库之间的关联查询和流批一体，并且支持流式 ETL，以满足日益增长和变化的业务需求。数据仓库的选择标准具体如下。

- 标准 SQL 查询：数据仓库能够在 SQL 代码执行时，屏蔽底层数据湖中数据的分布细节，使数据工程人员可以专注于编写 SQL 查询代码，而无须担心数据的存储和分布方式，从而减少开发工作量。

- 支持弹性扩容：数据仓库能够支持高并发的查询分析，可以根据查询的需求进行弹性扩容，并且能够根据需要分配资源和进行计算资源隔离，以确保每个查询都能够得到高性能和稳定的响应。

- 湖仓一体能力：数据仓库能够实现任意集群/库之间的关联查询，支持跨集群和库的数据分析；能够将数据湖和数据仓的数据联合分析；支持物化视图等存储和计算策略的优化。

- 数据接入和更新：数据仓库支持批量的数据接入和流式 ETL；支持对历史数据的更新操作；无须事先对数据进行复杂的转换和整理操作，即可进行查询和分析。

支持开源协议的主流数据仓库产品包括 ClickHouse、StarRocks、Presto 和 Impala 等，从查询性能、弹性能力、湖仓一体、更新能力、易用性、生态环境等方面进行评估，数据仓库产品的评估结果如表 3.1 所示。

表 3.1 支持开源协议的数据仓库产品的评估结果

评估维度	数据仓库产品			
	ClickHouse v22.9	**StarRocks v2.1**	**Presto v0.276**	**Impala v4.1**
查询性能	向量化能力强，单表性能优异，无 CBO 能力，JOIN 性能不佳	基于 MPP 架构的 SR 内核，拥有 CBO 和向量化能力，性能较好	基于 MPP 架构，无向量化能力，性能一般	基于 MPP 架构，有向量化能力，查询性能较优
弹性能力	存算一体架构，弹性能力弱	存算一体架构，弹性能力弱	原生无弹性能力，但改造简单	原生无弹性能力，改造代价一般
湖仓一体	数仓产品，无湖仓一体能力	数仓产品，无湖仓一体能力	OLAP 分析引擎，无湖仓一体能力	OLAP 分析引擎，无湖仓一体能力

续表

评估维度	数据仓库产品			
	ClickHouse v22.9	**StarRocks v2.1**	**Presto v0.276**	**Impala v4.1**
更新能力	不支持数据更新，只支持 Delete、Insert 方式写入	支持实时写入，批量导入	仅支持使用 SQL 代码写入	不支持数据更新
易用性	运维复杂，无集群管理能力	运维简单，易用性好	无本地存储，易用性较好	无本地存储，数据需手动刷新
生态环境	不支持查询数据湖	支持对接查询数据湖	社区活跃，支持的数据格式丰富	支持的数据格式较少

对比以上数据仓库可以发现，没有完全符合要求的产品，大都需要基于实际的业务需求进行改造。ClickHouse 原生的数据湖查询能力欠缺，Presto 和 Impala 在性能方面存在一些短板。从用户使用的角度出发，重点关注便捷性和复杂 SQL 代码的查询性能，因此，最终选择基于 StarRocks 数据仓库来搭建 DeltaLH 湖仓一体架构。

3．计算加速

计算加速是指对于数据查询与分析的计算加速，需要有统一的调度、协调和精准控制。常用的方案有优化 SQL 查询引擎、缓存加速优化、数据分区与索引优化、并行计算与分布式处理，以及数据资产建设等。湖仓一体引擎通过重点优化数据湖和数据仓库的分层管理及冷热优化，实现对查询的加速，同时通过统一的 SQL 访问层来快速、低成本地获取数据。

为了实现通过统一的 SQL 访问层访问数据，数据仓库里的热数据可以通过数仓的引擎来访问。对于数据湖的数据应用，则需要一个开源的数据表格式和查询引擎，一般在 Hudi 和 Iceberg 之间做选择。Hudi 的架构比较复杂，而且很多地方依赖 Spark，集成时工作量比较大，数据导入也需要集成工具；而 Iceberg 更加轻量，通过 API 将元数据写入库表，可以直接进行读写操作，所以本书选择 Iceberg 作为查询引擎。

4．智能应用

传统的数据架构（如 Lambda、Kappa）需要依靠有经验的数据工程和数据治理团队来维护，而湖仓一体引擎从技术维度上可以降低维护的难度。湖仓一体引擎的优势需要结合大模型才能发挥，以 Text2SQL 场景为例，需要在应用层提供 SQL 的访问方式，并且能够兼容不同数据库的 SQL 语法，以此基于大模型，通过 SQL 来制作唯一的交互界面。其中大模型负责输出正确的 SQL 代码，而背后复杂的数据处理逻辑则交给湖仓一体引擎，让业务人员能够用自然语言获取数据。

在 Text2SQL 场景下，湖仓一体引擎除了架构为 StarRocks、Iceberg 和 COS 的组合外，还在存储计算分离、数据冷热分层、湖仓一体化、实时数据接入和高效数据分析 5 个方面进行强化，打造创新的 DeltaLH 湖仓产品。

下一节重点阐述 DeltaLH 湖仓的关键技术，包括存储计算分离、数据冷热分层、湖仓一体化。

3.2 DeltaLH 湖仓的关键技术

数据库技术的发展，往往聚焦于提升查询性能、降低存储与计算成本，以及提高数据更新时效。然而 DeltaLH 的湖仓一体引擎在数据仓库技术、离线计算技术和流式计算技术的基础上，通过存储计算分离实现了资源隔离和弹性伸缩能力；通过计算节点（Compute Node，CN）提升计算能力，进一步优化查询效率；通过数据冷热分层，将热数据和冷数据存储在不同介质中，从而降低历史存量数据的存储成本；通过湖仓一体化实时接入流式数据，所有业务可以通过统一的入口查询和分析实时的数据。因此，DeltaLH 湖仓的性能和可扩展性都得到了大幅提升。

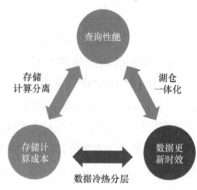

DeltaLH 湖仓的关键技术要点如图 3.8 所示，其核心是围绕存储计算分离、数据冷热分层和湖仓一体化，提升查询性能、降低存储与计算成本和提高数据更新时效。

图 3.8 DeltaLH 湖仓的关键技术要点

3.2.1 存储计算分离

StarRocks v2.x 系统的核心只有 FE（Frontend）和 BE（Backend）两类进程，FE 负责查询请求和元数据管理，BE 既作为存储节点又作为计算节点负责执行查询计划任务。FE 和 BE 模块都可以在线水平扩展，元数据和业务数据都有副本机制，确保整个系统无单点。StarRocks 系统的架构如图 3.9 所示。

在实际应用中，随着接入业务查询与分析场景的增多，我们发现很多查询的瓶颈并不在输入与输出，而是在计算（CPU 和内存），于是需要通过增加 BE 节点来提升用户体验。但是 BE 节点本身带有存储功能，扩容时不仅会增加数据迁移成本，而且扩充的存储资源也是一种资源浪费。在实际应用中的另一种场景是，需要针对用户的不同查询分析请求，进行资源的隔离，例如，相对固定的报表分析及自定义 SQL 查询就需要做资源隔离，确保不会因为自定义的耗时 SQL 查询而影响到固定报表的查询效率。

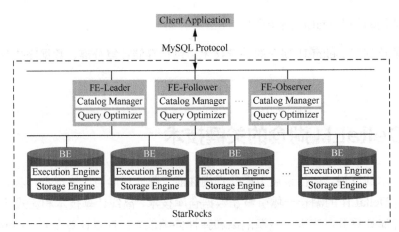

图 3.9 StarRocks 系统的架构

因此，DeltaLH 湖仓对原来的 BE 节点进行了改造，将查询计划中执行基本单元（Fragment）的功能分离出来，并裁剪掉数据存储管理的内容，构建独立的计算节点（CN）。于是，DeltaLH 湖仓就从原来的 FE 和 BE，变成了 FE、BE 和 CN 架构。在集群内添加 CN 后，FE 创建执行计划时就可以将逻辑计算任务交给 CN 执行，执行过程如图 3.10 所示。首先，FE 节点会根据查询计划将查询任务分解为多个 Fragment（F1、F2、F3、F4）；其次，将底层需要读取数据的 F3 和 F4 节点调度到 BE 上；再次，将 F1 和 F2 的聚合计算等算子调度到 CN 上执行；最后，将结果输出给最终用户。

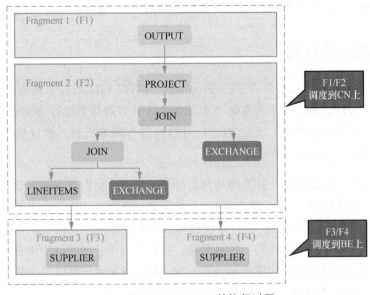

图 3.10 FE、BE、CN 的执行过程

CN 作为一个计算节点，其本身是无状态的，因此可以实现计算资源的弹性伸缩。通过充分利用成熟的云原生技术实现一个 Operator，将 CN 高效地部署至 K8s（Kubernetes）集群，从而实现亚分钟级别的快速扩缩容能力。由于数据湖使用了 Iceberg 和 COS，因此当冷数据存储到数据湖中，CN 可以完成计算，也可以通过 Iceberg 直接读取数据湖中的数据。

为了解决资源隔离的问题，DeltaLH 湖仓给 CN 加上了一个分组属性，此分组属性会在调度的时候被感知到，从而实现资源隔离的效果。CN 资源隔离架构如图 3.11 所示。

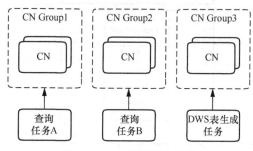

图 3.11　CN 资源隔离架构

通过对分组属性进行管理，可以在一个集群中创建多个 CN Group，并通过配置不同的规格和实例数，以及应用不同的弹性伸缩规则，将不同的任务负载调度到不同的 CN Group 上执行。

3.2.2　数据冷热分层

随着数据的不断增长，为了更好地平衡性能与成本，DeltaLH 湖仓引入了数据冷热分层的概念。在 DeltaLH 湖仓中，数据分为两层，即热数据层和冷数据层。热数据存储在本地高速存储介质（如 SSD）中，支持实时查询和计算；而冷数据则存储在低速介质（如 COS）中，支持离线计算和长期存储。

DelteLH 湖仓会根据用户配置的生命周期，自动将热数据下沉至冷数据，并在查询时获取数据分布情况，如果查询过程中既包含热数据，又包含冷数据，存储引擎会自动获取两部分数据，并将数据合并后返回给用户，因此用户并不需要关心数据的分布情况。例如，假设 SQL 代码是"sql: select event, count(1) from tbl1 where time > 2022-04-26 and time < 2022-12-31 group by event;"，在未冷热分层前，此 SQL 的执行计划是从 BE 节点中把数据读出来，然后计算出条数并返回结果。未冷热分层前的 SQL 执行计划如图 3.12 所示。

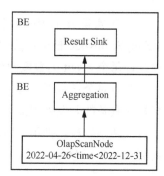

图 3.12　未冷热分层前的
SQL 执行计划

冷热分层后，如果设置了生命周期，把 4 月 30 日之前的数据下沉到数据湖中，数仓中 4 月 30 日之前的数据会被删除。于是，需要从 Iceberg 中读取下沉的数据，并合并本地 5 月 1 日之后的数据。冷热分层后的 SQL 执行计划如图 3.13 所示。

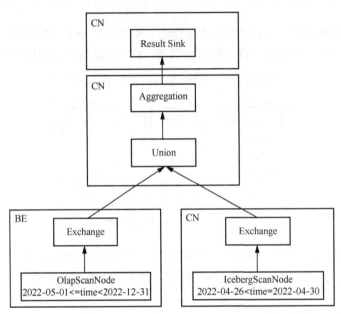

图 3.13　冷热分层后的 SQL 执行计划

从冷热分层后的 SQL 执行计划来看，首先，由原来的 BE 节点（OlapScanNode）获取全部数据，变成由 BE 节点获取 4 月 30 日之前的数据，由 CN（IcebergScanNode）获取 5 月 1 日之后的数据；其次，通过 CN 的 Union 算子将两部分数据进行合并，计算出 Count；最后，通过 CN 返回结果。

但在实际运行中，我们发现该执行计划速度较慢，这是由于 OlapScanNode 和 IcebergScanNode 把全量读取的数据发送到 Union 节点后才计算 Count。在实际操作中，原本仅统计每个 event 的数量即可，然而，目前却传输了详尽的数据记录。更为不妥的是，在上一个节点对全量数据执行了 Count 运算，此举不仅耗费了大量的时间，还未能有效利用 MPP 架构所具备的并发处理能力。因此，参考 StarRocks 已有的两阶段聚合的机制，把 Count 算子拆成两个阶段，把第一阶段的预聚合算子推到 Union 下方，优化后的冷热分层 SQL 执行计划如图 3.14 所示。

在优化后的冷热分层 SQL 执行计划中，首先，OlapScanNode 和 IcebergScanNode 会在数据读取后，对 event 进行分组并计算出各组 event 的数量；其次，将结果数据上传至 Union

节点，后面的聚合（Aggregation）算子对这些结果进行汇总；最后，将汇总后的结果返回。针对上述案例，通过此项优化，SQL 的执行效率可以提升 10 倍。

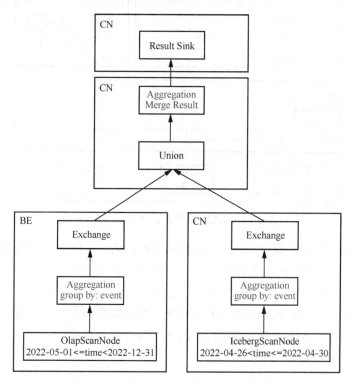

图 3.14 优化后的冷热分层 SQL 执行计划

对于数据的冷热分层，本文还做了一系列优化，如元数据 Cache、数据 Compaction、Snapshot 的 Prune 等。这一系列的优化，能够使得数据冷热分层满足实时查询需求，历史存量数据的存储成本也能得到有效控制。

3.2.3　湖仓一体化

湖仓一体化是指将数据湖和数据仓库两种不同的数据存储模式融合，从而实现更灵活、更高效的数据管理和分析。DeltaLH 湖仓将数据湖和数据仓库的优点结合，构建了一套湖仓一体化的分析引擎解决方案。

3.2.2 节介绍了 DeltaLH 湖仓如何支持数据冷热分层的查询一体化和效率优化，但此时还有一些问题，即数据湖和数据仓库的数据定义语言（Data Definition Language，DDL）操作如何一体化，元数据间如何互联互通。湖仓一体化技术可以解决这些问题，湖仓一体化的元数据管理架构如图 3.15 所示。

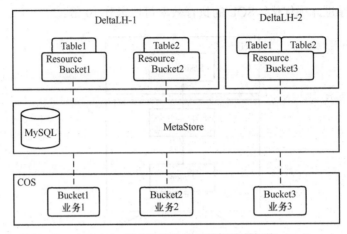

图 3.15   湖仓一体化的元数据管理架构

对元数据的统一管理,需要在 Iceberg 架构上做优化和扩展。传统的方式只支持单业务的元数据管理,一旦有跨业务的数据联合分析和查询需求,就必须进行复杂的数据摆渡工作。因此,需要 MetaStore 来管理所有接入业务的元数据信息。MetaStore 让所有业务的元数据有了一个统一的入口,从而做到全局的元数据可见。如果需要跨业务进行访问,仅需要数据治理和数据安全层面的授权和脱敏,就可以实现多个业务的数据关联查询,从而避免数据摆渡造成的资源浪费和安全风险。

同时,还需要支持在数据湖和数据仓库中进行 DDL 同步操作。DeltaLH 湖仓对建表操作进行了简化,去掉之前需要额外创建 Iceberg 表的操作,直接根据数仓表的定义自动创建 Iceberg 表,并绑定两者间的关系。此外,当对该表执行 DDL 操作时,也会同步对另一表进行 DDL 变更。

由于数据的冷热分层,数据的 Delete 操作还要支持湖仓一体模式。然而,其挑战在于对象存储的局限性,已有文件都是不可变的。为了实现 Delete 语义,通常有以下两种方案。

- COW(Copy On Write)方案:先读出整个文件,在外部改写文件后,将改写后的文件写入 COS。这是一种对读操作友好,但写操作却非常耗时的方案。

- MOR(Merge On Read)方案:先标记出要删除的数据,然后将标记的数据写入新 COS 文件,并将该文件标记为删除文件,在读文件时把删除文件过滤掉后再返回。这种方案在执行写操作的时候会非常迅速,但进行在读操作时需要额外的过滤步骤。

在 DeltaLH 湖仓中,应该采用 MOR 方案,其核心原因有两个:一是删除操作如果耗时太久，用户体验会很差，而且在实际业务场景下，Delete 操作也不算非常低频；二是可以通过 Compaction 机制，在后台异步地将数据文件和删除文件进行合并，减少对读操作的影响。湖仓一体 Delete 操作的实现逻辑如图 3.16 所示，可分为以下 4 个步骤。

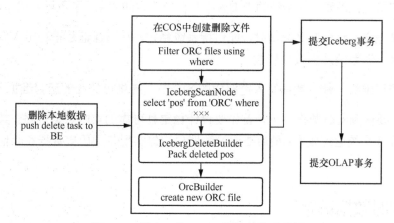

图 3.16　湖仓一体 Delete 操作的实现逻辑

（1）删除本地数据：首先将 Delete 任务提交给 BE 节点，然后在 BE 节点中执行 Delete 操作，删除湖仓中的指定数据。

（2）在 COS 中创建删除文件：首先，用过滤条件筛选待删除数据对应的 ORC（Optimized Row Columnar）文件；其次，使用 Iceberg 架构的扫描节点（Iceberg ScanNode），根据一定条件找出要删除的数据行；再次，使用 IcebergDeleteBuilder 将需要删除的数据打包；最后，使用 OrcBuilder 来创建待删除数据的新 ORC 文件。

（3）提交 Iceberg 事务：将步骤（2）的创建删除文件的操作永久保存，更新表的元数据和数据文件的最终状态。

（4）提交 OLAP 事务：将步骤（1）的 Delete 操作永久保存，更新表的最终状态。

3.3　实时数据写入

湖仓一体解决方案的优势在于可以按照业务的需求对所有的数据进行分析和查询，而不需要额外的数据摆渡和 ETL 加工。因此，湖仓一体技术要求把所有数据第一时间写入系统，使整个系统的数据更加全面、更加实时。

将所有数据实时写入系统，至少要满足以下 5 点要求。

- 数据完整：写入过程中不能缺失数据，要确保业务能够使用所有数据。

- 数据及时：写入过程中实现数据的秒级摄入，确保业务能使用实时数据。

- 系统最优：需要平衡系统的查询效率与使用成本的关系，争取做到成本和效率最优。

- 系统稳定：数据量级突增时，能保持系统稳定，从而保证数据稳定入库的同时，不会对下游系统产生致命影响。

- 系统可维护：针对数据写入链路中的各个节点提供可持续的运营维护方案。

鉴于此，要做到实时数据写入，首先要设计稳定且可靠的实时数据链路；其次要实时全链路监控以降低系统运维成本；最后要通过数据预构建实现兼顾历史数据和其他离线数据的全量写入。

3.3.1　实时数据链路

实时数据链路，是指数据从客户端数据采集日志链路开始，一直传输至 DeltaLH 湖仓的整个过程。其目标是最终用户能够使用实时数据进行数据的分析和查询。

实时数据链路的设计流程如图 3.17 所示。图中的主环节包括日志数据上报、消息队列、数据预处理和实时数据写入。主环节以外的处理环节包括数据对账、对账数据补录。全链路监控和数据预构建保障了数据能得到高效处理。

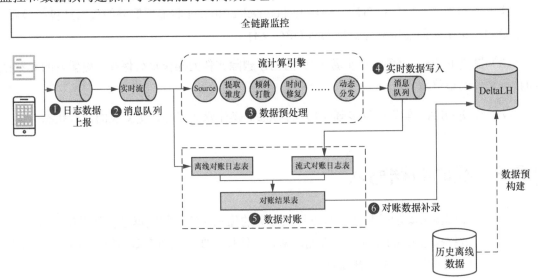

图 3.17　实时数据链路的设计流程

本节将详细阐述实时数据链路的核心环节，分别是日志数据上报、消息队列、数据预处理、实时数据写入、数据对账和对账数据补录。另外，针对全链路监控和数据预构建的有关内容，会在 3.3.2 和 3.3.3 节中详细展开。

1. 日志数据上报

聚焦游戏场景，日志数据是指游戏过程中产生的事件和行为数据。日志数据包含各种信息，如玩家的行动、游戏状态的变化、交互事件、物品的获得和使用，以及任务完成情况等。游戏日志数据通常以文本的形式记录，每个事件都有相应的时间戳和相关信息。

游戏日志数据要素包括事件时间、事件类型和事件值；上报的文件格式一般为 XML、JSON 等；上报的方式一般采用软件开发工具包（Software Development Kit，SDK）、超文本传送协议（HyperText Transfer Protocol，HTTP）等实时方式。上报案例（以 XML 为例）如代码清单 3.1 所示。

代码清单 3.1　上报案例（以 XML 为例）

```
1. <gameLog tagsetversion="1" name="Log" version="1">
2.     <event name="GameState" filter="1"  version="1">
3.         <entry name="dtEventTime" type="datetime" desc="(必填)事件时间" />
4.         <entry name="vEventType" type="string" size="8" desc="(必填)事件类型"/>
5.         <entry name="vEventValue" type="string" size="64" desc="(必填)事件值"/>
6.     </event>
7. </gameLog>
```

2. 消息队列

游戏业务场景每秒上报数亿条日志记录，所以日志的采集和消费之间需要构建高性能、可靠和可扩展的消息队列。消息队列提供了异步通信机制，生产方将消息发送给消息队列，消息队列通过分布式的方式进行消息的缓冲，消费方通过订阅等方式进行消息的消费，由此，实现了可解耦的高可用性。

在实际工程化实施中，DeltaLH 湖仓使用 Kafka 作为消息队列，其具备如下特点。

- 高吞吐、低延迟：Kafka 适合处理大规模的实时数据流，能够快速地接收、处理和传递大量的数据。

- 持久性存储：Kafka 能够将数据持久化存储到磁盘上，确保数据在传输过程中不会丢失，满足流计算对实时数据分析可靠性的要求。

- 多种处理模式：Kafka 支持 3 种数据处理模式，包括点对点、发布/订阅和流处理，可以进行实时数据处理、事件驱动的架构和数据集成等。

- 丰富的生态系统：Kafka 拥有丰富的生态系统，支持 Apache Spark、Apache Flink 集成的工具和框架，具备简洁的流计算和数据处理能力。

3. 数据预处理

日志数据是半结构化数据，在采集、上报过程中会存在数据一致性、准确性和高效性的问题，所以 DeltaLH 使用 Flink 作为流计算引擎，它具备如下特点。

- 异常恢复：支持 Checkpoint 机制，当出现异常时，可以快速恢复到之前的状态，从而保证数据处理的稳定性。

- SQL 友好：支持采用标准的 SQL 代码开发，通过统一的 SQL 代码实现所有的数据处理任务，能够更友好地支持大语言模型。

- 点位重设：支持根据需要重设数据处理的起始点，从而提高架构的灵活性，保证数据的准确性、一致性和高效性。

Flink 还支持数据预处理，通过时间修复、维度提取和倾斜打散等处理方式，可以提高流计算的结果质量和计算性能，使 DeltaLH 湖仓能够直接使用 Flink 处理好的数据来满足实时数据分析和查询的需求。数据预处理技术的具体介绍如下。

- 时间修复：在流计算中，数据的事件时间可能会存在异常。时间修复是指对异常的数据进行时间校正，使数据拥有正确的事件时间，同时确保后续处理节点可以按照正确的事件时间顺序进行处理。时间修复可以使用水位线（Watermark）机制来确定数据的正确顺序，例如，将游戏日志数据中的 dtEventTime 当作水位线来确定。

- 维度提取：在流计算中，通常需要实时从流数据中提取关键的维度信息，或者从外部数据源（如数据库、缓存等）中获取维度数据，将其作为数据流的公共维度。此公共维度会存放在设定好的位置以便进行后续的分析和查询，同时会保留提取前的数据样式，从而确保数据不失真。例如，假设同一条游戏日志中的变量 vEventType 有多个值，那么需要先对 vEventType 使用 Explod 函数进行拆分，再提取多个 EventType。

- 倾斜打散：在流计算中，数据的分布可能会发生倾斜，即某些特定的键（Key）或维度数据出现频率非常高，导致计算节点的负载不均衡。倾斜打散针对倾斜数据进行处理，以平衡计算负载。常见的倾斜打散方法包括增加分区、使用随机前缀和局部聚合等。将倾斜数据均匀地分散到多个计算节点上，可以提高计算性能和效率。以游戏日志中和机器人对战的数据为例，机器人的 ID 一般为默认值，所以需要对机器人的 ID 做倾斜打散处理。

4．实时数据写入

实时数据写入需要考虑数据的写入方式和存储方式两个方面。

数据的写入方式是指将数据写入 DeltaLH 湖仓。由于游戏日志数据量较大，使用同步写入方式会造成 DeltaLH 湖仓的负载不均衡。为了解决这个问题，需要在将数据写入 DeltaLH 湖仓前增加消息队列节点。该节点可以通过控制摄入速度来削峰，确保尖峰不会对 DeltaLH 湖仓系统产生不必要的影响；亦可以通过动态扩展摄入资源来应对尖峰，同时消息队列中会存有一定时间周期的数据，给下游异常预留了一定的数据恢复时间。

数据的存储方式是指将数据写入 DeltaLH 湖仓时，需要指定冷存储或热存储方式。冷热存储方式的选择，在一定程度上决定了数据查询服务的效率和成本，好的存储方式能够减少执行 SQL 代码的延时，并降低使用成本。在存储方式的设计上，将业务常用的（高频）热数据放到仓内，即 DeltaLH 湖仓的 BE 节点内；将不常查询的（低频）冷数据下沉到湖内，即 DeltaLH 湖仓的 COS 中。通过总结在不同游戏业务场景中数据存储方式的应用，实时数据写入策略如下：

- 业务核心 BI 看板使用的数据为热数据；

- 资产表中常用时间周期内的数据（如 6 个月）为热数据；

- 资产表中非常用时间（如 N 年前）的数据为冷数据；

- 高频游戏日志的近期数据（如 1 个月）为热数据，其余周期为冷数据；

- 低频游戏日志默认为冷数据。

5．数据对账

数据对账需要考虑数据完整性和数据一致性两个方面。

数据完整性主要针对在数据预处理过程中被清洗的数据进行分析和处理。这部分数据通常按照清洗规则被丢掉，需要对丢掉的数据做好记录，在对账阶段需要定位问题产生的具体原因，并有针对性地将问题闭环处理。如果问题产生的原因是日志记录错误，那么需要修复游戏日志产生的代码，并提供错误处理和容错机制；如果问题产生的原因是数据传输错误，如网络延迟导致的数据丢包，就需要进行数据补录，并且完善数据重传机制等；如果问题产生的原因是数据格式错误，如字段类型不匹配、数据格式不规范等，则需要完善数据校验规则或自定义校验规则来检测和修复数据格式错误。

数据一致性主要是为了增强数据的可靠性而考虑。首先，将消息队列的数据写入离线计算的数据库，DeltaLH 湖仓使用腾讯分布式数据仓库（Tencent distributed Data Warehouse，TDW）来生成离线对账日志表；其次，将流计算处理完的数据写入 TDW，生成流式对账日志表；再次，采用 H+1 的方式，每小时对离线对账日志表和流式对账日志表对账一次；最后，将对账结果进行应用，如果对账结果不一致，通过对账数据补录来保障数据一致性。数据对账表的生命周期通常可以设定为一周，这不会给存储和计算带来太多额外的开销。

6．对账数据补录

对账数据补录可以通过重新消费历史数据或补录离线基准数据实现。

- 重新消费历史数据：采用 Flink 的状态机制，从 Kafka 中重新获取消费数据来进行补录。首先，配置 Flink 作业的 Checkpoint 参数，包括 Checkpoint 间隔、最大并发 Checkpoint 数等；其次，对数据补录的条件进行判断，触发补录逻辑；再次，在补录逻辑中，根据 Checkpoint 的状态信息和业务需求，重新消费并处理数据；最后，将处理后的数据写入 DeltaLH 湖仓，完成补录。

- 补录离线基准数据：以 TDW 的数据为基准，将数据补录到 DeltaLH 湖仓中。可以将 TDW 离线对账日志表作为基准进行数据补录，按照以天为时间单位、分区覆盖的方式进行批量替换，将 TDW 的数据直接写入 DeltaLH 湖仓。

3.3.2 全链路监控

业务在使用实时数据进行数据分析和查询时，通常会遇到数据出现较大波动的情况，例如，日活跃用户数（Daily Active User，DAU）同比下降明显。因此，需要快速排查是否是数据链路问题导致数据出现异常波动。由于数据从写入到报表展示，涉及的环节较多，因此针对数据链路通常需要做如下排查工作：

- 排查问题是否在数据源本身；

- 排查问题是否发生在数据加工链路；

- 排查问题是否发生在写入 DeltaLH 时；

- 排查问题是否是报表异常；

- 排查问题是否是实时连线与对账不一致等。

排查问题链路比较复杂，通常会耗时 1 小时左右，甚至更多。对实时报表来说，异常的发现和处理耗时 1 小时是不满足业务要求的，因此，需要通过全链路监控来快速地定位和排查问题。全链路监控的架构如图 3.18 所示。

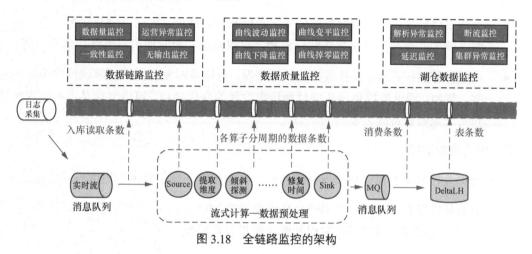

图 3.18　全链路监控的架构

1. 数据链路监控

数据链路监控方案主要包括数据量监控、运营异常监控、一致性监控和无输出监控。

- 数据量监控：通过监控实时链路各个处理节点的输入和输出量，可以及时发现数据量异常，例如，生产数和消费数不一致，从而触发数据对账和补录机制。

- 运营异常监控：通过监控游戏运营指标，如玩家活跃度、在线时长等，可以实时发现运营异常情况。

- 一致性监控：通过在游戏数据处理流程中引入数据校验机制，如离线数据校验，可以确保数据在处理链路中的一致性，并能及时发现数据不一致的问题。

- 无输出监控：通过监控数据处理流程中的输出，如游戏日志数据的写入、数据库的更新等，可以及时发现无输出或输出异常的情况。

2. 数据质量监控

数据质量监控方案主要包括曲线波动监控、曲线变平监控、曲线下降监控和曲线掉零监控。

- 曲线波动监控：通过监控数据的波动情况，可以及时发现波动异常的数据。例如，通过监控每日新增玩家数量的变化趋势，可以发现某日新增玩家数量的异常波动。

- 曲线变平监控：通过监控数据的平稳程度，可以及时发现过于平稳或不稳定的数据。例如，通过监控实时在线玩家数的变化趋势，可以发现某段时间内实时在线人数过于平稳，与往常不符。

- 曲线下降监控：通过监控数据的下降程度和下降速度，可以及时发现数据的下降异常。例如，通过监控每日活跃玩家数，可以发现某段时间内日活跃数急剧下降。

- 曲线掉零监控：通过监控数据的掉零情况，可以及时发现突然掉零或持续掉零的异常。例如，通过监控每日新增付费玩家数量的变化趋势，可以发现某段时间内新增付费玩家数量持续为零。

3．湖仓数据监控

湖仓数据监控方案主要包括解析异常监控、断流监控、延迟监控和集群异常监控。

- 解析异常监控：通过监控 DeltaLH 湖仓消费 MQ 过程中的异常情况，如解析错误、格式不匹配等，可以及时发现和解决解析异常问题。

- 断流监控：通过监控 DeltaLH 湖仓到 MQ 数据流的连续性和完整性，如数据流的延迟、丢失和间断情况等，可以及时发现数据流断裂的问题。

- 延迟监控：通过监控 DeltaLH 湖仓数据写入的延迟情况，如数据处理的时间窗口、速度，以及消息队列的积压情况等，可以及时发现数据处理延迟问题。

- 集群异常监控：通过监控 DeltaLH 湖仓集群的运行状态，如资源利用率、负载情况和故障情况等，可以及时发现集群的异常和故障。

3.3.3　数据预构建

数据预构建是指统一处理完实时、离线数据后再使用数据。实时数据写入可以满足业务对于新产生的数据进行分析和查询的需求。但在使用 DeltaLH 湖仓之前，离线计算引擎 TDW 中有大量的历史数据，要满足用户所有的分析需求，需要把历史数据导入 DeltaLH 湖仓系统。由于历史数据的体量比较庞大，跨越的时间周期也比较长，同时历史数据之间还存在关联计算和查询的需求，因此为了保障业务用户使用数据的准确性、一致性和及时性，需要有统一的处理模式。

StarRocks 提供了使用 Spark 进行数据预构建的方式。使用 Spark 进行数据预构建的流程如图 3.19 所示。

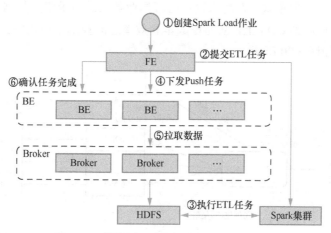

图 3.19 使用 Spark 进行数据预构建的流程

① 创建 Spark Load 作业：用户创建 Spark Load 作业，系统加载后提交给 FE 节点进行处理。

② 提交 ETL 任务：FE 节点将 ETL 任务提交给 Spark 集群执行。

③ 执行 ETL 任务：Spark 集群执行 ETL 任务，进行数据准备，包括分区、分桶、排序、构建索引、压缩等，将准备好的数据写入 HDFS。

④ 下发 Push 任务：ETL 任务完成后，FE 节点获取各个预处理切片的数据路径，并调度相关 BE 节点下发 Push 任务。

⑤ 拉取数据：BE 节点通过 Broker 进程从 HDFS 中拉取数据，并转换成 StarRocks 所需要的存储格式。

⑥ 确认任务完成：拉取数据完毕后，FE 节点发布生效版本并确认任务完成。

在使用 Spark 进行数据预构建的流程中，去掉了 StarRocks 集群对数据的排序、压缩等操作，将消耗资源的步骤迁移到 Spark 环节，从而大大减少了导入过程中 StarRocks 资源的消耗。但在数据量过大的时候也会面临 Spark 资源弹性的问题，从而影响到其他任务的执行，所以需要更优化的解决方案，提升导入速度的同时还能降低成本。鉴于此，可以使用存算分离的架构解决此问题。

DeltaLH 湖仓使用存算分离的架构，其中的 CN 是一个无状态的、可以弹性伸缩的计算节点。如果使用 CN 资源代替 Spark 资源来构建数据，可以根据预构建任务的数据量，动态创建用于构建数据的 CN 集群，通过 CN 集群来处理数据。另外，DeltaLH 湖仓在数据存储时使用数据冷热分层存储模式,在写入数据时根据业务实际需求将热数据直接存储到 BE 节点,冷存储的数据存储到 COS 上,从而在成本和效率之间找到了最优解。CN 数据预构建到 BE 热存储的流程如图 3.20 所示。

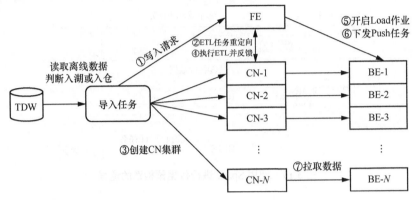

图 3.20   CN 数据预构建到 BE 热存储的流程

① 写入请求:针对用户创建的 Load 作业,系统加载后提交给 FE 节点进行处理。

② ELT 任务重定向:FE 节点通过随机选择的方式,指定一个 CN 作为 Coordinator,负责下发和管理 ETL 任务。

③ 创建 CN 集群:Coordinator CN 读取到 TDW 需要处理的数据,并根据数据量的大小创建任务所需的 CN 集群。

④ 执行 ETL 并反馈:CN 根据数据分布算法在本地创建 tablet(数据存储单元)并执行 ETL,将处理后的数据本地存储在 CN 中并反馈给 FE 节点。

⑤ 开启 Load 作业:进入 Load 阶段,通过 FE 节点开启 Load 作业。

⑥ 下发 Push 任务:FE 节点获取 CN 预处理切片的数据路径,并调度相关 BE 节点来执行 Push 任务。

⑦ 拉取数据:从 CN 读取数据,存储到 BE 节点的本地磁盘上,拉取数据完毕后提交事务,完成导入。

CN 数据预构建到 COS 冷存储的流程如图 3.21 所示。

① 写入请求:针对用户创建的作业,系统加载后提交给 FE 节点进行处理。

② ELT 任务重定向:FE 节点通过随机选择的方式,指定一个 CN 作为 Coordinator,负责下发和管理 ETL 任务。

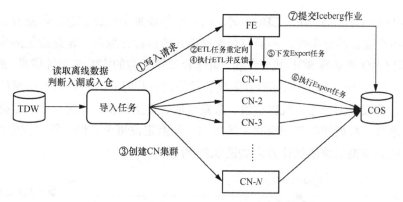

图 3.21 CN 数据预构建到 COS 冷存储的流程

③ 创建 CN 集群：Coordinator CN 读取到 TDW 需要处理的数据，并根据数据量的大小创建任务所需的 CN 集群。

④ 执行 ETL 并反馈：CN 根据数据分布算法在本地创建 tablet 并执行 ETL，将处理后的数据本地存储在 CN 节点中并反馈给 FE 节点。

⑤ 下发 Export 任务：进入 Export 阶段，此时 FE 节点下发 Export 任务到各个 CN。

⑥ 执行 Export 任务：导出文件到 COS，并将导出的文件列表反馈给 FE 节点。

⑦ 提交 Iceberg 作业：FE 节点会执行 Commit Iceberg 来更新元数据。此时，整个任务执行完毕。

3.4 高效数据分析

在升级为湖仓一体架构的过程中，需要结合业务的实际需求、数据特点和湖仓一体技术优势来升级和优化数据开发及建模方法，从而使用户能够在实际的数据分析场景中高效地查询数据。游戏业务场景通常具备数据量大、用户标签丰富、数据分层灵活等特点。因此，在优化的过程中，使用传统的物理表数据资产建设只能满足固定报表类的查询优化需求，对于更灵活的数据分析与挖掘类需求，则需要从两个方面入手，分别是查询引擎优化和物化透明加速。

3.4.1 查询引擎优化

查询引擎通常具备基于规则的优化器（Rule-Based Optimization，RBO）、基于成本的优化器（Cost-Based Optimization，CBO）等。由于业务场景中统计信息的收集存在随机性、局部性，以及用户查询的复杂性，不能完全保证选择的执行计划就一定是最优的执行计划。因此，选择使用 CBO 来估算 SQL 执行代价，再结合计算资源的实时情况等信息，通过 DeltaLH 湖仓来评估和计算当前 SQL 执行的复杂度和预估的执行时长。针对查询引擎的效率问题，可以进一步划分成数据分布、数据索引、数据读取、数据转换、本地聚合、数据传输、多源合并、二次聚合、数据排序和结果输出等方向，从而定位每个存储计算过程中的瓶颈问题，找到优化方向。查询引擎的优化方向如图 3.22 所示。

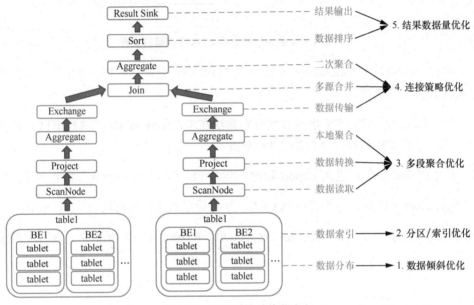

图 3.22　查询引擎的优化方向

关于 SQL 任务的执行，首先对 SQL 代码进行语法解析，生成执行计划树；其次将执行计划发送给 BE 节点，BE 节点读取对应的数据后，按照图 3.22 中的箭头方向执行。其中每一步都可以通过 DeltaLH 湖仓收集 CBO 数据，从而发现不同场景下的优化方向。整个优化过程涉及以下 6 个优化方向。

1. 数据倾斜优化

在进行数据存储时，数仓会通过哈希函数将数据分桶，并映射到不同的节点上。分桶的目的是将数据打散，使数据尽量均匀地分布在集群的各个 BE 节点上，以便在查询时充分发挥集群多机多核的优势。分桶需要采用按字段或字段组合的方式，通过散列算法将数据变换成固定长度的散列值。由于需要将数据尽可能地打散，那么字段或字段组合就需要尽量选择高基数的字段或字段组合（字段中包含很大的唯一值比例）。如果选择低基数的字段或字段组合，例如，只有 10 个值，但分桶数设置成 100，就会导致只有 10 个桶有数据，从而出现数据倾斜的问题。通过动态分桶的策略，系统会根据历史数据量级按不同周期动态调整分桶数，以此来应对人为指定分桶数不合理的问题。

在实际场景中，建议选择经常作为查询条件的列为分桶键，减少分桶键，可以提高数据扫描的查询效率，另外在为多字段组合设置分桶键时建议不超过 3 个字段。需要特别注意的是，由于数据质量问题，分桶字段出现大量的 NULL 值，需要在数据写入时进行数据质量的监控和预处理，以便解决数据质量引起的数据倾斜问题。

2. 分区/索引优化

数仓数据使用 Range 分区和 Hash 分桶方案进行数据分布式的列式存储。存储策略是先分区再分桶，Range 分区是一级过滤，Hash 分桶是二级过滤，在查询过程中先进行分区裁剪，从而减少数据扫描量以加速查询，所以 WHERE 条件通常会使用最常用的字段作为分区字段，且必须为日期或者整数类型。

索引也是优化查询的常用手段之一。湖仓的索引包括列级索引（Column Index）和前缀索引（Prefix Index）。列级索引使用 Create Index 语句进行添加，用于快速查找索引列数据；前缀索引又称排序键索引，用于快速查找排序键对应的数据。数据文件还会通过文件页脚（Footer）来存储 ZoneMap Index，即该数据文件所有简单列（即数值/时间类型的列）的最大、最小值，从而快速判断查询的数据是否在该数据文件中。

基于湖仓分区/索引的原理，SQL 优化中有如下注意事项。

- 使用分区、分桶和排序键进行 WHERE 条件过滤，减少数据扫描量的同时快速定位需要的数据。

- 在 WHERE 条件中，不能对分区、分桶或排序键进行函数转换，否则会导致分区、分桶或排序键的索引能力失效。

- 对于可以使用数值与时间类型的字段，尽量使用数值与时间类型，不要使用字符串类型。由此，可以使用 ZoneMap Index 进行数据过滤。

- 在 SELECT 子句中，针对具体要查询的字段来明确 WHERE 条件，不要使用 SELECT 多余字段，否则会扫描多余字段。需要特别注意，不要使用 SELECT *查询语句，否则会导致列式存储失去只需要扫描部分字段的优势。

3. 多段聚合优化

数据聚合是指将数据按对应字段进行分组，即 GROUP BY 操作。字段相同的合为一组，并对这组数据进行同一个操作（调用聚合函数），如统计、求和、求最大值等。优化数据聚合，其本质是优化数据分组、数据函数计算这两个过程。

常用的数据分组算法有排序分组和 Hash 分组。排序分组的时间复杂度为 $O(n\lg n)$，在最坏情况下排序时长会随着数据量的增加而加速增长；Hash 分组的时间复杂度为 $O(n)$，操作步骤为先通过 Hash 函数将数据根据分组列进行 Hash 分桶，从而保证相同分组列的数据在一个桶中，然后对每个桶中相同分组列的数据进行聚合。数据分组算法通常优先选择 Hash 分组。

聚合函数使用 Hash 分组的数据，启用多个实例（Instance）进行并行计算，计算效率取决于并行的 Instance 是否足够多，以及处理的数据量是否适中。如果 Group 分组条件的分组值比较少，会产生聚合的数据倾斜，导致参与并行计算的实例比较少；如果某个 Instance 的分组数据量大，会导致处理效率低下，甚至内存溢出（Out Of Memory，OOM）。因此，为了优化聚合函数，我们使用多段聚合优化的方式。

例如，假设需求是"统计某周每天参与某个事件的用户数量"，那么对应的 SQL 代码是"SELECT　to_date(dteventtime) AS '日期',count(distinct vopenid) FROM event AS t1 WHERE (t1.dteventtime >= '2024-02-12 00:00:00') AND (t1.dteventtime <= '2024-02-18 23:59:59') AND (event='xxx') GROUP BY '日期'"。

此 SQL 代码的实际执行处理过程为根据 GROUP BY 后面的字段进行 Hash 分组，将同一个 Hash 值的结果发送到同一个 BE 节点的 Instance 上。由于 SELECT 后面的的字段为 to_date(dteventtime)，仅获取了一周的数据，导致只有 7 个分组的 Instance 会获取到数据，而其他 Instance 不会获取到数据，因此产生了聚合数据倾斜和单 Instance 数据量过大的问题。

于是，可以将 SQL 代码优化为"SELECT　'日期' ,count(1) FROM (SELECT to_date (dteventtime) AS '日期',vopenid FROM event AS t1 WHERE (t1.dteventtime >= '2024-02-12 00:00:00') AND (t1.dteventtime <= '2024-02-18 23:59:59') AND (event='xxx') GROUP BY '日期',vopenid) t1 GROUP BY '日期'"。将代码改成分阶段执行后，首先，生成由日期和 vopenid 组成的 Hash 分组，从而保证每个 BE 节点的 Instance 尽可能均匀地得到数据，进而提高了第二阶段的执行效率；其次，收集完上游每个 Instance 的分组结果后，完成全局的去重操作，并进行第一阶段的分组统计，即按日期统计当前 Instance 数据中日期维度对应的 vopenid；最后，根据日期分桶交由第三阶段计算全局的用户数。虽然，在第三阶段还是会存在数据倾斜的情况，即数据最后还是仅通过 7 个 Instance 进行处理，但是由于上游结果是统计后的数据，分组键与聚合值占用的空间并不大（只有一个日期和一个统计值），因此最终聚合也仅需要将相同分组的统计结果进行求和即可。最终，经过优化后的 SQL 代码的执行效率可以提升 10 倍左右。

4. 连接策略优化

连接（JOIN）是 SQL 查询与分析中重要的算子，是指将两个及以上的表数据按照特定的字段或字段组合合并成一条数据。主流的连接方法主要有两种，分别是 Hash 探测法与排序合并法。由于排序合并法的时间复杂度是 $O(n\lg n)$，而 Hash 探测法的时间复杂度为 $O(n)$，因此通常选择 Hash 探测法进行连接操作。

在执行连接操作的过程中，先将右表的数据加载到内存中以构建哈希表，然后遍历左表的数据并通过哈希表来查找匹配的行。此时，如果右表较大，不仅会消耗更多的内存，还会在构建哈希表和查找匹配的过程中耗费更多的时间。连接操作的性能受限于右表的数据量级，且内存的使用也主要由右表数据量来决定，所以，在进行连接操作时需要尽可能保证右表是小表（数据量较小的数据表）。

在进行连接操作的时候，可以根据不同的数据量和数据形式进行连接优化。常用的连接优化策略介绍如下。

- 分区洗牌连接（Partition Shuffle Join）：依据两张表连接的条件值，以及 Instance 的数量进行 Hash 分区，相同分区的数据会被送入对应 Instance 进行处理。此策略可以通过 Hash 打散数据，不容易造成数据倾斜。但实际操作中，需要分发两张表的全部数据，分发数据量大会导致分发效率一般。因此，此策略主要适用于两张小表连接的场景。

- 广播连接（Broadcast Join）：将右表的全量数据广播给所有 Instance，即将右表数据复制到所有 Instance 的内存中。在右表数据量较少时，此策略可以实现快速分发。但是，如果右表数据量较大，需要消耗大量内存并且会由于左表数据分布情况造成数据倾斜。因此，此策略主要适用于小表连接大表的场景。

- 桶洗牌连接（Bucket Shuffle Join）：将两个表根据连接条件进行 Hash 分桶处理，相同的连接键（Key）会被标记成相同编号，即将右表数据分发至左表相同编号对应的 Instance 上，从而减少数据传输和通信开销。此策略中，每个分桶仅分发一次，大大减少了数据分发量。但是，如果两个表的连接键分布不均匀或桶数量设置不合理，可能会导致数据倾斜和节点负载不均衡。因此，此策略主要适用于两张表的分桶键及分桶数相同的场景。

- 本地化连接（Colocate Join）：对连接关联的表指定一个 Colocation Group（CG），设置相同的 CG 的表分桶键、分桶数，于是同一 CG 的数据分布在同一组 BE 节点上，当连接被用作分桶键时，计算节点只需要做本地连接。此策略不用进行数据的网络传输，减少了数据在节点间的传输耗时，进而提高查询性能。但是，由于需要保证两张表的所有数据副本分布一致（这会产生大量数据搬迁任务），因此此策略主要适用于需要进行快速连接的操作，即两张表的数据量相近且数据量都不是很大的场景。

5．结果数据量优化

由于最终都需要聚合到一个节点上进行输出，因此需要和数据使用场景相结合，避免一次性输出大量的数据，从而造成用户等待时间过长甚至内存溢出等问题。

通常可以采用 LIMIT（数据库操作语言）和不同场景相结合，进行数据量的优化。

- 分页显示：在分页展示数据的场景中，通过分页页数、数据条数来设置适当的 LIMIT 值，并根据查询结果和分页参数进行适当的数据展示和分页控制。

- 数据懒加载：在需要展示大量数据时，通过维护当前加载的位置，动态调整 LIMIT 参数。每次加载完成后，根据需求更新 LIMIT 参数，并继续加载下一批数据。

- 实时监控：在实时监控大量数据的场景中，为了快速获取最新的数据，可以使用 LIMIT 限制只返回最新的时间窗口数据。

3.4.2　物化透明加速

通过查询引擎优化可以提升查询速度，优化用户体验。但是，在湖仓一体的实践中，查询的优化需要随着业务的需求变化、数据量的增加、数据的冷热分层转换等做出及时的调整。例如某个 SQL 查询代码在上个周期是高效的，但到了下个周期就有可能需要进行优化。虽然通过调整物理表及 SQL 查询代码可以解决此类问题，但是调整和优化的维护成本就会比较高，我们可以在查询引擎优化的基础上，使用物化视图来解决上述问题。以下场景需要采用物化视图的方式进行查询加速。

- 适配数据资产：在新的数据写入的时候，往往没有建设资产表，所以在此情况下先使用原始日志表进行查询，然后，数据治理的运营将高频的查询建设成资产表。但是，对于使用历史日志表的 SQL 查询，需要利用物化视图来实现资产的复用，得到更高的查询效率。

- 中等热度资产：在数据资产化设计时，高热度查询会建设成资产表，低热度查询使用原始日志表，而介于高低热度之间的中等热度查询可以使用物化视图来平衡查询热度和查询效率。

- 资产表结构更新：在处理用户画像类宽表时，字段通常会不断地增加，而且往往通过多表连接生成一张资产表。但是，由于不同字段的来源表的更新速度不同，导致新增标签字段时，上下游关系的处理复杂度高，因此可以尝试使用物化视图的多表关联来实现画像类宽表字段的快速更新。

- 慢 SQL 优化：在持续优化看板和数据分析需求中的慢 SQL 时，常会遇到同一个查询逻辑散落在不同的看板中的情况。如果使用物理表进行优化，重构工作量会非常大，还有可能出现遗漏。因此，可以使用物化视图的查询改写机制进行透明查询优化。

物化视图包括同步物化视图和异步物化视图两种方式。同步物化视图可以对数据进行实时汇总更新以提高查询效率，即当明细数据发生变化时，物化视图也立即更新，这种机制会影响明细数据的写入性能，并且无法对历史数据进行修改。而异步物化视图在明细数据发生变化时，不会立即同步更新，而是根据不同场景配置不同的调度策略，在不同时机触发物化视图的刷新任务，并在后台进行异步更新，从而使资源消耗和查询效率达到最优。因此，需要重点对异步物化视图进行优化。

异步物化视图是一种任务调度机制，支持定时更新和触发更新两种方式。定时更新是指设定固定的更新频率，按照定时任务的方式更新；触发更新是指当基表发生变化时，会立即触发物化视图的更新。定时更新和触发更新的工作原理如图 3.23 所示。

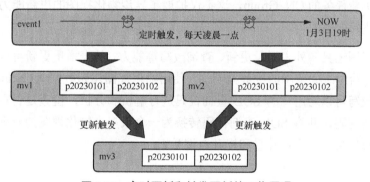

图 3.23　定时更新和触发更新的工作原理

在图 3.23 中，event1 是一张实时写入的日志表，mv1 和 mv2 是基于 event1 表生成的异步物化视图。mv1 和 mv2 使用定时更新的更新方式，例如，每天凌晨一点会触发一个定时刷新任务，用来更新前一天的分区（mv1 和 mv2）；mv3 是基于 mv1 和 mv2 生成的异步物化视图，mv3 使用触发刷新的更新方式，每当 mv1 和 mv2 完成更新后即触发 mv3 的更新任务。

在实际应用中，这两种更新策略都会存在一些问题，例如，定时更新的频率是固定的，而基表的更新完成时间有时候是不能确定的。因此，如果配置的时间过晚，就会导致物化视图的数据延迟；如果配置的时间过早，就会导致基表还没有更新完成，从而导致物化视图的数据陈旧。

在触发更新的场景下，当基表发生变化时，会立即触发物化视图的更新，此时会导致物化视图一直处于更新状态，而且更新的数据会立刻被覆盖，从而浪费了大量的资源。为了解决此类问题，DeltaLH 湖仓新增了延迟更新的策略，延迟更新的工作原理如图 3.24 所示。

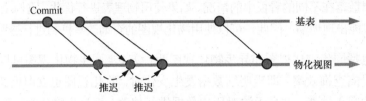

图 3.24　延迟更新的工作原理

延迟更新的原理是当基表发生变化时，不立即更新物化视图，而是等待一段时间后更新。例如，如果等待时间内基表没有发生变化，那么可以立刻更新物化视图；如果等待时间内基表发生了变化，就等待下一次变化，直到超过最大等待时间才更新物化视图。

在异步物化视图的更新过程中，会消耗集群的资源，所以为了避免物化视图的更新任务影响查询性能，DeltaLH 湖仓支持使用 CN 来执行物化视图的更新任务，即在更新物化视图时，可以指定更新任务的 CN Group，这不仅扩展了异步物化视图的更新能力，还可以对不同的更新任务进行隔离。

异步物化视图还具备外表增量更新、查询改写等能力。外表增量更新可以将数据湖中的某个历史事件、给定时间范围的冷数据明细，使用物化视图作为数据湖 Caching 进行访问透明加速；查询改写可以对用户的 SQL 查询代码进行解析和分析，检查是否存在与物化视图相关的查询重写规则，并将 SQL 查询代码转换为一个或多个物化视图的查询，从而使用物化视图提前汇总结果，减少计算量和提升查询效率。

3.5　小结

本章系统地阐述了数仓一体架构的技术原理和应用。首先，重点介绍了数据技术从数据仓库、离线计算、流式计算到湖仓一体的发展和演化，以及湖仓一体架构的设计方案；其次，介绍了 DeltaLH 湖仓的关键技术，通过存储计算分离、数据冷热分层、湖仓一体化来实现湖仓一体技术的落地；再次，介绍了实时数据写入，可以查询全量实时数据，同时对整个链路的稳定性保障做了系统介绍；最后，介绍了湖仓一体架构在数据分析过程中的效率优化方案，为后文的深入探讨奠定了基础。

第 3 部分 大模型下的数据资产

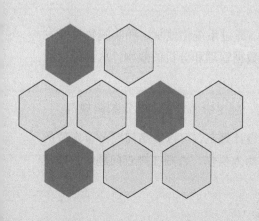

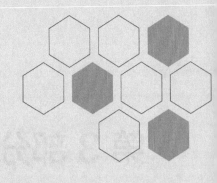

第 4 章
数据资产重塑

随着大数据和人工智能技术的迅猛发展，企业处理的数据量呈现爆炸式增长趋势。在当今的商业环境中，大数据分析对企业经营决策的价值愈发凸显。因此，如何从海量数据中高效、精确地提炼出有价值的信息，成为一项至关重要的任务。为了实现这一目标，数据资产的构建成为必须攻克的核心问题。然而，目前的数据资产方案无法满足企业快速扩张和业务高速发展的需求。鉴于此，本书提出了一种创新的数据资产重塑方案，旨在解决这一关键难题。

在深入探讨数据资产重塑方案之前，本章将以游戏场景为例，介绍数据资产方案的现状及面临的核心挑战，提出结合 AI 能力重塑数据资产的思路和目标，为后续数据资产重塑方案的制订打下坚实的理论基础。

4.1 数据资产方案的现状

以游戏场景下常见的数据资产建设为例，探讨数据资产方案的现状。数据资产建设主要包含 4 个方面，分别是标准制定、数仓建模、资产运营和业务自助，如图 4.1 所示。

1．标准制定

制定数据开发标准是数据资产建设至关重要的一环。通过系统化地制定和实施数据开发标准，不仅有助于减少数据冗余和错误，还能显著提升数据管理和分析的效率，从而确保数据在整个生命周期中的一致性、可用性和可维护性。

标准制定核心包含 3 个部分，分别是制定设计规范、制定命名规范和制定编码规范。

- 制定设计规范：通过制定库表、任务、画布的设计规范，可以提高问题排查定位的速度。例如，单个任务不允许包含对多张表的写入操作，否则在排查问题时，即使知道表名，也很难追溯到具体的任务，从而难以定位问题的源头。

图 4.1 常见的数据资产建设

- 制定命名规范：通过一套标准规范来管理表、表字段和任务等的命名。首先，定义游戏领域常用词汇的标准词根，用来指导表字段命名和表名中的自定义命名部分；其次，表命名遵循"{分层命名}_{业务标识}_{自定义命名}_{时间周期}{增全量标准}"的标准格式；最后，根据不同任务类型在表名基础上增加"p{任务类型}"前缀作为任务名，计算任务用 c 表示、数据导出任务用 o 表示、数据导入任务用 i 表示。通过命名规范，表和任务之间形成强关联，便于提高问题排查的效率。

- 制定编码规范：为代码注释、格式缩进和表别名制定相应的规范。代码注释应清晰地解释代码的目的和计算逻辑，便于编程人员理解；代码缩进应保持一致，提高代码的可读性和维护性；表别名应简洁明了，同一层级按照相同类型设置表别名，如"a、b、c"或者"t1、t2、t3"，便于快速识别和理解代码中的嵌套层级。

2. 数仓建模

设计数仓模型并建设资产表也是数据资产建设至关重要的一环。通过系统化地设计和实施数仓模型，不仅有助于优化数据查询性能和存储空间，还能显著提升数据分析的准确性和响应速度，从而确保数据在存储和处理过程中的结构化、规范化和高效性。

行业内数仓建模实施的标准流程如图 4.2 所示，包括业务调研、定义业务特性、明确统计指标、构建总线矩阵和设计数仓模型。对于游戏场景，因为其存在指标数量较多、业务特性相对复杂和原始明细数据标准化程度较高等特点，所以需要特别注意图 4.2 中右侧的 3 点细节。

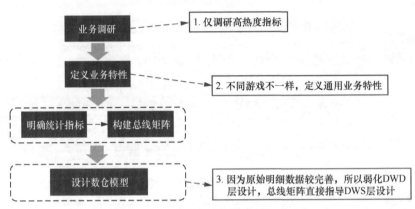

图 4.2　行业内数仓建模实施的标准流程

- 业务调研：熟悉业务流程，收集和整理业务方的数据提取及报表需求，在游戏场景中仅需要调研高热度指标。

- 定义业务特性：需要明确数据域定义、业务过程定义和维度实体定义。首先，绘制一张由业务过程组成的流程图来梳理业务过程，使得业务过程明确且可枚举；其次，梳理维度实体对象在业务过程中的关系，使得每个业务过程中的核心实体对象也是明确的；最后，结合业务经验将业务过程归类合并，并划分数据域。以游戏场景为例，从游戏外的渠道曝光开始，新注册玩家创建账号，随后进入游戏创建角色，角色又在游戏中参与各种玩法、活动及社交分享等。在此流程中，业务过程的核心维度实体包括自然人、账号和角色等。在实际的业务场景中，可以将这些业务过程归类并划分为渠道域、活跃域、流水域、玩法域和社交域等数据域。游戏通用业务特性示例如图 4.3 所示。

- 明确统计指标：梳理派生指标、抽象时间周期、提取原子指标和维度。首先，从业务调研的需求中梳理派生指标；其次，对派生指标的时间周期进行抽象，例如，"最近 7 天各玩法对局数"派生指标的时间周期是"最近 7 天"，可以将其抽象成"近 1 天"，即抽象后的派生指标是"近 1 天各玩法对局数"；最后，提取其中的原子指标和维度。

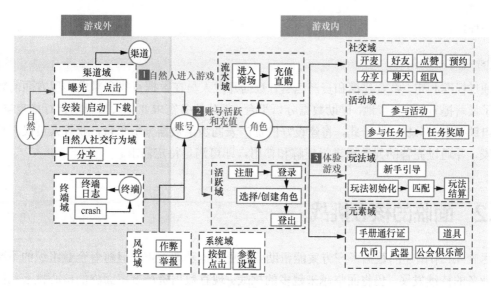

图 4.3　游戏通用业务特性示例

- 构建总线矩阵：构建统计指标、数据域、业务过程和维度的对应关系，用于指导数仓模型设计。

- 设计数仓模型：数仓模型的设计有两个核心流程，即明细模型设计和汇总模型设计。其中，明细模型设计包含数仓的 DWD 层设计和 DIM 层设计；汇总模型设计包含 DWS 层设计。在游戏场景中，由于游戏日志上报过程中对原始明细数据进行了大量标准化处理，包括将相同业务过程放入同一张表、常用字段统一命名，因此 ODS 层和 DWD 层已经非常接近。因此，在大多数情况下，不需要单独设计 DWD 层。

3. 资产运营

由于游戏业务发展变化较快，常有新的玩法和活动出现，导致底层数据频繁变动，可以通过增加资产运营环节，建立数据资产迭代的正向循环。

对需求交付的结果进行分析，如果结果中使用的表均为资产表，则视为正例，否则视为负例。负例出现的原因可能是使用了高热度的原始日志表、使用了非资产表的其他中间表或使用了低热度的原始日志表等。

针对出现负例的情况，需要进一步进行负例归因，最终归类到其本质原因，分为已有资产未使用、资产不满足建设和不建设资产 3 种情况。对于已有资产未使用的情况，持续向开发团队宣讲资产信息，推动其正确使用；对于资产不满足建设的情况，如缺少字段、生命周期不足、未在数据资产管理平台上架等，进行资产改造或新建处理；对于不建设资产的情况，则不予处理。

4．业务自助

通过标准制定、数仓建模和资产运营，数据开发人员在数据查找和需求实现方面的效率得到了显著提升。进一步地，借助数据分析平台，部分业务需求业务人员可以自行拖曳操作，实现自助探索和分析。鉴于此，将建设好的资产表同步至数据分析平台，业务人员仅需检索资产表，并通过完善的元数据进行理解和使用，即可满足特定需求。

4.2 面临的核心挑战

尽管 4.1 节阐述的数据资产方案能帮助业务更快地获取数据，但随着企业组织的不断扩张和业务的持续发展，仍将面临越来越多的挑战。现有数据资产方案面临的核心挑战包括缺失非结构化标准、建设和治理成本高及运营目标不一致。

4.2.1 缺失非结构化标准

在完整的需求开发流程中，业务人员首先向数据开发人员提出需求并进行详细沟通。数据开发人员充分理解需求后，开始查找相关的库表资产，并利用这些库表资产编写实现需求的代码。需求开发的流程如图 4.4 所示。

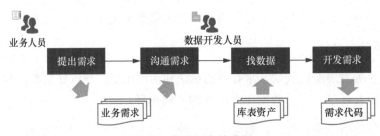

图 4.4 需求开发的流程

目前，基于现有数据资产方案的建设，库表资产和需求代码的编码规范已经有完善的标准和管理手段。然而，业务需求和需求代码中的核心业务逻辑属于非结构化知识，仍然缺乏标准化的管理和规范，这会影响需求的准确实现及后续的高效维护。

● 业务需求缺乏明确的标准：可能导致业务方获取错误的数据，对业务决策和分析产生重大影响，甚至导致错误的判断。例如，业务部门提出"统计 2024 年 5 月 1 日至 5 月 7 日的周回流用户数"，其中"周回流"具体是指"2024 年 4 月 24 日至 4 月 30 日未活跃，5 月 1 日至 5 月 7 日有活跃"，还是指"2024 年 4 月 17 日至 4 月 23 日曾有过活跃，4 月 24 日至 4 月 30 日未活跃，且 5 月 1 日至 5 月 7 日又有活跃"？如果业务人员提需求时与数据开发人员之间沟通不充分，可能导致最终交付的结果与预期不一致。

- 业务逻辑代码缺乏明确的标准：可能会增加错误发生的概率或影响需求交付效率。例如，有一张记录用户活跃信息的资产表，其中包含一个名为"cbitmap"的字段，该字段的描述是"由 100 位 0 和 1 组成的字符串，记录用户在过去 100 天内的活跃情况，0 表示当天未活跃，1 表示当天活跃"。如果某个需求是统计"在流失 14 天后当天重新活跃的用户"，那么 cbitmap 字段的核心代码逻辑示例如图 4.5 所示。数据开发人员如果仅依赖字段的描述，可能会产生疑问：当天活跃是从左起选第 100 位还是从右起选第 100 位？

```
1  select
2    distinct ds, -- 日期
3    vopenid -- 玩家ID
4  from dws_gamecode_actv_df
5  where
6    ds = '20240101'
7    and reg_date <> ds -- 非当天注册
8    and instr(substr(cbitmap, 1, 1), '1') > 0 -- 当天活跃
9    and instr(substr(cbitmap, 2, 14), '1') = 0 -- 流失14天
```

图 4.5 cbitmap 字段的核心代码逻辑示例

综上所述，非结构化标准的缺失会影响需求的准确实现和高效开发，因此需要进一步完善和标准化这些非结构化知识的管理。

4.2.2 建设和治理成本高

随着业务的快速发展，数据资产的建设一方面需要满足业务的迅速扩张需求，另一方面又要控制资产表的整合程度。因此，常常会出现资产无法满足需求而需要治理和改造的情况，例如增加新的字段或变更现有资产逻辑进行整合改造。

以变更逻辑为例，其资产改造流程如图 4.6 所示。

假设游戏中存在一张对局明细日志表，记录了每位玩家的所有对局信息，其中每场对局对应一条记录。由于玩家可能在游戏中使用多个角色，如果某个需求是查看角色粒度的对局信息，而历史资产表中没有相应的数据，则需要新建一张角色粒度的对局信息资产表。

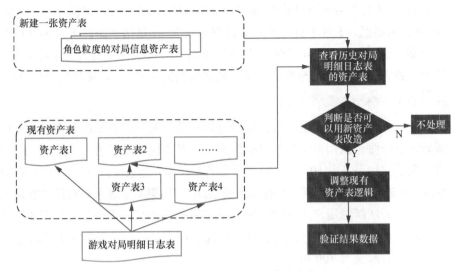

图 4.6 变更逻辑的资产改造流程

创建新表后，首先，查看历史对局明细日志表的资产表，评估其逻辑是否可以调整为基于新建的角色粒度的对局信息资产表；其次，如果评估为可以，需要对现有资产表的逻辑进行改造；最后，还需人工验证数据的一致性，避免在调整过程中出现错误，导致下游所有依赖该资产表的任务生成的数据出现问题。

综上所述，在资产改造的过程中，资产表的建设和治理需要的人力成本较高，无法满足企业需求的快速变化和多样性，因此，需要建设更智能化的数据资产方案。

4.2.3 运营目标不一致

运营目标不一致是指在需求交付流程中，由于业务人员、数据开发人员和资产架构师的运营目标不同，导致最终协作效率较低。在需求交付流程中，业务人员、数据开发人员和资产架构师的协作关系如图 4.7 所示。

当数据开发人员接到业务需求时，首先需要确认是否有可用的资产表可以支持该需求。通常流程是，登录数据资产管理平台，在现有的数据资产库中搜索，寻找符合需求的资产表。如果有资产表能够满足需求，则可以直接使用这些资产表进行数据加工和需求交付；如果没有可用的资产表，则需要将需求提交给资产架构师。提交的需求应包括详细的业务背景、具体的数据需求和预期的输出结果。

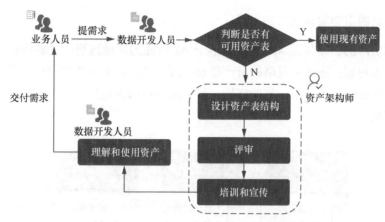

图 4.7　业务人员、数据开发人员和资产架构师的协作关系

当资产架构师接收到需求后，会构建一个新的资产表或优化现有的资产表。首先设计表结构，设计完成后再组织数据开发团队进行评审。评审的目的是确保新设计的资产表能够满足需求，并且设计合理、可行。评审通过后，还需要对数据开发人员进行培训和宣讲，包括介绍新资产表的设计思路、数据结构和使用方法，其目的是确保数据开发人员能够充分理解新资产表的设计和使用方法。数据开发人员理解新资产表后，开始进行需求交付。在交付过程中，需要使用新设计的资产表，确保数据的一致性和高效性。

在此协作流程中，业务人员的目标是尽快获取所需数据；数据开发人员的目标是以尽量少的人力尽量快地满足业务需求；而资产架构师的目标则是通过尽量少的核心资产覆盖尽量多的需求。其中，业务人员和数据开发人员的目标是一致的。但是，由于资产架构师在设计资产表时通常需要较长时间进行需求分析、全局优化设计、评审和培训工作，资产表设计完成后，数据开发人员需要理解新资产表的逻辑，还需要进行相应整合改造工作才能正确使用，导致整个协作流程存在滞后性，从而影响数据开发人员快速响应业务需求，降低了需求交付的效率。

综上所述，数据开发人员与资产架构师需要在协作流程上进行更加顺畅的衔接。资产架构师的运营目标不应仅关注资产覆盖率这一结果性指标，而应在整个开发过程中建立一套过程性运营指标体系，确保各方运营目标一致。

4.3　重塑数据资产的思路

在高效应对业务需求不断变化的场景中，针对现有数据资产方案面临的核心挑战，本节将提出一种全新的重塑数据资产的思路。

重塑数据资产的思路如图 4.8 所示。基于 AI 的能力,通过更广义的资产标准,解决非结构化标准缺失问题;通过更灵活的资产建设,解决建设和治理成本高的问题;通过更量化的资产运营,解决运营目标不一致的问题。基于此全新的重塑数据资产的思路,可以实现更智能的资产应用。

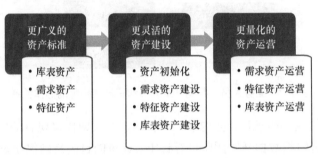

图 4.8 重塑数据资产的思路

- 更广义的资产标准:结构化的库表资产是数据资产的核心组成部分。然而,在完整的需求开发流程中,还存在需要定义标准和进行管理的非结构化资产。因此,通过引入需求资产和特征资产来辅助资产标准建设。需求资产的建设,是确保业务需求的表达更加规范化和提供尽可能完整的信息,使得 AI 系统能够更好地解析和理解这些需求,从而降低对人的依赖。特征资产的建设,是将业务核心逻辑的代码片段标准化,这些代码片段不仅代表业务流程的关键部分,还能显著提高 AI 在需求交付过程中的准确性和效率。

- 更灵活的资产建设:基于 AI 的强大能力,建设人与 AI 都能理解的数据资产。首先,在初始化阶段自动从历史 SQL 中识别特征资产和库表资产;其次,在资产建设阶段,数据开发人员在交付需求的同时,基于 AI 即时地建设需求资产和特征资产,并且融合湖仓技术自动设计库表资产。

- 更量化的资产运营:以需求、特征和库表资产为核心对象,构建面向整个开发流程的资产运营体系。通过需求质量、特征复用率和库表覆盖率等指标,量化运营资产的使用效果,形成正向循环,从而持续优化和提升资产价值。

4.4 小结

本章系统性地阐述了数据资产重塑的背景。首先,通过介绍数据资产方案的现状,深入探讨了目前常见的数据资产方案建设的要点;其次,介绍了目前数据资产方案在大数据时代,应对业务需求快速变化时面临的核心挑战;最后,通过介绍全新的数据资产重塑思路,探讨了解决现有方案面临的核心挑战的思路,为数据资产重塑的后续章节做铺垫。在后续的第 5 章到第 7 章中,将系统地阐述数据资产标准、数据资产建设、数据资产运营的细节。

重塑数据资产并非一蹴而就,而是一个需要长期投入和坚持的过程。企业需要时刻保持学习和创新,通过不断优化数据资产,有效利用 AI 驱动决策,提升业务运作效率,发掘新的价值增长点。

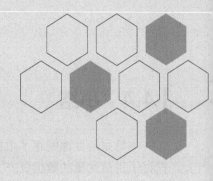

第5章
数据资产标准

在第 4 章中，我们深入探讨了数据资产方案面临的核心挑战，并提出了重塑数据资产的思路。在此基础上，本章将进一步分析如何通过定义更广义的数据资产标准，为数据资产建设奠定坚实基础。

数据资产标准主要包含需求资产标准、特征资产标准和库表资产标准 3 个核心模块。

▌5.1　需求资产标准

需求资产标准的核心内容如图 5.1 所示，包含结构化需求、行业知识资产和 AI 可理解需求。

图 5.1　需求资产标准的核心内容

- 结构化需求：符合特定标准结构的需求，旨在提升业务人员提出的需求质量，从而减少沟通成本并提高需求交付效率。

- 行业知识资产：建设涵盖业务特性、行为逻辑、专有名词和指标公式的行业知识，旨在帮助企业沉淀专有领域的相关知识，使 AI 更好地理解需求。

- AI 可理解需求：结合结构化需求和行业知识资产，通过 AI 能力进行拆解后得到的带拓扑关系的需求集合。

5.1.1　结构化需求

在实际业务场景中，业务人员提供的原始需求往往存在有歧义、信息缺失等问题，所以为了尽可能保证业务需求信息的完整，需要对原始需求制定一套结构化的描述规范。

结构化需求的描述规范应该包含至少 4 个要素，分别是时间周期、输出字段、维度字段的枚举值，以及指标统计逻辑，具体的定义和示例如表 5.1 所示。

表 5.1　结构化需求描述规范的具体定义和示例

结构化需求	内容描述	结构示例	需求示例
时间周期	1．需要筛选数据的开始和结束日期 2．需要按天、按周、按月统计，还是只需要看时间段 3．是否需要汇总	统计 2024.3.24 开始到 2024.4.5，每天及汇总数据	统计 2024.3.24 开始到 2024.4.5，每天及汇总数据，短期回流用户流失前行为 输出：统计日期（2024.3.24、2024.3.25、……、2024.4.5、汇总）、对局类型（排位赛、巅峰赛）、回流当月对局数量、用户数
输出字段	1．交付的数据表头，包含日期字段、维度字段（用来分组的字段）、指标字段（分组统计的字段） 2．如果是日期和维度字段，括号中写明"枚举值"。注意如果需要"汇总"，不能丢失	输出：统计日期（2024.3.24、2024.3.25、……、2024.4.5、汇总）、对局类型（排位赛、巅峰赛）、回流当月对局数量，用户数	
维度字段的枚举值	1．明确枚举值，比如"付费用户分类"的枚举值是"超 R、大 R、中 R、小 R" 2．明确细节 （1）明确区间，比如 100～1000 的付费金额是大 R 等 （2）明确数据逻辑，比如从哪个原始行为日志表中，筛选哪些条件	对局类型包含排位赛和巅峰赛 排位赛：5v5battle 表，GameType = 4 巅峰赛：5v5battle 表，GameType = 14	其中，对局类型包含排位赛和巅峰赛，排位赛：5v5battle 表，GameType = 4。巅峰赛：5v5battle 表，GameType = 14。 "回流当月对局数量"中的回流指当天非注册用户且前 30 天都没有活跃
指标统计逻辑	1．常用逻辑不用写，比如不需要写明"人数"的统计逻辑是"玩家 ID 去重计" 2．不常用或者可能存在歧义的逻辑需要写清楚，比如回流的定义	"回流当月对局数量"中的回流指当天非注册用户且前 30 天都没有活跃	

需要特别注意的是，对于维度字段的枚举值以及指标统计逻辑的定义属于非必填项。因为这些内容属于业务知识范畴，可以通过 AI 提取并沉淀到行业知识库中，从而减少业务人员与数据开发人员反复沟通的次数。

5.1.2　行业知识资产

尽管 AI 已经具备广泛的通用知识，但在特定领域的行业知识方面仍存在不足，因而难以直接准确地理解业务需求。因此，需要构建行业知识资产来解决 AI 难以理解特定领域知识的问题。行业知识资产主要包括 4 个部分，分别是业务特性、行为逻辑、专有名词和指标公式，如图 5.2 所示。

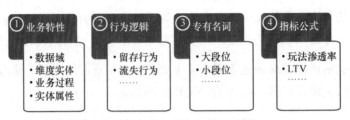

图 5.2　构成行业知识资产的主要内容

- 业务特性：为了有效管理和检索行业知识，需要对其进行分类。业务特性的一级目录，通常按照 "数据域" 和 "维度实体" 进行划分；数据域下的二级目录，通常按照 "业务过程" 进行划分；维度实体下的二级目录，通常按照 "实体属性" 进行划分。数据域是指特定业务行为或事件的集合，且这些行为或事件是有限且明确的；维度实体是指具有业务主键的唯一性标识；业务过程是指企业的业务活动事件，用以描述实体与实体间的关系，通常可以概括为一个个不可拆分的行为事件；实体属性是指实体对应的属性信息。例如，在游戏领域，数据域包括活跃域、付费域、玩法域、社交域等，在活跃域中，业务过程可以包括登录行为、登出行为等；维度实体可以包括自然人、玩家账号等，自然人又包含年龄、性别等实体属性。

- 行为逻辑：对行业中某些特定行为的描述，例如，关于 "留存行为"，需要先判断用户想了解哪种条件下的留存。如果是活跃条件下的留存，则 "N 日留存" 表示当天活跃且在 N 日后仍然活跃的用户；如果是玩法参与条件下的留存，则 "N 日留存" 表示当天参与玩法在 N 日后仍然参与玩法的用户；如果是点击条件下的留存，则 "N 日留存" 表示当天点击按钮在 N 日后仍然点击按钮的用户。关于 "流失行为"，需要先判断用户是在游戏活跃度、玩法参与度上的流失，还是特定点击行为下的流失。如果用户在某个时间段内有相关行为，但在后续时间段内没有继续这些行为，这就表示用户流失。

- 专有名词：各行各业中的专有名词。例如 "大段位" 和 "小段位"，"小段位" 一般是多位数字，如 126，"大段位" 一般截取小段位的第一位数，如 1 代表 "青铜"、7 代表 "王牌"。如果需求中只提到 "段位"，没有明确说 "大段位" 或 "小段位"，默认按 "大段位" 进行处理。

- 指标公式：即比例公式，是非常重要的一种行业知识，常用于衡量和评估不同决策的效果。例如，"玩法渗透率" 是指某特定玩法在所有玩家中的使用比例。通过分析玩法渗透率，游戏运营人员可以了解不同玩法的受欢迎程度，从而进行针对性的优化和推广，提高游戏的整体体验和玩家留存率。生命周期价值（Life Time Value，LTV）是指新增用户的平均付费金额。通过分析 LTV，可以优化用户获取策略并提升长期盈利能力。

通过持续积累行业知识，借助 AI 的语义理解能力，以资产图谱为载体构建起业务行业知识库，可以显著提升大模型对业务知识的理解准确性，从而提高资产使用与数据开发的效率。资产图谱将会在第 10 章中详细介绍。

5.1.3　AI 可理解需求

结合结构化需求和行业知识资产，通过 AI 可以将原始需求拆解为 AI 自身可理解的需求。AI 可理解的需求是业务人员、数据开发人员和 AI 三方协作的统一语言，由数据包及其拓扑关系构成，其中每个数据包包含输入、执行和输出 3 个部分。

AI 可理解需求的构成如图 5.3 所示。

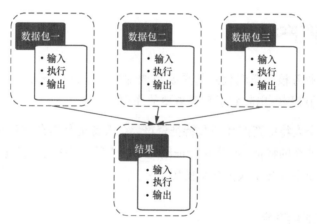

图 5.3　AI 可理解需求的构成

AI 可理解需求由数据包及其拓扑关系构成，这体现了 AI 解析原始需求的方式。如果遵循每个数据包及其拓扑关系的顺序逐步执行，就可以实现业务需求。每个数据包均包含输入、执行和输出三部分，输入部分是指该数据包所依赖的其他数据包，执行部分是指该数据包获取数据所遵循的执行逻辑，输出部分是指该数据包的输出字段。

例如，业务的原始需求是"统计 2024.1.1～1.7 玩法参与的次日留存率，输出：统计日期（1.1、1.2、……、1.7）、次日留存率"，AI 可理解的需求示例如图 5.4 所示。为了计算每天参与玩法的用户的次日留存率，AI 理解为需要先获取当日参与玩法的用户，再获取次日参与玩法的用户，最后根据这两类用户的关联得到次日留存率。当日和次日参与玩法的用户不需要依赖其他数据包，即输入为空，但是结果的计算需要依赖这两个数据包，所以输入为数据包一和数据包二。每个数据包的执行都能明确获取对应日期的用户和统计指标。

数据包一：玩法参与用户提取
- 输入：无
- 执行：查询2024.1.1~1.7参与玩法的用户
- 输出：统计日期（2024.1.1、2024.1.2、2024.1.3、2024.1.4、2024.1.5、2024.1.6、2024.1.7）、参与玩法的用户ID

数据包二：次日参与用户提取
- 输入：无
- 执行：查询2024.1.2~1.8参与玩法的用户
- 输出：统计日期（2024.1.2、2024.1.3、2024.1.4、2024.1.5、2024.1.6、2024.1.7、2024.1.8）、次日参与玩法的用户ID

结果：次日留存率计算
- 输入：数据包一、数据包二
- 执行：根据数据包一的用户ID和数据包二的用户ID关联，关联条件为数据包二的统计日期等于数据包一的统计日期加1天，次日留存率=次日参与用户数/当天参与用户数
- 输出：统计日期（2024.1.1、2024.1.2、2024.1.3、2024.1.4、2024.1.5、2024.1.6、2024.1.7）、次日留存率

图 5.4 AI 可理解的需求示例

5.2 特征资产标准

特征资产作为业务核心逻辑代码的重要组成部分，不仅代表业务流程的关键环节，在 AI 生成 SQL 代码的过程中也起到了至关重要的作用。

特征资产分为个人特征资产和公共特征资产。个人特征是指在交付具体业务需求时，由数据开发人员自行补充的特征。而公共特征则是从个人特征中提取的热度较高且具有核心复用价值的特征，以便不同开发人员共享使用。

5.2.1 个人特征资产

个人特征资产包含 AI 提取的特征名称和数据开发人员补充的特征代码片段。个人特征资产的实现流程如图 5.5 所示。

将 AI 可理解需求中的每个数据包的执行逻辑作为输入，通过 AI 提取特征名称，如果现有特征库中存在对应特征名称的资产，则可以直接使用；否则，数据开发人员应补充该特征名称对应的代码片段，然后再使用，同时该特征名称和代码片段自动回流成个人特征资产。

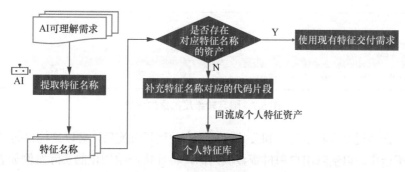

图 5.5 个人特征资产的实现流程

5.2.2 公共特征资产

公共特征资产主要包含两种类型的抽象处理，分别是数值参数抽象和限定转维度抽象。因此，公共特征中基本不会出现具体数值和常见的限定条件。

- 数值参数抽象：将 SQL 查询中的具体数值（日期、时间、ID 等）替换为参数化的占位符，以便在执行查询时根据实际需求动态插入不同的数值。数值参数抽象的示例如图 5.6 所示，其中日期被抽象成\${YYYYMMDD}，流失天数被抽象成 N。

```
-- 2024.1.1流失14天后当天回流用户
select
  distinct ds, -- 日期
  vopenid -- 玩家ID
from dws_gamecode_actv_df
where
  ds = '20240101'
  and reg_date <> ds -- 非当天注册
  and instr(substr(cbitmap, 1, 1), '1') > 0 -- 当天活跃
  and instr(substr(cbitmap, 2, 14), '1') = 0 -- 流失14天

-- 2024.5.1流失7天后当天回流用户
select
  distinct ds, -- 日期
  vopenid -- 玩家ID
from dws_gamecode_actv_df
where
  ds = '20240501'
  and reg_date <> ds -- 非当天注册
  and instr(substr(cbitmap, 1, 1), '1') > 0 -- 当天活跃
  and instr(substr(cbitmap, 2, 7), '1') = 0 -- 流失7天
```

```
-- 流失N天后当天回流用户
select
  distinct ds, -- 日期
  vopenid -- 玩家ID
from dws_gamecode_actv_df
where
  ds = '${YYYYMMDD}'
  and reg_date <> ds -- 非当天注册
  and instr(substr(cbitmap, 1, 1), '1') > 0 -- 当天活跃
  and instr(substr(cbitmap, 2, N), '1') = 0 -- 流失N天
```

图 5.6 数值参数抽象的示例

- 限定转维度抽象：将除时间范围外的其他具体限定条件（金额范围、游戏渠道 ID 等）抽象成维度，从而使查询更加灵活和通用。例如，游戏渠道 ID 数量众多，每个 ID 作为限定条件都可能成为一个特征，如果将其抽象成维度，那么会使公共特征更加收敛。限定转维度抽象的示例如图 5.7 所示。

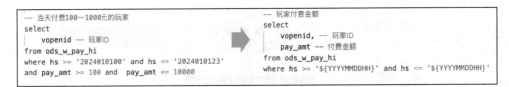

図 5.7　限定转维度抽象的示例

特征资产在经过个人特征资产和公共特征资产的例行沉淀后，会以结构化的形式呈现在数据资产管理平台中。以活跃用户和付费金额为例，特征资产结构化的实际案例如表 5.2 所示。

表 5.2　特征资产结构化的实际案例

特征中文名	特征英文名	特征描述	负责人	业务特性类目	特征表和字段	特征代码片段	是不是公共特征
活跃用户	actv_user	统计当日有过登录游戏行为的玩家，持续的数据能够反映游戏的受欢迎程度，也是评价游戏品质的重要指标	user1	活跃域	db_demo::dws_gamecode_actv_di: [ds, vopenid, platid]	select ds,vopenid from db::dws_gamecode_actv_di where ds>='${YYYYMMDD}' and ds<='${YYYYMMDD}' and platid=255 group by vopenid,ds	是
付费金额	pay_amt	统计当日有过游戏充值行为的玩家，持续的数据能反映游戏的商业化效果	user2	付费域	db_demo::dws_gamecode_pay_di: [ds, vopenid, imoney, platid]	select ds,vopenid,sum(imoney)/100 from db::dws_gamecode_pay_di where ds>='20240101' and ds<='20240107' and platid=255 group by ds,vopenid	否

5.3　库表资产标准

常见的数据资产方案中，数据仓库模型的设计标准大多停留在定性的层面，例如"高内聚耦合""垂直拆分""水平拆分""适当冗余数据以提升查询和刷新性能"和"避免过度冗余数据"等。这些标准虽然看似合理，但在实际操作中，由于不同人员的理解差异，往往会产生诸多疑问，如"什么情况下需要冗余？""什么情况下需要拆分？"和"这样的设计是否能够在成本和执行效率之间取得平衡？"。

鉴于此，本文提出了一种优化引擎的中间件方案，用于自动设计数据仓库模型。优化引擎的输入与输出示例如图 5.8 所示。此中间件的输入包括公共特征资产，以及公共特征资产的粒度、热度和速度这 3 个核心参数；输出则是推荐设计的物化视图模型。开发人员不再需要手动设计数据仓库分层，从而实现 AI 辅助库表资产建设。

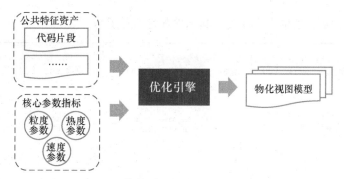

图 5.8 优化引擎的输入与输出示例

本节将重点阐述优化引擎输入的 3 个核心参数：粒度参数、热度参数和速度参数。

5.3.1 粒度参数

粒度参数常用于指导数据仓库模型的设计。假设为每个公共特征代码片段创建一个虚拟视图，那么这个虚拟视图中能够唯一标识每一行的字段组合，就可以被确定为该特征的粒度。如果特征来源于相同的原始日志表且粒度一致，原则上可以将这些特征合并到一张表中，确保资产表收敛。

由于特征构建的历史原因，有些特征代码片段可能来源于非原始日志表。此时，需要通过 AI 识别非原始日志表的上游任务 SQL，并将其溯源为原始日志的 SQL，再判断其粒度。然而每张表的血缘层次不同，可能存在血缘层次较多且嵌套逻辑复杂的表，逐层溯源方法的实现难度较大。因此，本书设计了一种通过表的实际执行行数的变化来识别粒度的方法，具体实现步骤如下所示。

（1）将公共特征代码片段中的参数设置为具体值，比如时间参数设置为某个具体日期，并将该日的数据存储在一张物理表中，设定表名为"dws_gamecode_actv_di"，其表结构如表 5.3 所示。

表 5.3 表 dws_gamecode_actv_di 的表结构

表字段	表字段描述
ds	分区字段，登录日期，格式为 YYYYMMDD
vopenid	玩家 ID
login_cnt	登录次数
gender	性别，1 代表男性，2 代表女性，0 代表未知性别

（2）假设该表当天的 ds 字段中有 1000 条数据，依次分别剔除 vopenid、login_cnt、gender

字段，对两个字段做聚合并统计行数，其示例如图 5.9 所示。

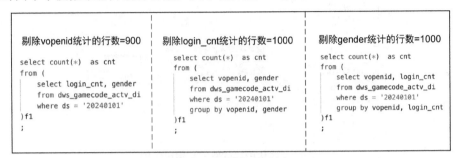

```
剔除vopenid统计的行数=900

select count(*)  as cnt
from (
    select login_cnt, gender
    from dws_gamecode_actv_di
    where ds = '20240101'
)f1
;
```

```
剔除login_cnt统计的行数=1000

select count(*)  as cnt
from (
    select vopenid, gender
    from dws_gamecode_actv_di
    where ds = '20240101'
    group by vopenid, gender
)f1
;
```

```
剔除gender统计的行数=1000

select count(*)  as cnt
from (
    select vopenid, login_cnt
    from dws_gamecode_actv_di
    where ds = '20240101'
    group by vopenid, login_cnt
)f1
;
```

图 5.9　统计行数示例

（3）对统计结果进行分析，发现只有在剔除 vopenid 字段时统计行数发生了变化，所以只有 vopenid 字段是 dws_gamecode_actv_di 的粒度参数，即对应公共特征的粒度。

通过此粒度识别方案，可以精确识别每个公共特征的粒度参数，从而支持优化引擎进行同粒度合并的设计操作。同时，优化引擎推荐的库表资产建设完成后，在资产管理平台上架库表资产时，系统也会自动判断资产表的粒度唯一性，即同一粒度只允许存在一张物理资产表或物化视图。由此，可以确保数据的一致性和准确性，避免库表资产的重复和冗余存储。

5.3.2　热度参数

热度参数用于反映公共特征被使用的次数。基于时间因子的特征热度加权计算方法，通过每天例行更新每个公共特征的热度，可以准确地反映公共特征资产的实际热度。

基于时间因子的特征热度加权计算逻辑如图 5.10 所示。

根据时间衰减因子计算每天的初始权重

```
            第1天的初始          第1天归一化          第1天使用
            权重                 权重          ×       次数

            第2天的初始          第2天归一化          第2天使用
            权重         归一化    权重          ×       次数        热度
时间窗口               处理
7天         ……                  ……          ×       ……

            第7天的初始          第7天归一化          第7天使用
            权重                 权重          ×       次数
```

图 5.10　基于时间因子的特征热度加权计算逻辑

（1）定义时间衰减因子 α 为 0.9，并且统计热度的时间窗口为 7 天。

（2）计算这 7 天里每天的初始权重 $\alpha^{(i-1)}$，并将所有初始权重求和，得到权重 S。分别对每天的权重进行归一化处理，得到归一化权重 $\alpha^{(i-1)}/S$。

（3）计算每天的加权热度，计算方法为该特征当天的使用次数乘归一化权重。

（4）对该特征 7 天内每天的加权热度求和，得到该特征的热度。

通过热度参数，能够高效地筛选出核心且更具价值的公共特征，并将其作为优化引擎的输入，不仅可以减少优化引擎的计算样本，提高运算效率，还能确保优化引擎专注于最具核心价值的特征，得到更符合预期的库表设计。相反，对于那些热度较低的公共特征，由于其对优化结果的贡献较小，可以选择不予考虑，从而降低实际库表物理化后的存储成本和计算引擎的实际存储成本。

此外，优化引擎在做库表的推荐排序时，也会参考热度，以便推荐出更符合预期的库表资产。

5.3.3 速度参数

速度参数是指针对例行任务结果的获取时间，即该任务实际执行所需的时间。速度参数的用途如图 5.11 所示。

图 5.11 速度参数的用途

如果某个例行任务使用了特征 1 和特征 2，并且业务对该任务的执行速度有预期要求，那么如果实际执行速度未达到预期，特征 1 和特征 2 可直接作为优化引擎的输入，否则，应严格依据热度参数判断。特征作为优化引擎的输入后，优化引擎输出的推荐库表资产必然能够对输入特征起到加速作用，从而使实际执行速度达到业务预期。

综上所述，公共特征的粒度、热度和速度参数在优化引擎的库表设计和推荐中起到了重要的作用。粒度参数决定库表收敛的程度，热度参数影响优化引擎的输入样本集和排序逻辑，速度参数则从业务需求层面反向推动库表设计。准确地输入这些参数，优化引擎能够更智能地进行库表设计，从而自动化地生成符合业务需求和性能要求的数仓模型。

5.4　小结

本章系统地阐述了数据资产标准定义的核心内容。首先，介绍了需求资产标准，核心包括结构化需求、行业知识资产和 AI 可理解需求；其次，介绍了特征资产标准，核心包括个人特征资产和公共特征资产；最后，介绍了库表资产标准，核心包括粒度参数、热度参数和速度参数。数据资产标准作为 AI 辅助数据资产建设和应用的基石，在确保数据资产的价值坚实性、稳定性和持续性方面发挥着至关重要的作用。

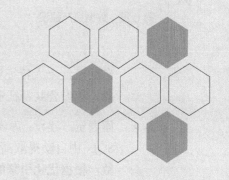

第 6 章
数据资产建设

在第 5 章中，我们集中探讨了重塑数据资产标准的定义。在此基础上，本章将深入探讨更广义的 3 类数据资产，即需求资产、特征资产和库表资产的详细建设过程。

数据资产建设的整体流程如图 6.1 所示。

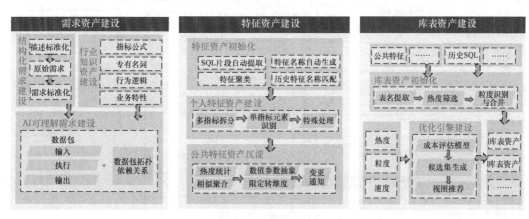

图 6.1　数据资产建设的整体流程

- 需求资产建设：核心内容包括结构化需求建设、行业知识资产建设和 AI 可理解需求建设。结构化需求建设是指将业务原始需求按照标准化描述进行改写，包括补充完整日期、增加输出字段、完善枚举维度，并转换为类 Excel 格式；行业知识资产建设涉及从业务知识文档或原始需求中提取指标公式，积累 AI 无法理解的专有名词和行为逻辑，以及基于业务调研定义业务特性；AI 可理解需求建设是指根据结构化需求和行业知识，经过需求拆解和需求检查两个步骤，即可被 AI 准确理解的需求集合。

- 特征资产建设：核心内容包括特征资产初始化和特征资产建设。特征资产初始化是指从企业历史 SQL 中提取关键代码片段；特征资产建设是指从 AI 可理解的需求中自动沉淀个人特征资产，并通过对高热度和高价值的个人特征资产进行聚合和抽象，建设公共特征资产。

- 库表资产建设：库表资产的核心来源于初始化和人工构建。初始化是指从企业历史 SQL 中自动提取高价值的资产表；人工构建则是基于公共特征资产表及其 3 类参数，根据优化引擎的推荐人工构建库表资产。

不同类型数据资产的流转关系示例如图 6.2 所示。首先，结合行业知识资产和业务原始需求，建设 AI 可理解的需求资产；其次，从需求资产中提取每个数据包中的特征名称，并为每个特征构建特征资产，特征资产包括特征名称及其对应的 SQL 片段；最后，将特征资产合并构建库表资产。

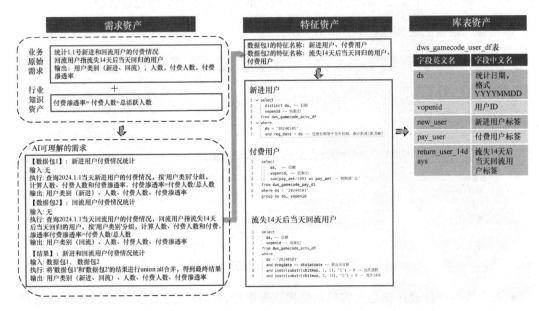

图 6.2　不同类型数据资产的流转关系示例

下面将系统地阐述数据资产初始化方案及其建设流程。

6.1　AI 助力资产初始化

数据资产初始化方案核心包含两个部分：特征资产初始化和库表资产初始化。

6.1.1 特征资产初始化

特征资产初始化的目的是确保在每次需求交付时，已有部分可用的逻辑代码片段，而不是每次都从零开始补充特征。特征资产初始化流程如图 6.3 所示。

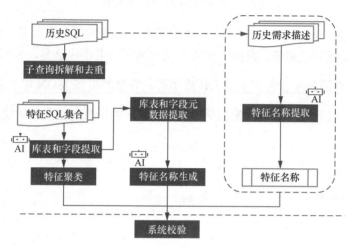

图 6.3 特征资产初始化流程

（1）提取业务所有历史 SQL，通过子查询拆解工具识别出所有子查询 SQL 并去重，再将得到的子查询 SQL 作为特征 SQL 集合。

（2）通过 AI 提取特征 SQL 集合中的库表和字段，作为特征聚类的标准，相同的库表和字段作为一类，将各类中每个特征被重复使用的次数求和作为该类的热度参数。需要特别注意，提取的不仅是"SELECT"的字段，还包括"WHERE""GROUP BY"和特殊函数中使用的字段。

（3）系统按照热度从高到低排序，辅以人工检查各类的特征 SQL，并将完善后的特征名称作为特征资产。

因为上述步骤中输入的只有历史 SQL 和库表描述，所以 AI 生成的特征名称缺少业务描述信息。如果历史需求保留了完整的业务描述，那么可以通过 AI 提取特征名称。

特征资产初始化流程中的子查询拆解和去重模块可以实现特征代码片段的提取，基于提取的特征代码片段，可以通过 AI 提取其中的库表和字段元数据，提取流程如图 6.4 所示。

（1）识别特征代码片段中 FROM 字段后的所有库表名。需要特别注意的是，不要错误识别为表的别名。

图 6.4　库表和字段元数据提取流程

（2）针对（1）识别出的每个库表名，识别该库表用到的所有字段名。需要特别注意的是，不要错误识别成字段别名，且同一张表识别出的字段名不应重复。

（3）将（2）返回的库表名和字段名转成小写，并且严格按 JSON 格式输出。

经过库表和字段元数据的提取流程后，最终提取出的库表和字段元数据的 JSON 格式示例如图 6.5 所示。

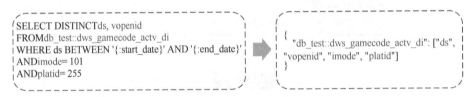

图 6.5　提取出的库表和字段元数据的 JSON 格式示例

6.1.2　库表资产初始化

库表资产初始化的核心是基于企业已有的数据仓库，从企业历史 SQL 中提取高价值的库表资产。库表资产初始化流程如图 6.6 所示。

图 6.6　库表资产初始化流程

库表资产初始化流程的核心可分为以下 3 步。

（1）获取企业历史上成功交付需求的 SQL 代码，并提取其中的表名。

（2）对表名进行去重计数以确定表的热度，并根据热度从高到低进行排列，选取前 80%分位数的表作为高价值资产表的候选集。

（3）识别候选集中每张表的粒度，将相同粒度的表合并，并确保每种粒度仅保留一个表，从而得到高价值的库表资产。其中表的粒度是指唯一决定表行数的字段，具体细节可参考 5.3.1 节。

需要特别注意的是，在此过程中，实际的物理表下游任务的依赖可能难以彻底排查清楚，且短期的变更存在风险。因此，可以先构建一张同粒度的视图作为库表资产，物理表的融合可以逐步进行，从而确保系统的稳定性。

6.2　AI 辅助需求资产建设

在需求资产建设过程中，结构化需求用于规范业务所提需求。行业知识资产是建设 AI 可理解的需求资产中的补充输入，其核心目的是帮助 AI 更准确地理解业务人员提出的原始需求。对于 AI 不理解的需求，人工分析原因，积累新的行业知识，从而进一步完善行业知识资产的建设。对于 AI 能正确理解的需求，就可以作为 AI 可理解的需求资产。

下面将分别详细介绍结构化需求资产建设、行业知识资产建设和 AI 可理解的需求资产建设流程。

6.2.1　结构化需求资产建设

实际业务中很多需求的描述格式达不到预期，难以保障原始需求信息的完整性。因此，在拆解需求前，需要通过 AI 将业务人员提出的原始需求按照容易被 AI 理解的方式进行结构化处理。

结构化需求资产建设的流程包含 4 个部分，分别是补充完整日期、增加输出字段、完善维度字段的枚举值和类 Excel 格式转换，如图 6.7 所示。

图 6.7　结构化需求资产建设的流程

- 补充完整日期：如果原始需求中有时间信息，但未明确到具体年份和月份，此时，需要先补充完整的日期。首先，以"当前日期"为基准补充完整日期，如果补充后的日期超过"当前日期"，则调整成离"当前日期"最近的年份和月份。例如，当前日期是"2024.5.1"，原始需求中的日期是"11.1"，按照当前日期基准，应完善日期为"2024.11.1"，但此时日期超过了当前日期，所以需要调整为"2023.11.1"。

● 增加输出字段：如果原始需求中没有明确输出字段，则需要对其意图进行分析识别，并添加到原始需求中。输出格式可以参考"输出：字段 1、字段 2……"。

● 完善维度字段的枚举值：在数据仓库的设计和建模中，维度和指标是两个核心概念。维度通常是描述性的属性，用于对数据进行分类、分组；指标则是可以进行计算的数值，通常用于衡量、比较或监控业务性能。鉴于此，需要先识别出需求中的维度字段和指标字段，再识别出维度字段对应的枚举值（需要用括号注明），例如，"统计日期（1.1、1.2、……、1.7）""对局类型（排位赛、巅峰赛）"等。

● 类 Excel 格式转换：基于结构化的需求，首先，识别其中的时间范围；其次，识别需求表头名称，并区分维度和指标；再次，识别维度字段的枚举值作为数据示例；最后，识别不同维度或指标的统计逻辑，如果有补充说明则作为备注信息。转换后的类 Excel 格式如图 6.8 所示。

图 6.8　转换后的类 Excel 格式

6.2.2　行业知识资产建设

行业知识资产建设包含 4 部分核心内容，分别是业务特性资产建设、指标公式资产建设、行为逻辑资产建设和专有名词资产建设。

1. 业务特性资产建设

业务特性资产建设流程如图 6.9 所示。

图 6.9　业务特性资产建设流程

首先，调研业务并梳理业务过程，尽量保障业务过程包含所有业务环节；其次，识别业务环节中存在的维度实体；再次，梳理业务过程和维度实体的关系；最后，结合业务经验将不同业务过程归类，并划分数据域。

2. 指标公式资产建设

指标公式是指知识文档或原始需求中定义的与指标计算相关的公式，是一种非常重要的行业知识。指标公式资产建设流程如图 6.10 所示。

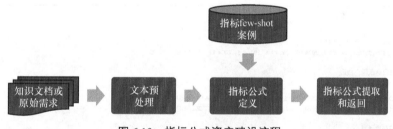

图 6.10　指标公式资产建设流程

（1）针对业务沉淀的知识文档或原始需求做文本预处理，包括去除"噪声"（如无关的标点符号、空行等）和关键词标注（将文本中需要 AI 识别的内容提前用引号标识出来）。

（2）引入指标 few-shot 案例和指标公式的定义，使得 AI 能够理解如何定义指标公式。

（3）通过 AI 提取指标公式，并按固定 JSON 格式返回。

3. 行为逻辑资产建设

针对 AI 不能准确理解的特定业务需求，需要进行行为逻辑资产建设。行为逻辑资产建设就是通过人工分析实际交付需求过程中不断积累的需求案例，并提取出其中行为逻辑的过程。行为逻辑资产建设流程如图 6.11 所示。

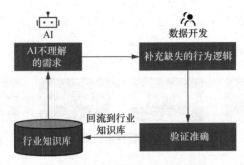

图 6.11　行为逻辑资产建设流程

　　针对 AI 理解错误的需求，需要人工检查是否缺失了行为逻辑。在补充行为逻辑后，如果能被 AI 正确识别，就将该行为逻辑回流到行业知识库中。

　　以实际游戏场景数据分析为例，假设需求是"统计 2024.1.1-1.7 参与玩法的次日留存率，输出：统计日期（1.1、1.2、……、1.7）、次日留存率"。如果没有关于"留存"的行为逻辑，则 AI 理解的需求如图 6.12 所示。

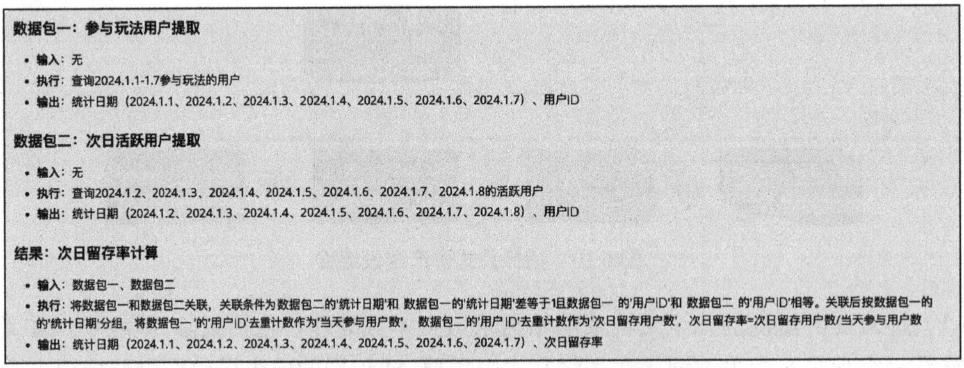

数据包一：参与玩法用户提取

- 输入：无
- 执行：查询2024.1.1-1.7参与玩法的用户
- 输出：统计日期（2024.1.1、2024.1.2、2024.1.3、2024.1.4、2024.1.5、2024.1.6、2024.1.7）、用户ID

数据包二：次日活跃用户提取

- 输入：无
- 执行：查询2024.1.2、2024.1.3、2024.1.4、2024.1.5、2024.1.6、2024.1.7、2024.1.8的活跃用户
- 输出：统计日期（2024.1.2、2024.1.3、2024.1.4、2024.1.5、2024.1.6、2024.1.7、2024.1.8）、用户ID

结果：次日留存率计算

- 输入：数据包一、数据包二
- 执行：将数据包一和数据包二关联，关联条件为数据包二的'统计日期'和 数据包一的'统计日期'差等于1且数据包一 的'用户ID'和 数据包二 的'用户ID'相等。关联后按数据包一的的'统计日期'分组，将数据包一 '的'用户ID'去重计数作为'当天参与用户数'，数据包二的'用户ID'去重计数作为'次日留存用户数'，次日留存率=次日留存用户数/当天参与用户数
- 输出：统计日期（2024.1.1、2024.1.2、2024.1.3、2024.1.4、2024.1.5、2024.1.6、2024.1.7）、次日留存率

图 6.12　缺失行为逻辑下 AI 理解的需求

　　在图 6.12 中，AI 将"留存"定义成"活跃行为的留存"，但实际用户需求是了解"玩法参与的留存"。所以为了使 AI 可以正确解析上述需求，需要建设"留存行为"的行为逻辑。"留存行为"的行为逻辑是，如果分析的是"活跃的留存"，则"N 日留存"表示当天活跃且在 N 日后仍然活跃的用户；如果分析的是"玩法参与的留存"，则"N 日留存"表示当天参与玩法且在 N 日后仍然参与玩法的用户；如果分析的是"点击"，则"N 日留存"表示当天点击按钮且在 N 日后仍然点击按钮的用户。

　　基于上述案例，如果存在关于留存的行为逻辑，那么 AI 可以准确理解需求，如图 6.13 所示。

图 6.13　存在行为逻辑下 AI 理解的需求

4．专有名词资产建设

专有名词指业务特定的名词术语，如"大段位""LTV"等。专有名词资产和行为逻辑资产的建设流程一致，对于 AI 理解不准确的需求，人工补充合适的专有名词资产，并验证 AI 是否可以准确理解，如果可以准确理解，就将对应专有名词回流到行业知识库中。

在建设完指标公式资产、行为逻辑资产和专有名词资产后，最终都以一段结构化文本的形式存储在行业知识库中。行业知识库存储示例如表 6.1 所示。

表 6.1　行业知识库存储示例

知识类别	知识名称	知识逻辑
指标公式资产	付费渗透率	付费渗透率=付费人数÷总活跃人数
	付费ARPU	付费 ARPU=付费总金额÷付费人数
	新进次日留存率	新进次日留存率=当天新进玩家且在次日也活跃的玩家数量÷当天新进玩家数
	……	
行为逻辑资产	留存行为	如果留存行为分析的是"活跃"，则"N 日留存"表示当天活跃且在 N 日后仍然活跃的用户；如果分析的是"玩法参与"，则"N 日留存"表示当天参与玩法且在 N 日后仍然参与玩法的用户；如果分析的是"点击"，则"N 日留存"表示当天点击按钮且在 N 日后仍然点击按钮的用户。注意：次日留存日期差等于 1，3 日留存日期差等于 2，7 日留存日期差等于 6，N 日留存日期差等于 N−1
	流失行为	流失用户是指在某个时间段内活跃或参与某个玩法，而在后续的时间段内不再活跃或不再参与该玩法的用户。判断流失用户的方法为，首先筛选出在某个时间段内活跃或参与某个玩法的用户，然后在后续的时间段内再次查询活跃或参与该玩法的用户，将两个时间段的用户进行关联，以第一个时间段为主，关联不上的用户即为流失用户。例如，统计 2024.6.18-2024.6.20 参与玩法的用户，然后查询 2024.6.21-2024.7.2 参与玩法的用户，以 2024.6.18-2024.6.20 参与玩法的用户为主，将两个时间段的用户进行关联，关联不上的用户即为流失用户
	……	

续表

知识 类别	知识 名称	行为逻辑内容
专有 名词 资产	大段 位	游戏段位分"大段位"和"小段位"，小段位是 3 位数，大段位为小段位的第一位数，1 代表"青铜"、2 代表"白银"、3 代表"黄金"、4 代表"铂金"、5 代表"星钻"、6 代表"皇冠"、7 代表"王者"。如果原始需求只提到"段位"，没有明确说大段位还是小段位，那么默认按大段位处理
	LTV	LTV（生命周期价值）是指在特定时间段内新增用户的平均付费金额，计算方法为注册当天到第 N 天的付费金额总和除以新增用户数，比如 LTV1=注册当天的付费金额总和÷新增用户数，LTV2=注册当天和次日的付费金额总和÷新增用户数，以此类推，LTV10= 注册当天到第 10 天的付费金额总和÷新增用户数
	……	

6.2.3 AI 可理解的需求资产建设

基于结构化需求和行业知识，建设 AI 可理解的需求资产有两个核心环节，分别是需求拆解和需求检查。

1. 需求拆解

需求拆解是指对标准化后的需求按照一套严谨的方案进行层层拆分，其框架如图 6.14 所示。

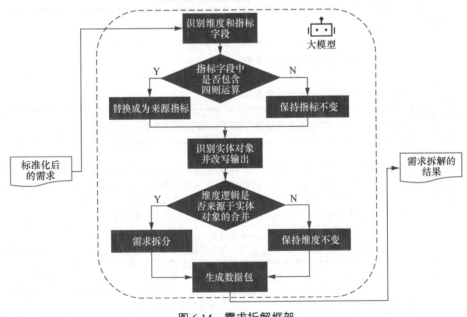

图 6.14 需求拆解框架

（1）AI 识别维度字段和指标字段。如果指标字段中包含四则运算，如"付费渗透率"中包含除法，则将指标字段改写成四则运算的来源指标，维度字段不变；如果指标字段中不包含四则运算，则保持指标不变。

（2）AI 识别指标字段中的实体对象，如"人数""对局数"的实体对象分别是"用户""对局"，并且需要将标准化后的业务需求指标改写成实体对象明细。

（3）识别维度字段是否为复杂维度，即维度逻辑是否来源于实体对象的合并，如果是，则将需求拆分成不同实体对象明细的合并。例如需求的某个维度是"用户类型（新进、流失、留存）"，则拆分成"新进用户""流失用户""留存用户"3 个实体对象明细的合并。如果不是，则保持维度不变。

（4）经过上述处理后，生成新的数据包，作为需求拆解的结果。需求拆解的结果为多个数据包的拓扑，每个数据包都包含输入、执行和输出。数据包的详细内容参考图 6.13。

2. 需求检查

需求检查是对拆解完后的业务需求，通过 AI 和业务策略进行质量检查。需求检查的具体内容如图 6.15 所示。

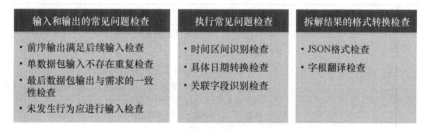

图 6.15　需求检查的具体内容

- 输入和输出的常见问题检查：针对需求拆解出的数据包的输入和输出，进行常见问题检查。前序输出满足后续输入检查，是指检查并确认每个数据包的输出是否能够满足下一个数据包的输入需求，确保所有必要的数据都被传递和使用。单数据包输入不存在重复检查，是指检查数据包的输入是否存在重复。最后数据包输出与需求的一致性检查，是指检查最后一个数据包的输出是否和标准化需求的输出字段严格保持一致，包括字段个数和名称，并且这些输出字段必须在一个或多个数据包的输出字段中出现过。未发生行为应进行输入检查，是指如果某个数据包查询的是"未活跃""无消费""未参与"等未发生行为的数据，检查其中是否包含输入信息。

- 执行常见问题检查：针对需求拆解出的、含有时间、日期等的数据包的检查。时间区间识别检查，是指标准化需求中的时间区间是否满足具体可执行的查询时间标准。具体日期转换检查，是指当标准化需求中涉及"次日""近 7 天""次周"等指标时，需要将其转换为具体的日期。关联字段识别检查，需要明确标识基于哪些数据包、使用哪些字段进行关联，从而确保数据包和关联逻辑的正确，例如，数据包三的输入是数据包一和数据包二，它们的输出都是用户 ID，则数据包三的执行逻辑中需要标识出使用数据包一和数据包二的用户 ID 进行关联的逻辑。

- 拆解结果的格式转换检查：包括 JSON 格式检查和字根翻译检查。JSON 格式检查，是指拆解后的需求格式需要是 JSON 格式，从而统一后续数据解析的标准样式。字根翻译检查，用于确保每个数据包输出字段的英文名称是唯一的，并且需要统一为大写或者小写。此外，对于相似的输出字段，可以通过更具体的描述来区分它们，例如，将"当天回流用户数""点击按钮用户数"分别翻译为"back_user_cnt""button_click_user_cnt"。

综上所述，经过需求拆解和需求检查后，AI 可理解的需求资产以一段结构化文本的形式存储在需求资产库中。AI 可理解的需求资产库的存储示例如表 6.2 所示。

表 6.2　AI 可理解的需求资产库的存储示例

业务原始需求	结构化需求	AI 可理解的需求
统计 1.1-1.7 的参与玩法的次日留存率	统计 2024.1.1-1.7 参与玩法的次日留存率，输出：统计日期（1.1、1.2、……、1.7）、次日留存率	数据包 1：参与玩法用户提取 输入：无 执行：查询 2024.1.1-1.7 参与玩法的用户 输出：统计日期（2024.1.1、2024.1.2、2024.1.3、2024.1.4、2024.1.5、2024.1.6、2024.1.7）、用户 ID 数据包 2：次日参与用户提取 输入：无 执行：查询 2024.1.2-1.8 参与玩法的用户 输出：统计日期（2024.1.2、2024.1.3、2024.1.4、2024.1.5、2024.1.6、2024.1.7、2024.1.8）、用户 ID 结果：次日留存率计算 输入：数据包一、数据包二 执行：根据'数据包一'的'用户 ID'和'数据包二'的'用户 ID'关联，关联条件为'数据包二'的'统计日期'和'数据包一'的'统计日期'差等于 1 天，计算'数据包一'的'用户 ID'去重计数得到参与用户数，计算'数据包二'的'用户 ID'去重计数得到次日留存用户数，次日留存率=次日留存用户数÷参与用户数 输出：统计日期（2024.1.1、2024.1.2、2024.1.3、2024.1.4、2024.1.5、2024.1.6、2024.1.7）、次日留存率
……	……	……

6.3 AI 辅助特征资产建设

特征资产建设包括两个核心部分：个人特征资产建设和公共特征资产建设。

6.3.1 个人特征资产建设

在数据开发人员实际交付业务需求的过程中，需要基于特征资产来编写最终的 SQL 代码。如果初始化后的特征资产无法满足当前需求，开发人员需要在交付的同时构建个人特征资产。个人特征资产的建设，有助于在实现未来业务需求时直接复用这些特征资产，从而提高交付效率。

在 5.2.1 节讲解的个人特征资产建设流程中，最核心的是提取特征名称模块，其输入是需求资产中的数据包，输出是提取的特征名称。提取特征名称的流程包含 3 个环节，分别是多指标拆分、单指标元素识别和特殊处理，如图 6.16 所示。

图 6.16 提取特征名称的流程

1. 多指标拆分

多指标拆分按照需求中包含的不同维度的实体属性和关系行为进行拆分。首先，判断数据包中是否存在实体属性，以游戏为例，用户实体的属性包括性别、年龄、城市、国家等。其次，剔除实体属性，按关系行为拆分成不同指标，可以包含一个或多个单指标。在游戏行业划分中，有 3 类特殊行为需要重点关注，分别是父子关系行为、因果关系行为和逻辑关系行为。

- 父子关系行为：如果同一个行为下存在不同子行为，则仅需要关注父行为。例如，不同按钮的点击属于子行为，所以可以统一归类为"按钮点击"行为事件。

- 因果关系行为：如果某个行为的产生是对另一个行为的分析，则以后一个行为为准。例如，"流失 7 天后回流"，因为产生了流失行为，才会去分析回流行为，所以仅需要关注"回流行为"。需要特别注意，没有因果关系的行为，需要拆分成多个行为进行单独分析，如"获取套装且游戏内活跃的""在 10.1～10.7 活跃过，但是 10.8～10.14 没有活跃过"等。

- 逻辑关系行为：对于含有逻辑关系的行为，如"且""或""和"等，需要进一步拆解。例如，"登录游戏，并且参与过经典玩法或特殊玩法的用户"，"并且"逻辑关系下的行为可以拆解成"登录游戏"和"参与过经典玩法或特殊玩法"两个行为。但是"参与过经典玩法或特殊玩法"的子行为还包含"或"的逻辑关系，所以需要继续拆解成"参与过经典玩法""参与过特殊玩法"两个行为。

2. 单指标元素识别

单指标元素识别，是指识别出单指标中的度量、度量的计算逻辑、时间周期、业务限定和维度 5 个元素。例如，针对需求"查询 2024.1.1～1.7 每日参与各玩法的人数"，按照单指标元素识别方案，可以拆分为时间周期是 2024.1.1～1.7，度量是用户，度量的计算逻辑是用户去重计数，维度是每日和玩法，业务限定为空。

以 SQL 代码为例，5 个元素的定义如图 6.17 所示。

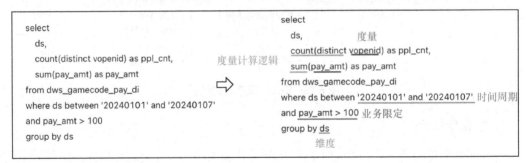

图 6.17　5 个元素的定义

- 度量：业务定义中的专有名词，即在 select 语句中不带函数的字段，例如 vopenid、pay_amt。

- 度量的计算逻辑：针对度量的计算函数，例如 sum()、count(distinct)。

- 时间周期：时间范围，即用 where 筛选的时间区间。

- 业务限定：有关业务特定需求的限定条件，即 where 语句中除了时间区间外的其他限定条件，如 "pay_amt > 100"。

- 维度：归类聚合分组条件，即使用 group by 分组的字段，如 ds 分区字段。

3. 特殊处理

特殊处理的核心内容包括业务限定特殊处理、维度特殊处理、度量特殊处理、特征拼接和特征特殊处理。

- 业务限定特殊处理：针对需求中包含一个或多个非日期的具体数值进行特殊处理。例如，针对 "6 个渠道" "12 个道具" "皮肤 id in (1001, 1002, 1003)" 等内容的处理，需要去掉数值并将 "渠道" "道具" "皮肤" 转成维度。需要特别注意的是，如果某个数值只是为了对具体业务限定做说明，例如，"参与经典玩法, modeid in (101, 102, 103)"，此时，"modeid in (101, 102, 103)" 是对 "参与经典玩法" 的说明，所以不需要将 modeid 转成维度。

- 维度特殊处理：去掉和时间相关的维度，例如识别出的维度是 "每天、玩法、平台"，则去掉 "每天"，保留 "玩法、平台"。

- 度量特殊处理：删除维度中重复的内容。

- 特征拼接：将以上特殊处理后的元素拼接成特征名称。如果度量中包含和时间相关内容，拼接顺序为 "不同 '维度' 的 '业务限定' '度量的计算逻辑' '度量'"，否则拼接顺序为 "不同 '维度' 的 '业务限定' '度量'"。

- 特征特殊处理：如果特征是查询 "未活跃玩家" "未付费用户" "未参与玩法用户" 等未发生的行为，需要转成已发生行为的特征，如 "活跃玩家" "付费用户" "参与玩法用户" 等。

综上所述，基于 AI 可理解需求中的数据包可以提取出特征名称。下面通过详细案例来描述特征名称提取的核心流程。

假设数据包为 "输入：无。执行：查询 2024.1.1～1.7 每天在渠道 ID in (1001, 1002, 1003) 首次付费的用户中，非当天回流的用户数。回流表示当天活跃但前 7 天都不活跃的行为。付费从 dws_gamecode_pay_di 表中提取，imoney 字段求和。输出：统计日期、用户数"，则对应的特征名称提取流程如图 6.18 所示。

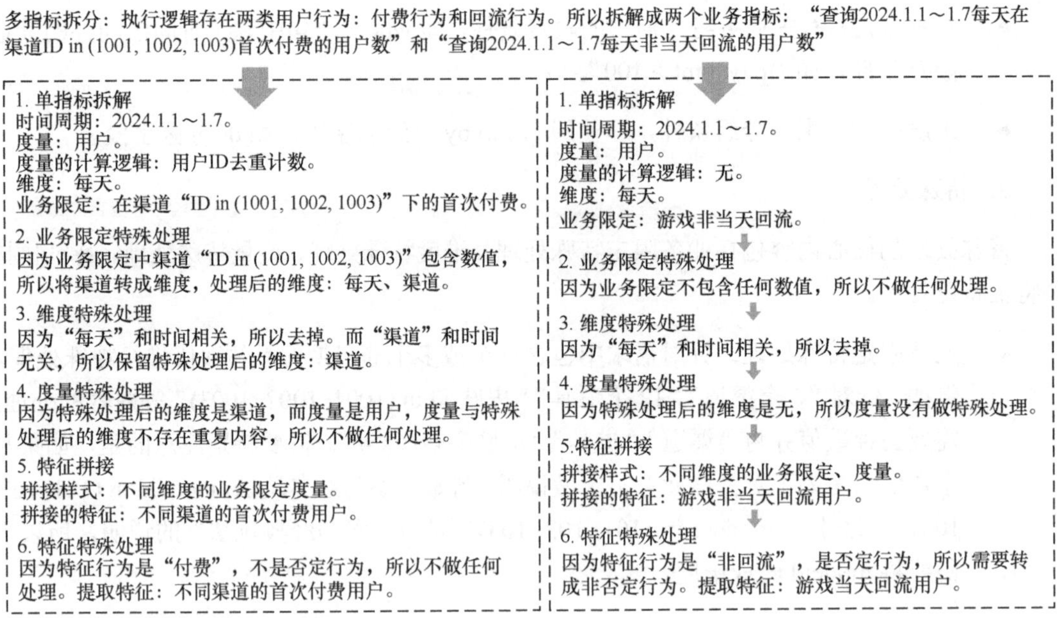

多指标拆分：执行逻辑存在两类用户行为：付费行为和回流行为。所以拆解成两个业务指标："查询2024.1.1～1.7每天在渠道ID in (1001, 1002, 1003)首次付费的用户数"和"查询2024.1.1～1.7每天非当天回流的用户数"

<table>
<tr>
<td>

1. 单指标拆解
时间周期：2024.1.1～1.7。
度量：用户。
度量的计算逻辑：用户ID去重计数。
维度：每天。
业务限定：在渠道"ID in (1001, 1002, 1003)"下的首次付费。

2. 业务限定特殊处理
因为业务限定中渠道"ID in (1001, 1002, 1003)"包含数值，所以将渠道转成维度，处理后的维度：每天、渠道。

3. 维度特殊处理
因为"每天"和时间相关，所以去掉。而"渠道"和时间无关，所以保留特殊处理后的维度：渠道。

4. 度量特殊处理
因为特殊处理后的维度是渠道，而度量是用户，度量与特殊处理后的维度不存在重复内容，所以不做任何处理。

5. 特征拼接
拼接样式：不同维度的业务限定度量。
拼接的特征：不同渠道的首次付费用户。

6. 特征特殊处理
因为特征行为是"付费"，不是否定行为，所以不做任何处理。提取特征：不同渠道的首次付费用户。

</td>
<td>

1. 单指标拆解
时间周期：2024.1.1～1.7。
度量：用户。
度量的计算逻辑：无。
维度：每天。
业务限定：游戏非当天回流。

2. 业务限定特殊处理
因为业务限定不包含任何数值，所以不做任何处理。

3. 维度特殊处理
因为"每天"和时间相关，所以去掉。

4. 度量特殊处理
因为特殊处理后的维度是无，所以度量没有做特殊处理。

5.特征拼接
拼接样式：不同维度的业务限定、度量。
拼接的特征：游戏非当天回流用户。

6. 特征特殊处理
因为特征行为是"非回流"，是否定行为，所以需要转成非否定行为。提取特征：游戏当天回流用户。

</td>
</tr>
</table>

图 6.18 特征名称提取流程

6.3.2 公共特征资产建设

个人特征资产是属于每个开发人员自己的特征资产，如果是由多个开发人员共同实现业务需求，那么需要将个人特征资产转成可以被多个开发人员共同使用的公共特征资产，从而避免重复开发和逻辑口径混乱。

个人特征转成公共特征的流程如图 6.19 所示。

单特征热度统计 ➡ 特征聚类和每一类热度统计 ➡ 转公共特征

图 6.19 个人特征转成公共特征的流程

- 单特征热度统计：因为实际交付需求的特征 SQL 存在不同的时间区间、限定条件等，所以需要先将个人特征 SQL 代码进行标准化处理。首先，将所有个人特征 SQL 代码统一转成小写；其次，去除 SQL 代码中的注释和不必要的空行；最后，将常量值替换成参数占位符，例如，将具体日期数字统一替换成 N。因为可能存在不同查询字段顺序不一致的情况，所以对于标准化处理后的 SQL 代码，按 token 编辑距离进行相似度计算。如果某个特征和其他 9 个特征的相似度大于 0.9，则该特征热度是 10，并删除其他 9 个特征。

- 特征聚类和每一类热度统计：首先，针对上一步处理后的特征 SQL 代码识别表和字段，其中字段包括 "select" "where" "group by" 的所有字段；其次，基于表和字段进行特征聚类，每一类的热度为该类的单特征热度之和。

- 转公共特征：因为存在多个开发人员编写相同逻辑的特征 SQL 代码的情况，所以个人特征转公共特征需要一个单独的角色（开发接口人）来统一处理。开发接口人按照每一类特征的热度降序排列进行检查。针对每一类特征，如果和某个公共特征逻辑一致，则将这些个人特征处理成公共特征的同义词，用于后续特征匹配算法。如果不存在逻辑一致的公共特征，那么将这一类特征转成公共特征。

在经过个人特征资产即时回流和公共特征资产例行沉淀后，特征资产最终以结构化的内容呈现在数据资产管理平台中。

6.4　AI 辅助库表资产建设

库表资产建设的核心为优化引擎，优化引擎通过持续优化业务语义逻辑在物理执行引擎中的存储方式，提高业务获取数据的效率，并降低存储计算资源的成本。通过分析游戏复杂多变的业务场景，我们发现公共特征资产需求覆盖率通常可以达到 80% 以上，即 AI 通过相对收敛的公共特征资产可以实现超过 80% 的需求。因此，优化引擎的输入是公共特征资产和其核心参数指标，输出是物化视图的设计建议。

优化引擎包括 3 个核心部分：成本模型训练、物化视图候选集生成和物化视图推荐。整体架构如图 6.20 所示。

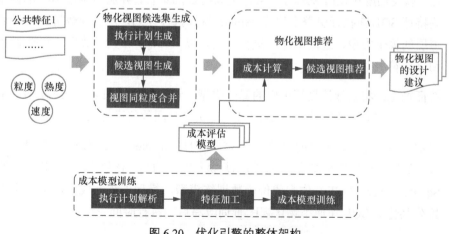

图 6.20　优化引擎的整体架构

6.4.1 成本模型训练

成本模型训练主要包括3个环节，首先，挑选一部分公共特征，获取执行计划、实际消耗的存储计算资源和执行时长；其次，基于这些执行结果数据通过 One-Hot 编码进行特征加工（此处的特征具体指用于成本模型训练的数据），具体的特征包括执行计划的算子类型、算子个数、算子的成本等；最后，训练成本模型。

成本模型训练流程如图 6.21 所示。

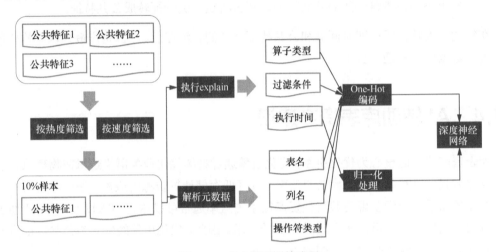

图 6.21 成本模型训练流程

- 执行计划解析：输入是先按速度筛选出对执行速度有要求的需求所使用的公共特征，以及热度排在前 80%分位数的公共特征的集合，并从中挑选 10%的样本，将这些特征 SQL 在执行引擎上执行 explain 得到执行计划，遍历并解析执行计划，获取每层的算子类型、过滤条件、执行时间，以及 SQL 相关元数据，包括表名、列名和操作符类型。

- 特征加工：将执行计划解析出的算子类型、过滤条件、表名、列名和操作符类型，利用 One-Hot 编码转化为 N 维向量；对执行时间数值进行归一化处理。

- 成本模型训练：采用深度神经网络（Deep Neural Network，DNN）模型，模型的输入是经过特征加工的 N 维向量，输出是执行时间的归一化数值，使用均方误差（Mean Square Error，MSE）作为代价函数训练模型。模型训练完成后，可以用于预测原始公共特征 SQL 和使用物化视图查询改写后的执行时间。

6.4.2 物化视图候选集生成

对每个特征都生成执行计划,然后遍历每条执行计划并解析其中的语法树;对所有同粒度的表进行合并,对不同粒度的表创建不同视图,从而形成视图候选集。

物化视图候选集生成流程如图 6.22 所示。

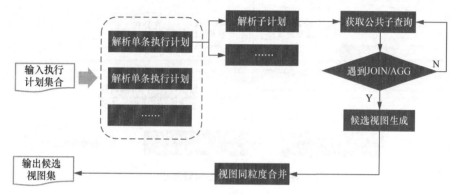

图 6.22 物化视图候选集生成流程

- 执行计划集合:输入是对执行速度有要求的需求所使用的公共特征,以及热度排在前 80%分位数的公共特征的集合,将这些特征 SQL 在执行引擎上执行 explain 得到执行计划。

- 候选视图生成:递归解析上一步得到的执行计划,找到公共子查询。在逐层递归解析的过程中,首先收集每层的算子类型、过滤条件、执行时间,以及 SQL 相关元数据,包括表名、列名和操作符类型;接着,在遇到带 JOIN/AGG 类型的算子时,将这部分节点作为候选子查询,并聚合当前节点及其后续节点的所有信息,最后输出所有的候选子查询。

- 视图同粒度合并:输入候选视图生成得到的所有候选子查询,对于每个子查询,我们分析该查询和其他候选子查询,如果它们的来源表、过滤条件及粒度相同,那么可以将它们合并为一条查询。最后得到的所有查询集合即物化视图候选集。

6.4.3 物化视图推荐

针对每个视图,基于其成本评估模型,预测公共特征的原始成本和物化视图查询改写后的成本。最终使用贪心算法选取成本最小的视图作为推荐结果。

物化视图推荐流程如图 6.23 所示。

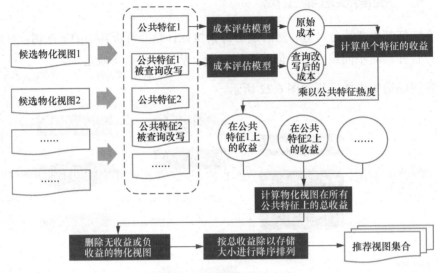

图 6.23　物化视图推荐流程

- 成本计算：针对每个物化视图，遍历其所有公共特征，将每个公共特征原始 SQL 和使用该物化视图查询改写后的 SQL 输入成本评估模型得到成本预测结果，计算两者的差值，即该物化视图在对应公共特征上的收益，小于 0 代表负收益、大于 0 代表正收益，统计每个物化视图在所有公共特征上的总收益。

- 候选视图推荐：针对每个物化视图的总收益，删除没有收益或者为负收益的物化视图；最后，根据总收益除以该物化视图存储大小进行降序排列，选出前 K 个物化视图作为最后的推荐视图。

综上所述，数据开发人员根据优化引擎推荐的物化视图选择建设库表资产。

6.5　小结

本章系统阐述了 AI 辅助数据资产建设的思考和解决方案。重点讲解 AI 助力数据资产初始化，包括特征资产初始化、库表资产初始化；针对 AI 辅助资产建设的场景，重点说明需求资产建设、特征资产建设和库表资产建设。

通过本章内容，我们可以更好地理解 AI 技术在数据资产建设中的作用，从而实现更智能、高效、个性化的数据资产推广，为企业或组织的成长和竞争提供有力支持。

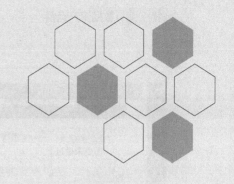

第 7 章
数据资产运营

为了确保数据资产建设目标的量化和持续监控，应建立一个科学且系统化的评估体系。该体系不仅能够对数据资产的建设成果进行精确的度量，还能确保其在全生命周期链条上的连续性和稳定性，从而为数据资产的长期发展和优化奠定坚实的基础。

数据资产运营流程如图 7.1 所示。需求资产通过交付运营不断地沉淀为特征资产，再根据特征资产的热度、粒度、速度等参数借助优化引擎物化为库表资产，库表资产又通过资产逻辑的覆盖反向推动需求资产的细化，形成一条围绕资产运营的完整环路。

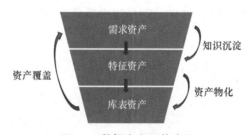

图 7.1　数据资产运营流程

7.1　数据资产运营的目标

数据资产运营是指通过一系列方法和策略，引导和衡量数据资产的效果及价值，确保数据资产能够持续为企业创造价值。数据资产运营的目标是规划数据资产运营方向和量化运营效果。

在 AI 辅助的大背景下，以资产应用场景为主线，围绕需求资产、特征资产和库表资产的需要分别量化目标，并制定个性化的资产运营流程。数据资产运营方案如图 7.2 所示。

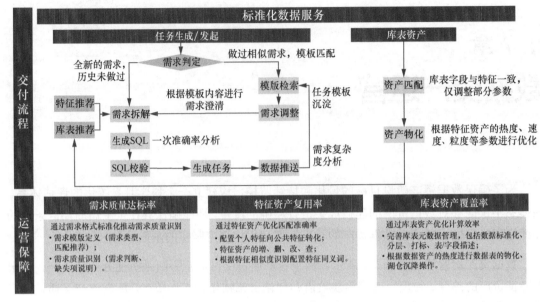

图 7.2　数据资产运营方案

数据资产运营方案的核心评价指标分别是需求质量达标率、特征资产复用率和库表资产覆盖率。

接下来，以北极星指标[①]为牵引，系统地阐述需求资产运营、特征资产运营和库表资产运营的详细方案。

7.2　需求资产运营

需求资产运营的核心是量化评估模型和指标，是衡量用户在使用 AI 进行代码生成时，是否按照标准规范描述需求的重要依据。清晰且完整的需求表达，是影响代码生成准确率的第一关键因素，因此需要通过系统化的方式识别需求质量、定位问题，以及定制需求评估相关的北极星指标。

[①] 北极星指标（North Star Metric）也叫作第一关键指标，是指产品在当前阶段与业务/战略相关的绝对核心指标。一旦确立就像北极星一样闪耀着，指引团队向同一个方向迈进。

7.2.1 需求质量评估模型

需求质量评估模型除了可以给业务人员提供需求的描述模板外，还可以作为 AI 评估需求质量的标准。例如，将时间周期、输出字段、维度字段的枚举值，以及指标统计逻辑都分为高、中、低 3 个等级，分别代表 10 分、5 分和 0 分。此外，这 4 个维度的权重分别是 10%、40%、40% 和 10%。需求质量评估标准的参考示例如表 7.1 所示。

表 7.1　需求质量评估标准的参考示例

需求评估维度	评估等级	评估标准
时间周期	高	需求描述清晰地阐述了具体的时间周期，包括确切的开始和结束日期
	中	需求描述提及了时间周期，但可能不够具体，如只提到了"本月"而没有确切的日期范围
	低	需求描述没有提及时间周期，或者提的时间周期含糊不清，需要进一步描述清楚
输出字段	高	需求描述清晰地阐述了输出格式，包括所需输出字段、字段的顺序、字段的数据示例、字段维度指标类型等详细信息
	中	需求描述明确说明了需要输出哪些字段，但没有详细说明字段的数据示例、字段维度及指标类型等详细信息
	低	需求描述没有说明需要输出哪些字段
维度字段的枚举值	高	需求描述明确列出了维度的定义及数据获取逻辑
	中	需求描述明确了部分维度的定义和相关数据获取逻辑
	低	需求描述没有提及任何维度定义和相关数据获取逻辑，无法实现需求
指标统计逻辑	高	需求描述提供了指标提取逻辑和计算逻辑的详细数据细节，比如"玩法排行榜根据参与率、次日留存率分别算出排名后再把排名求和算总排名"中，对"参与率""次日留存率"，以及"排名"都有详细的定义和数据细节，足够构建具体的查询条件
	中	需求描述提及了一些指标提取逻辑，但可能不完全符合业务逻辑，或者描述不够详细
	低	需求描述没有提及任何指标提取逻辑，或者提的逻辑与业务逻辑无关，无法实现需求

通过这种方式，我们能够系统地评估业务人员提供的需求质量，并对数据进行深入分析。这不仅有助于识别出交互过程中可能存在的问题，还能为未来的系统优化提供有力的数据支持。此外，这一评估模型还可以促进技术团队更好地理解业务人员的具体需求，进而提升系统的用户体验和满意度。

7.2.2 需求质量达标率

需求质量达标率的衡量是基于一个精细设计的需求质量评估模型来实现的。该指标主要通过分析符合质量要求的需求数占总需求数的比例，从而衡量业务人员在与 AI 交互时，信息的传递是否完整和准确。

通过对需求质量达标率的变化趋势进行分析，可以帮助识别业务人员在需求提交过程中出现的常见错误类型，并有针对性地优化系统的提示和引导功能，以提升业务人员需求提交的准确性和完整性。需求质量评估模型如图 7.3 所示。

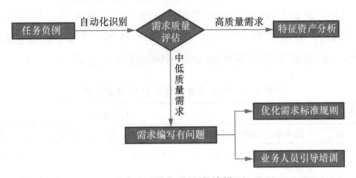

图 7.3　需求质量评估模型

通过对系统交付的任务负例进行分析，如果需求质量达标率的趋势持续走低，可能是由于业务人员对需求的描述标准不清晰、需求理解不到位或需求逻辑过于复杂等。此时，需要对系统的需求标准规则进行优化，提供更明确、更详细的指导，帮助业务人员避免常见的错误。同时，也需要加强业务人员培训，进行针对性的案例宣讲，帮助业务人员更好地理解和掌握需求提交的技巧和规范。

通过对需求质量达标率的变化趋势进行细致分析，可以识别出特定时间段或特定群体的需求提交问题。通过持续的需求质量分析和改进措施的实施，可以不断提升业务人员与 AI 交互的过程中信息传递的准确性和完整性，从而提高整体的需求质量。

7.3　特征资产运营

特征资产运营的核心是衡量用户在使用 AI 进行代码生成时，对现有特征资产重复使用情况的判断。高复用率的特征资产不仅能够提高开发效率，还能确保代码的一致性和可靠性。因此，需要不断优化和推广高质量的特征资产，鼓励开发人员在需求实现过程中优先复用已有的特征资产。

特征资产在数据分析和模型构建过程中具有重要的作用。通过对特征资产进行分析和挖掘，可以深入了解数据的关键特性和规律，为业务决策提供有力的支持。同时，特征资产也为机器学习和模型构建提供了重要的输入特征，可以用于训练模型、预测结果和进行数据挖掘等任务。

为了保障特征资产的共享应用，可以将其分解为公共特征转化率和特征资产复用率两个核心指标。

7.3.1　公共特征转化率

个人特征在经过 AI 模型拆解沉淀为特征代码片段时，可能会存在同样的特征名称或不同的特征名称对应相同逻辑的特征代码片段。因此，在转化为公共特征前，需要通过特征转化引擎对个人特征代码片段进行抽象处理，包括数值参数抽象、限定转维度抽象等。

公共特征转化运营流程如图 7.4 所示。

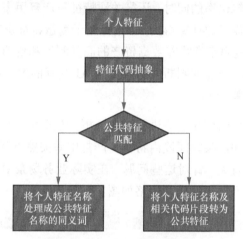

图 7.4　公共特征转化运营流程

按照个人特征热度降序排列，对当前热度超过 10 的个人特征进行遍历，当匹配到与已有公共特征逻辑一致时，则将这些个人特征名称处理成公共特征名称的同义词，应用于后续的特征匹配算法。如果没有匹配到逻辑一致的公共特征，则将这一特征名称及相关代码片段转成公共特征。

同时，需要制定公共特征转化率指标用于特征资产运营，其计算方法为各业务板块的公共特征数量除以总特征数量。通过分析公共特征转化率指标的变化趋势，可以识别个人特征到公共特征的建设情况，以此分辨不同业务板块特征的共享情况，从而推进特征资产持续正向沉淀。

公共特征转化率呈现上升趋势，表明个人特征向公共特征的转化在增强，特征资产的共享程度在提高。为了延续这一正向发展，团队应进一步鼓励数据共享机制，优化数据管理流程，加强跨业务板块的协作与沟通，提供更多的技术和激励机制支持。相反，如果该指标呈现下降趋势，这可能意味着特征转化过程中存在障碍，或者特征资产的共享意识不足。针对这种情况，首先需要诊断问题的根源，包括个人特征热度低、数据来源不统一、数据逻辑不一致等。解决这些问题的措施通常是改善内部沟通、提高数据逻辑透明性、制定更有效的资产培训机制等。

综上所述，公共特征转化率是一个关键指标，它帮助企业评估并优化特征资产的共享和使用。通过监控这一指标的变化情况，企业可以及时调整策略，从而推动数据资产的正向沉淀。

7.3.2 特征资产复用率

在不断提升公共特征转化率的同时，还需关注特征资产复用率。特征资产复用率通过首次新建特征需求数除以总需求数计算得到，该指标用于衡量特征资产在一定时间和需求范围内被多次使用的比例，高复用率意味着数据资产的高效利用和价值最大化。通过对特征资产复用率的变化趋势进行分析，能够判断业务人员与 AI 交互的过程中对特征资产的依赖程度和使用效果是否在持续改善。

通过对特征资产复用率的变化趋势进行细致分析，还可以识别出特定时间段或特定群体的特征资产复用问题。例如，某时间段内特征资产复用率突然下降，可能与业务需求变更、资产逻辑变更等业务因素有关。针对这些问题，在实际业务场景中，可以灵活制定更多适配业务的改进指标。特征资产复用率提升策略如图 7.5 所示。

图 7.5 特征资产复用率提升策略

- 新需求的特征初始化：例如，在游戏场景下，游戏大版本更新上线新模式，并提供新的特性玩法时，需要有针对性地进行特征初始化与人工干预治理。

- 优化特征资产库功能：通过改进特征资产库的检索功能，提供智能检索和自动补全代码等功能，简化用户查找和应用特征资产的流程。

- 调整特征资产推荐规则：根据用户的需求和使用习惯，优化特征资产的推荐规则，确保推荐的特征资产更符合用户需求，从而提高复用率。

- 定期更新特征资产库：通过定期审查和更新特征资产库，确保其内容的时效性和适用性，从而满足不断变化的需求。

- 监控和分析过程指标：通过监控和分析特征资产库覆盖率、特征资产使用频率和特征资产质量评分等过程指标，全面支持和提升特征资产复用率。

定期分析指标的变化趋势，能够及时发现问题并采取相应的改进措施，确保特征资产在需求交付的过程中得到充分利用，从而实现数据资产的高效利用和价值最大化。

7.4 库表资产运营

库表资产运营的核心是物理表、物化视图、逻辑视图等数据库对象通过优化引擎平衡成本与效率，一方面通过监控成本指标来优化资产的结构，另一方面通过监控资产覆盖率来衡量资产服务效率，以此推进库表资产的建设质量，保证运营策略能够较好地满足业务发展需求。

7.4.1 库表资产成本优化

为了尽可能地提升数据查询服务的效率，需要将业务常用的（高频）热数据放到数据仓库内，即存算一体内；不经常查询的（低频）冷数据下沉到数据湖内。数据湖仓转换架构示例如图 7.6 所示。

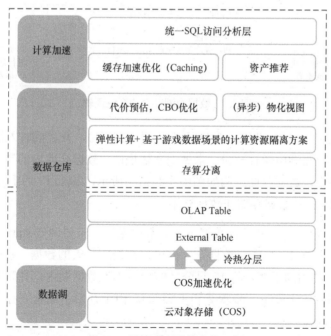

图 7.6　数据湖仓转换架构示例

在业务接入时，需要完成业务的湖仓初始化，包括资源初始化、建表、建 topic 和建 RoutineLoad 等。首次建表时会根据默认规则设定库表的湖仓存储属性。

通过简单的属性设置，即可完成数据在湖仓内的分配，后期亦可以根据业务需要通过 alter 命令调整湖仓数据的存储分配。数据由湖升仓的系统逻辑如图 7.7 所示。

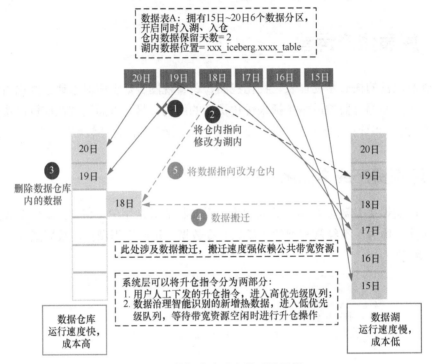

图 7.7　数据由湖升仓的系统逻辑

以数据表 A 为例，表内拥有 6 个分区（15 日～20 日），开启同时入湖、入仓，且数据仓库内的所有数据会在湖中保存一份。未做湖仓转换前，数据仓库内的数据保留 2 天，其余数据存储在数据湖中，数据存储结构如图中实线箭头所示，20 日和 19 日的数据存储在数据仓库中，15 日到 18 日的数据存储在数据湖中。

● 开始由仓入湖：将 19 号的数据下沉到数据湖中，需要调低 start 属性的绝对值，例如，将值改为-1，则表示数据仓库内仅保存最近一天的数据。系统操作步骤为保持 20 日分区的指向不变，将 19 日分区的指向改为数据湖内，并删除数据仓库内的数据（如图中的步骤①、步骤②和步骤③）。由于开启了湖仓双存，所以此过程不涉及数据传输。

- 开始由湖升仓：将 18 日、19 日、20 日 3 天的数据升入数据仓库，需要修改 start 属性的值，拉长数据仓库内数据的保留天数；修改 history 属性值为 3；确保 enable 属性值为 "true"。

数据可以在数据湖中长期保存，而在数据仓库中则保留短期数据以优化查询性能的方案，这不仅提高了数据处理的效率，而且显著降低了存储成本。

7.4.2　库表资产覆盖率

库表资产覆盖率通过资产交付需求数除以总需求数计算得到。库表资产覆盖率是判断库表资产支撑当前业务需求的重要指标。通过对库表资产覆盖率指标的变化趋势进行分析，能够判断用户与 AI 交互的过程中库表资产的覆盖率是否在持续改善。

同时该指标还包括湖仓一体架构中物化视图的查询改写与透明加速。查询改写是指在对已构建了物化视图的基表进行查询时，系统查询优化引擎自动判断是否可以复用物化视图中的预计算结果处理查询。如果可以复用，会直接从相关的物化视图中读取预计算结果，避免重复计算。另外，对用户来说，查询改写是透明无感的。

库表资产覆盖的运营流程如图 7.8 所示。

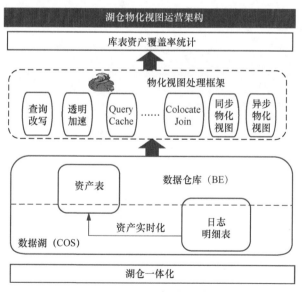

图 7.8　库表资产覆盖的运营流程

通常而言，库表资产覆盖率呈上升趋势表明用户在需求交付过程中越来越多地使用已有的库表资产,进而表明库表资产的建设质量和运营策略能够较好地满足业务发展需求。相反,库表资产覆盖率呈下降趋势则可能表明用户在需求交付过程中对库表资产的使用频率在下降。造成此情况可能有多种原因,如资产来源的变化、业务场景的变化和分析思路的变化等。此时,需要调整资产优化引擎,对数据资产进行重构,使其适应业务的发展和变化,从而平衡效率与成本。

7.5 小结

本章系统地阐述了数据资产运营的体系化方案。首先,通过介绍数据资产运营的目标,提出了构建数据资产运营方案的 3 个核心指标;其次,详细介绍了需求资产运营,通过需求质量评估模型和需求质量达标率,持续引导业务人员培训和优化系统功能;再次,详细介绍了特征资产运营,通过在需求交付过程中对现有特征资产的重复使用情况进行分析,持续引导业务人员培训和优化特征资产;最后,详细介绍了库表资产运营,通过评估数据库对象在成本和效率间的平衡,持续优化库表资产的建设和运营策略。

通过学习本章内容,我们可以更好地理解和提升需求质量达标率、特征资产复用率,以及库表资产覆盖率,从而实现数据资产运营的高效利用和价值最大化。

第 4 部分 自研领域大模型的技术原理

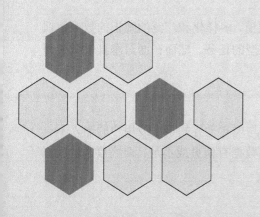

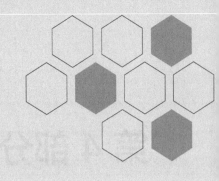

第8章
领域大模型的基础

随着人工智能计算技术的迅猛发展，大语言模型在多个领域均展现出了卓越的成效。然而，当大语言模型被应用于特定领域时，常常会遇到幻觉生成、知识时效和数据安全等一系列问题。为了有效解决这些问题，我们自研了针对特定领域的大模型。

本章将详细阐述领域大模型的基础，包括领域大模型的背景、领域大模型方案和领域大模型架构。

8.1 领域大模型的背景

随着大模型在越来越多的领域中得到广泛应用和推广，在具体的应用场景中，通用大模型常常会面临一些难以克服的挑战，这限制了通用大模型提供更深层次服务的能力。在此背景下，通过针对垂直领域大模型进行自主研发，可以解决特定行业中的独有问题。自研领域大模型，不仅可以提供更加精准和专业的服务，还在数据安全、业务合规性及企业竞争力等方面具备显著优势。

8.1.1 通用大模型的局限性

通用大模型是一个预训练的生成模型，其经过大规模、多样化和广泛的知识的数据集训练，能够处理语言翻译、剧本创作、人机对话等多种类型的任务。然而在面对垂直领域的问题时，通用大模型存在着一定的局限性。

1. 幻觉生成问题

通用大模型的幻觉生成问题，是指模型生成的内容与现实世界的事实或用户的输入不一致。导致大语言模型产生幻觉的因素有很多，包括训练数据有偏见或不足、训练数据过度拟合、上下文理解有限或领域知识缺乏等。由于大语言模型具有出色的文本生成能力，因此即使是错误的内容，也显得头头是道，如图 8.1 所示，"倒拔垂杨柳"是《水浒传》中的情节，被 GPT-4 搬到《红楼梦》中。所以对缺乏领域知识的人来说，很容易被误导。

你听说过林黛玉倒拔垂杨柳的故事吗？

是的，林黛玉倒拔垂杨柳的故事出自中国古典小说《红楼梦》。在故事中，林黛玉是一个多愁善感的女子，她在贾府的后花园中看到一棵垂杨柳，因为觉得这棵树的姿态与自己的命运相似，感到伤感和无奈，于是倒拔垂杨柳以寄托自己的哀愁。

图 8.1 GPT-4 幻觉生成问题

2. 知识时效问题

通用大模型的知识时效问题，是指模型无法获取最新的知识。大语言模型是基于历史数据进行训练的，这意味着对于此后的内容，模型无法获取。例如 GPT-4 的训练数据截至 2021年 9 月，当问询 2023 年中国的 GDP 时，GPT-4 会建议用户查阅最新的经济报告或官方统计数据，如图 8.2 所示。此外，因为大模型的训练成本极高，频繁更新训练集或重新训练模型是不切实际的。因此，对于有高时效性要求的场景，大模型往往难以提供有效的解决方案。

你知道2023年中国的GDP是多少吗？

对不起，我无法提供2023年中国的GDP数据，因为我无法访问实时数据或未来数据。建议您查阅最新的经济报告或官方统计数据以获取准确信息。

图 8.2 GPT-4 知识时效问题

3. 数据安全问题

通用大模型的数据安全问题是指在调用外部大模型时产生的内部数据泄露和隐私问题。数据泄露和隐私问题一直是大模型发展过程中的重要问题，例如，OpenAI 就曾多次面临类似的投诉。如果企业希望使用大模型进行内部业务决策而将企业的经营数据上传至外部大模型，就会存在数据安全问题。

综上所述，通用大模型虽然拥有广泛的适用性，但在专业和更加细分的垂直领域，很难提供高价值的服务，从而无法产生实际的生产力。因此，大模型的赛道上逐渐出现另一种模型，即垂直领域大模型（又称领域大模型）。

8.1.2　领域大模型的优势

　　领域大模型是指在特定的领域或行业中，经过训练和优化的大语言模型。与通用大模型相比，领域大模型更专注于某个特定领域的知识和技能，其具备更优的领域专业性和实用性。目前各个行业已有众多领域大模型面世，如图 8.3 所示。

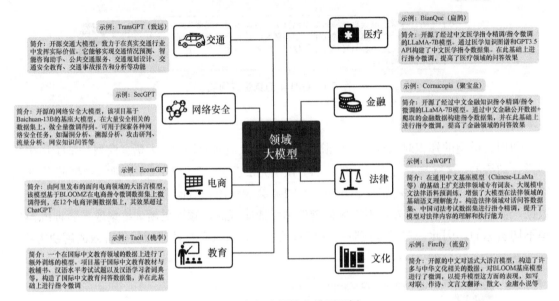

图 8.3　各行业领域大模型示例

　　与通用大模型相比，领域大模型具有如下优势。

- 知识优势：领域大模型可以将特定领域的专业知识（如行业术语、领域规则等）融入模型，从而有效解决模型的幻觉生成问题。同时，领域大模型在专业领域的理解与推理能力都得到显著增强，大幅提升了模型输出的专业性和准确性。

- 效能优势：通过领域数据的加持，可以使用较小参数的领域大模型来完成原本需要大参数的通用大模型才能实现的功能。大参数的大模型训练成本非常高，例如，GPT-3 一次训练的成本约为 140 万美元。然而小参数的大模型训练成本相对较低，而且通过领域知识的训练，在实际工程化中可以以更快的处理速度来取得更高质量的效果。

- 安全优势：领域大模型可以提供更好的数据安全和隐私保护能力。在训练领域大模型的过程中，可以采用符合行业标准和法律法规的数据处理策略来确保敏感信息的安全。此外，通过本地化部署领域大模型，可以更好地控制数据的使用和流通，从而防止数据泄露。

- 定制优势：领域大模型可以根据实际需求进行定制化开发，从而适应不同场景的特定需求。例如，百炼智能推出的 B2B 营销大模型"爱迪生"便具备营销内容生成、市场研究、行业分析、问题咨询及营销话术建议等多项功能，协助企业提升营销效率。此定制化能力使得领域大模型在处理复杂且多变的场景时展现出了更优的灵活性和适应性。

鉴于领域大模型的综合优势，当前越来越多的企业投身于领域大模型赛道，开始从通用大模型转向自研领域大模型。例如，腾讯云打造了行业大模型精选商店，助力客户构建专属大模型及智能应用；华为云发布了盘古大模型；百度推出医疗领域的灵医智惠等。

8.2 领域大模型方案

本节重点阐述领域大模型方案。首先，从自研方案分类方面来介绍领域大模型的 3 种常见构建方案；其次，重点阐述自研的核心方案，即检索增强生成和参数高效微调；最后，针对不同的业务场景来阐述两种方案的模型选型。

8.2.1 3 种构建方案

领域大模型的常见构建方案有 3 种，即检索方案、微调方案和预训练方案，如图 8.4 所示。此 3 种方案的落地应用，使得自研领域大模型能够更精确地理解和处理特定领域的数据与问题，从而能在各专业领域中发挥更为显著的作用。需要特别注意的是，这 3 种方案并非相互排斥，可以在构建领域大模型时被综合运用。

图 8.4　领域大模型的常见构建方案

- 检索方案：通过检索相关信息来辅助大模型的输出，又称检索增强生成。此方案使用检索系统来查找与输入最为相关的信息，并将检索到的信息作为额外的输入传递给大模型，帮助模型更好地理解上下文并生成更准确的输出。此方案主要依赖于现有的检索系统和较小的生成模型，所以成本相对较低，但效果通常受限于检索系统的准确性和覆盖范围。

- 微调方案：在特定任务或数据集上调整预训练模型的参数。常见微调方案分为全参数微调和参数高效微调，其中全参数微调是指调整模型中的所有参数，而参数高效微调则是只调整模型中的一部分参数，或额外增加一部分微调参数（如添加适配器层等），ChatLaw 就是采用参数高效微调方案构建的。微调大模型的方案是直接针对特定任务进行优化的，通常需要更多的计算资源来调整模型参数，相比检索方案的成本较高，但通常能够获得更好的效果。

- 预训练方案：在大量的无监督领域数据上预先训练大模型。为了确保模型具备更好的表征和泛化能力，通常会在训练数据中加入通用数据。预训练方案可分为从头预训练和继续预训练，从头预训练是指完全从零开始训练大模型，如金融大模型 BloombergGPT 等，而继续预训练则是在一个已经预训练的模型的基础上继续训练，从而适应更特定的数据或任务，如科技大模型 Mozi、金融大模型 XuanYuan 等。预训练方案需要大量的数据和计算资源来训练模型，所以相比前两种方案成本最高，但因为模型能够学习到更丰富和更广泛的知识，所以通常提供的效果也更好。

从检索方案、微调方案到预训练方案，成本逐渐增高，但最终提供的效果也逐渐提升。综合成本、效果和工程化等因素，重点介绍检索增强生成和参数高效微调两种方案。需要特别注意，微调方案中的全参数微调成本也相对较高。

8.2.2　检索增强生成

Meta 研究人员在论文 "Retrieval-Augmented Generation for Knowledge-Intensive NLP Tasks"（《知识密集型 NLP 任务的检索增强生成》）中首次提出 "检索增强生成" 的概念。此方案旨在通过检索大模型训练数据以外的知识来增强大模型的上下文信息，从而提升大模型的输出质量。检索增强生成示例如图 8.5 所示，通过补充相关信息，可以有效避免大模型的幻觉生成问题。

你听说过林黛玉倒拔垂杨柳的故事吗？
补充知识
《水浒传》第七章：花和尚倒拔垂杨柳，豹子头误入白虎堂
鲁智深在大相国寺附近的菜园子，徒手将一棵杨树连根拔起。而后趁着酒兴舞弄禅杖，被路过的林冲看见，俩人相互赏识，结为兄弟。

林黛玉倒拔垂杨柳实际上是一个误传。在中国古典文学中，倒拔垂杨柳的故事出自《水浒传》，是花和尚鲁智深的事迹，而不是《红楼梦》中的林黛玉。林黛玉是一个才情出众、多愁善感的女子，与倒拔垂杨柳的豪迈壮举并不相符。因此，林黛玉倒拔垂杨柳的说法是错误的，正确的应该是鲁智深倒拔垂杨柳。

图 8.5　检索增强生成示例

通用的检索增强生成流程如图 8.6 所示，核心分为准备阶段和应用阶段。准备阶段一般是离线进行的，主要将垂直领域的数据转为向量，构建索引并存储入库。应用阶段主要从向量库中检索相关信息，并注入提示词，从而提升大模型的输出质量。

图 8.6　通用的检索增强生成流程

- 准备阶段：该阶段可分为数据提取、文本分块、向量化和索引构建 4 个环节。数据提取是指将垂直领域内各种格式的数据，如 Word、PDF、Excel 等，提取成结构化数据，以便后续进行统一处理。文本分块是指将过长文本进行分块，以便对文本进行向量化，可以按句子分割，也可以按固定长度分割，其通常会在头尾增加一定的冗余量来减少语义信息的丢失。向量化是指将文本转为向量，以便用于相似度计算，此过程会直接影响后续的检索效果，是检索增强生成最重要的模块。索引构建是指将文本、向量构建为索引以加速向量检索，为了提升检索效果，通常会构建多种类型的索引，如平坦索引、倒排索引、树形索引和图结构索引等。

- 应用阶段：该阶段可分为用户查询、向量化、检索重排和注入提示 4 个环节。用户查询是指用户的查询需求。向量化同准备阶段的向量化一致。检索重排是指将用户查询转为向量后，从向量数据库中检索相关的信息。为了提升检索内容的相关度，在部分场景下，会增加重排模块。注入提示是指将检索到的信息注入大模型的提示词中，补充上下文信息。

检索增强生成流程中的每个模块都会对大模型的最终输出结果产生影响，其中影响最大且最核心的模块是向量化。

向量化通过句子表征模型，将句子转为向量。表征模型的好坏会影响相似度计算的精度。检索重排主要通过向量数据库内置的算法来完成，不同向量数据库支持的相似度算法也有所不同。下面将分别针对句子表征模型和向量数据库做详细的阐述。

1. 句子表征模型

句子表征模型通过使用固定长度的稠密向量对句子进行编码，大幅提升神经网络处理文本数据的能力。

在大模型时代之前，句子表征模型可以分为 4 类，其发展历程及代表模型如表 8.1 所示。

表 8.1　句子表征模型发展历程及代表模型

年份	词聚合模型	语境连贯性模型	语义对比模型	混合多任务模型
2014	PV			
2015		Skip-Thoughts		
2016	PARAGRAM-PHRASE XXL, SDAE	FastSent		
2017	SIF		DisSent, InferSent	DiscSent
2018	P-mean, Mean-max	Quick-Thoughts	InferLite, PSAN	MILA/MSR, USE
2019			Discovery, Sentence-BERT	

- 词聚合模型：通过聚合句子中的词向量（如取平均或最大值）来构建句子表征。

- 语境连贯性模型：通过考虑句子之间的连贯性和上下文关系来构建句子表征。

- 语义对比模型：通过比较句子之间的语义相似性来学习句子表征。

- 混合多任务模型：通过结合多种不同的学习任务来提高句子表征的泛化能力和性能。

在大语言模型技术迅猛发展的当下，行业研究人员应用检索增强生成技术，在句子表征模型方面进行了深入研究和探索。例如，Hugging Face 官方网站提供了一个专门用于评估海量文本的嵌入模型，即大模型文本嵌入基准（Massive Text Embedding Benchmark，MTEB）。

MTEB 在句子表征模型方向涵盖 8 项关键的语义向量任务，包括双语文本挖掘（Bitext Mining）、分类（Classification）、聚类（Clustering）、句子对分类（Pair Classification）、重排序（Reranking）、检索（Retrieval）、语义文本相似度（Semantic textual similarity）及摘要（Summarization）。需要特别注意的是，MTEB 中包含了一个专门针对中文文本向量模型的子榜单，即 C-MTEB。开发者可以根据具体的任务类型、所使用的语言、模型的规模等，在该榜单中筛选出最适合自己的句子表征模型。截至 2024 年 4 月 18 日，C-MTEB（网址：https://huggingface.co/spaces/mteb/leaderboard）的汇总排行榜如图 8.7 所示。

2．向量数据库

向量数据库是一种专门为存储、索引和检索向量数据而设计的数据库系统。此数据库通常用于支持高效的相似性检索，特别是在机器学习和深度学习应用中，如推荐系统、图像识别、自然语言处理等。

Overall | Bitext Mining | Classification | Clustering | Pair Classification | Reranking | Retrieval | STS | Summarization

English | Chinese | French | Polish

Overall MTEB Chinese leaderboard (C-MTEB)

- **Metric:** Various, refer to task tabs
- **Languages:** Chinese
- **Credits:** FlagEmbedding

Rank	Model	Model Size (Million Parameters)	Memory Usage (GB, fp32)	Embedding Dimensions	Max Tokens	Average (35 datasets)	Classification Average (9 datasets)	Clustering Average (4 datasets)	Pair Classification Average (2 datasets)	Reranking Average (4 datasets)
1	acge_text_embedding	326	1.21	1792	1024	69.07	72.75	58.7	87.84	67.98
2	IYun-large-zh					68.94	72.75	58.9	85.16	68.08
3	OpenSearch-text-hybrid			1792	512	68.71	71.74	53.75	88.1	68.27
4	stella-mrl-large-zh-v3.5-1792	326	1.21	1792	512	68.55	71.56	54.32	88.08	68.45
5	stella-large-zh-v3-1792d	325	1.21	1792	512	68.48	71.5	53.9	88.1	68.26
6	Baichuan-text-embedding			1024	512	68.34	72.84	56.88	82.32	69.67
7	stella-base-zh-v3-1792d	102	0.38	1792	1024	67.96	71.12	53.3	87.93	67.84
8	Dmeta-embedding-zh	103	0.38	768	1024	67.51	70	50.96	88.92	67.17
9	xiaobu-embedding	326	1.21	1024	512	67.28	71.2	54.62	85.3	67.34
10	alime-embedding-large-zh	326	1.21	1024	512	67.17	71.35	54	84.34	67.61

图 8.7 HuggingFace C-MTEB 的汇总排行榜

向量数据库方案目前可以分为四大类。

- 关键字检索系统：此类系统结合了传统的关键字检索和向量检索的能力，使得用户可以同时使用关键字和向量进行数据检索，更适合需要结合文本描述和内容特征进行搜索的应用场景，例如，ES（Elasticsearch）通过安装向量检索相关的插件（如 ElastiKNN 等），可以支持向量检索功能。但是这类系统支持的向量索引类型通常有限，检索性能不高。
- 关系型数据库：此类数据库在传统的关系型数据库的基础上增加了向量检索的功能，使用户可以在进行结构化数据查询的同时，也能够执行向量相似性检索。例如，PostgreSQL 通过安装 pgvector 扩展，可以增强全文搜索和向量检索的能力。但是这类数据库通常以插件的形式支持向量检索，检索性能较差。
- 非关系型数据库：此类数据库通过将向量检索功能集成到非关系型数据库中，可以提供更加多样化的数据存储和检索方案。例如，Redis 通过增加 RedisVector 支持向量数据，使得用户能够进行高速向量计算和近似最近邻搜索。但是这类数据库通常只能支持小规模数据集，功能有限。
- 专用向量数据库：此类数据库是专门为向量数据而设计的数据库系统，通常具有高效的数据存储、索引和检索能力，特别适合处理大规模的向量检索任务。此类数据库通常提供了高度优化的算法和数据结构来支持快速的相似性搜索。但是其数据库的关系型数据管理功能通常较弱。

随着检索增强生成技术的广泛应用，向量数据库也开始受到越来越多的关注。近年来涌出了众多向量数据库，特别是专用向量数据库。向量数据库的发展时间轴如图 8.8 所示。

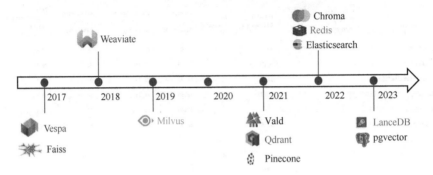

图 8.8　向量数据库的发展时间轴

- Faiss：由 Facebook AI Research 开发的数据库，虽然本身不是一个完整的数据库系统，但其为密集向量提供了高效的向量索引功能。此数据库包含了一系列能够在 CPU 或 GPU 上运行的索引方法，能够处理大规模的数据集。

- Weaviate：使用图数据结构来存储和管理数据，每个数据点都作为图中的节点，节点间通过边相互连接，表示复杂的数据关系。此数据库支持文本、图像和其他数据的向量检索。并且，Weaviate 使用机器学习模型将数据自动转换为向量，并提供了丰富的查询语言。

- Milvus：一个开源的向量数据库，支持多种索引策略，如量化、树形和图结构等。此数据库能够在不同的硬件和平台上运行，并支持在云环境中部署。此外，其架构支持水平和垂直扩展，能够适应从小规模到大规模的应用需求。

- Pinecone：云原生的向量数据库，具有简单的 API 和无须基础架构的优势。此数据库可以快速处理数十亿条向量数据，并实时更新索引。同时，还可以与元数据过滤器相结合，从而获得更相关、更快速的结果。

- Qdrant：完全用 Rust 语言开发的数据库，实现了动态查询计划和有效负载数据索引。向量负载支持多种数据类型和查询条件，包括字符串匹配、数值范围、地理位置等。

- Chroma：AI 本地的开源嵌入式数据库，同时，也是市场上第一个默认提供嵌入模式的向量数据库，数据库和应用层紧密集成，支持开发人员快速构建原型和展示项目。

- LanceDB：完全用 Rust 语言开发的数据库，专为多模态数据（图像、音频、文本等）的分布式索引和搜索而设计，建立在新兴数据格式 Lance（一种用于机器学习的列式数据格式）上。与 Chroma 一样，LanceDB 使用嵌入式、无服务器的架构。

当下，向量数据库作为一种专门针对高维度数据集进行优化的存储和检索系统，正逐渐成为机器学习和人工智能领域的关键基础设施。各类向量数据库根据其独特的特性和优势，适用于不同的应用场景。开发者在选型时，需综合考虑应用场景、性能要求、部署成本、易用性和可扩展等因素，并结合自身的技术背景和熟悉程度，选择合适的向量数据库。

8.2.3 参数高效微调

参数高效微调技术旨在通过训练一小部分参数（可以是大模型原有的，也可以是额外引入的），提升大模型在下游任务上的表现，从而有效降低训练成本。通过参数高效微调，即便在计算资源有限的情况下，也可以快速地利用预训练模型的知识来适应新的任务，从而实现高效的迁移学习。因此，参数高效微调技术不仅能提升模型的性能，还能显著减少训练时间和计算成本。

鉴于这一技术方向的迫切需求，近年来，参数高效微调技术得到了快速发展，截至 2024 年 5 月，已经诞生了 30 多种不同的方法。这些方法大致可以分为三大类，分别是选择法、附加法和重参数法，如图 8.9 所示。

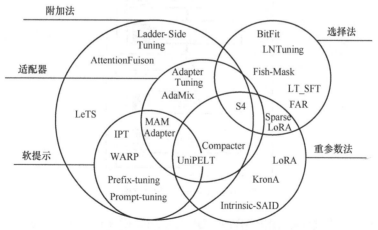

图 8.9 参数高效微调方法分类

- 选择法：选取模型的部分层，比如最后几层或偏置项进行微调。

- 附加法：在原模型的基础上增加额外的参数或网络层，微调时只训练新增的参数或网络层。附加法有两种实现方式，一种是适配器（Adapters），在 Transformer 子层后面加入小的全连接网络；另一种是软提示（Soft Prompts），在输入层前面构造一段可调的前缀向量。

- 重参数法：利用低秩表征来最小化可训练的参数。

此外，还有混合法，即结合上述 3 种方法进行应用。在不同的业务场景中，开发者可以根据实际情况来选择相应的算法。下面重点介绍常见的 6 种算法，分别是 BitFit 算法、Adapter Tuning 算法、Prefix Tuning 算法、Prompt Tuning 算法、LoRA 算法和 UniPELT 算法。

1. BitFit 算法

BitFit 算法是在 2021 年提出的一种参数高效微调方法。此方法的核心思想是仅对 Transformer 结构中的所有偏置项（bias 参数）进行微调。BitFit 算法的结构如图 8.10 所示。

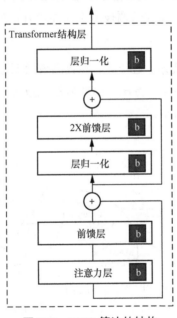

图 8.10 BitFit 算法的结构

在相关论文中，研究者在 BERT-Base、BERT-Large 和 RoBERTa-Base 这 3 个模型上进行实验，比较了全参数微调与 BitFit 微调在多个任务上的表现。实验结果显示，BitFit 仅更新原模型约 0.09%的参数，便能取得与全参数微调方案接近的效果。然而，当模型规模增大时，如在 T0-3B 或 GPT-3 模型上，该方法的表现显著不如全参数微调及其他参数高效微调方法。

2．Adapter Tuning 算法

Adapter Tuning 算法是 2020 年由 Google 的研究人员提出的一种针对 BERT 模型的参数高效微调方法，拉开了参数高效微调研究的序幕。Adapter Tuning 算法的结构如图 8.11 所示，该算法通过在 Transformer 结构中嵌入适配器（Adapter）模块来实现。

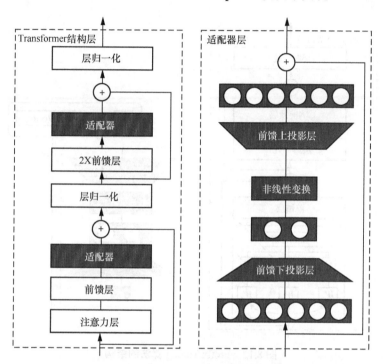

图 8.11　Adapter Tuning 算法的结构

在训练过程中，原始预训练模型的参数保持不变，仅对新增的适配器模块进行微调。适配器的工作流程包括以下几个步骤。

（1）通过下投影层（Down-Project Layer）将高维特征映射到低维特征。

（2）经过非线性变换后，再通过上投影层（Up-Project Layer）将低维特征映射回原来的高维特征。

（3）通过设计类似残差结构的跳跃连接（Skip-Connection）机制，确保在最差的情况下能够退化为恒等映射。

实验结果表明，该方法在仅增加原预训练模型 3.6%的参数规模的情况下，能够取得与全参数微调方案接近的效果。然而，Adapter Tuning 算法因为引入了更多的模型层数，在推

理时会带来额外的延迟。

3. Prefix Tuning 算法

Prefix Tuning 算法是斯坦福研究人员在 2021 年提出的参数高效微调方法。此算法的结构如图 8.12 所示。

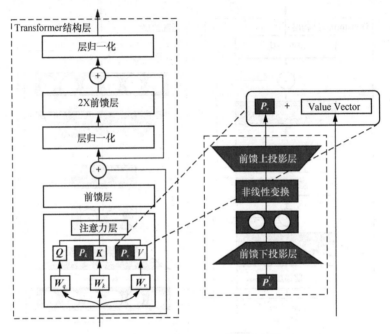

图 8.12　Prefix Tuning 算法的结构

此算法在原始的输入之前增加了一段和任务相关的虚拟词元（Virtual Tokens）作为前缀（Prefix）。同时，在所有 Transformer 层的键（Key）矩阵、值（Value）矩阵之前，也增加了一段前缀向量。在训练时，保持原始预训练模型的参数固定不变，只更新前缀部分的参数。此外，为了防止直接更新前缀向量而导致训练不稳定的情况出现，需要通过一个前馈层（Feed Forward Network，FFN）结构来计算得到前缀向量，并在训练完成后，只保留前缀向量。实验结果显示，只需微调 BART 模型 0.1%的参数，就可以在多个生成任务上取得与全参数微调方案接近的效果。但 Prefix Tuning 算法的缺点在于模型难于训练，且预留给前缀的虚拟词元挤占了下游任务的输入序列空间，影响了模型性能。

4. Prompt Tuning 算法

Prompt Tuning 算法是 Google 研究人员在 2021 年提出的参数高效微调方法，通常被认为是 Prefix Tuning 算法的简化版。此算法的结构如图 8.13 所示。

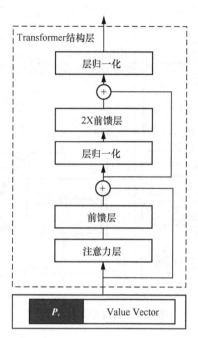

图 8.13　Prompt Tuning 算法的结构

相比 Prefix Tuning 算法，Prompt Tuning 算法仅在原始的输入之前增加一段与任务相关的虚拟词元，其预训练模型的内部架构保持不变。在微调时，同样只对前缀的参数进行微调。实验结果表明，随着预训练模型规模的增大，Prompt Tuning 算法的效果逐渐接近全参数微调方案。但跟 Prefix Tuning 算法一样，也有着前缀虚拟词元挤占下游任务的输入序列空间的缺点。

5. LoRA 算法

LoRA 算法是微软研究人员在 2021 年提出的参数高效微调方法。此方法的提出得益于关于内在维度（Intrinsic Dimension）的研究发现。大模型是过参数化的，其有更小的内在维度，模型主要依赖于此内在维度做任务适配。基于这一发现，可以假设模型在任务适配过程中，权重的改变量是低秩（Low Rank）的。因此，研究人员提出了低秩自适应（Low Rank Adaptation，LoRA）算法，其结构如图 8.14 所示。

LoRA 算法支持通过优化自适应过程中代表密集层变化的秩分解矩阵，间接训练神经网络中的密集层，同时保持预训练模型的权重不变。研究者在 GPT-3 模型上进行实验，对比全参数微调以及 BitFit、Adapter Tuning 和 Prefix Tuning 等参数高效微调方法，LoRA 算法更加稳定，其性能不会随着微调参数量的增加而显著下降，且效果与全参数微调方案接近甚至有所超越。

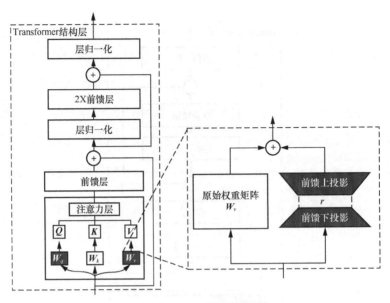

图 8.14 LoRA 算法的结构

综上所述，LoRA 算法是目前最常用的参数高效微调方法。此算法不会引入额外的推理耗时，同时也不占用下游任务的输入序列空间。但不足之处在于，无法在一个 Batch 内同时训练两个不同的任务。

6. UniPELT 算法

UniPELT 算法是 Meta 研究人员在 2021 年提出的混合参数高效微调方法。虽然单个的参数高效微调方法，可以在微调少量参数的情况下，取得与全参数微调方案接近的效果，但不同的参数高效微调方法在同一个任务上的表现差异可能会很大，导致针对每个特定的任务都需要进行不同方法的尝试。鉴于此，Meta 研究院研发了 UniPELT 算法，将不同的参数高效微调方法作为子模块进行集成，然后通过门控机制学习和激活最适合当前任务的子模块，其结构如图 8.15 所示。

在低数据场景中，UniPELT 算法相比 LoRA、Adapter 和 Prefix Tuning 算法，取得的效果有显著的提升。即使在更大规模数据的场景中，UniPELT 算法的性能也比这些算法更好。需要特别注意的是，因为 UniPELT 算法结构更复杂，在推理时，相比其他参数高效微调方法会有更高的延迟。

综上所述，参数高效微调方法是当前的一个研究热点，不断有新的方法被提出和应用。所以本文仅对其中部分主流的方法做阐述，更多方法可以参考高效微调的综述"Scaling Down to Scale Up:A Guide to Parameter-Efficient Fine-Tuning"。此外，上述 6 个算法的效果对比如表 8.2 所示，这 6 个算法在存储和内存上都做了优化，除了 BitFit 和 LoRA 外，其他算法在推理时，都会带来额外的开销。

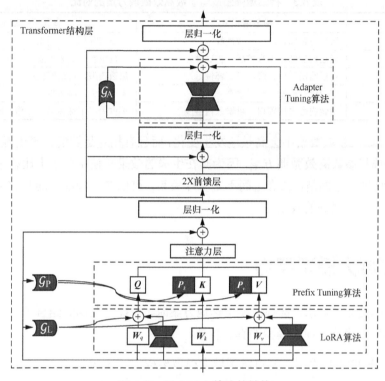

图 8.15 UniPELT 算法的结构

表 8.2 6 种参数高效微调方法的效果对比

算法	类型	存储优化	内存优化	额外推理开销
BitFit	选择法	有	有	无
Adapter Tuning	附加法	有	有	前馈层
Prefix Tuning	附加法	有	有	输入
Prompt Tuning	附加法	有	有	输入
LoRA	重参数法	有	有	无
UniPELT	混合法	有	有	前馈层+输入

8.2.4 模型选型

在自研领域大模型时，如果计算资源和领域数据非常充足，可以优先考虑预训练的方案，其效果也是 3 种方案中最优的。否则，需要根据业务的使用场景，并综合考虑知识更新频率、扩展性要求和耗时要求等因素，选择合适的检索增强生成或参数高效微调方案。检索增强生成与参数高效微调方案的对比如表 8.3 所示。

表 8.3 检索增强生成与参数高效微调方案的对比

	检索增强生成	参数高效微调
时效性	直接更新知识库,时效性好	需更新数据、重新微调,时效性差
扩展性	通过增加知识库来扩展,扩展性好	通过重新微调来扩展,扩展性差
可解释性	可以给出引用来源,可解释性好	黑箱模型,可解释性差
推理耗时	需要进行检索,延迟更高	无须检索,响应更快
输入内容	检索内容占用窗口,可输入内容少	不占用上下文窗口,可输入内容多

通常而言,如果领域数据不会高频地发生变化,而且有相对足够的计算资源和领域数据,那么可以优先选择参数高效微调方案,因为其在生成的效果和使用效率上比检索增强生成方案更好。需要特别注意的是,二者之间不是互斥关系,可以在微调参数的基础上再进行检索增强生成,从而取得更好的效果。

8.3 领域大模型架构

在面临实际的业务需求,选择大模型落地方案时,往往需要同时结合多种自研框架并配合传统的小模型,才能发挥大模型的真正价值。

本节将以 Text2SQL 为例,其自研领域大模型架构如图 8.16 所示。

图 8.16 Text2SQL 自研领域大模型架构

架构中与 Text2SQL 技术核心相关的 3 个模块是需求理解、需求匹配和需求转译。此三大模块的详细原理将在后文逐一阐述。

- 需求理解：通过需求澄清、需求改写等技术，将用户的模糊需求转为清晰的表述。因为用户的需求描述往往是口语化表达，会存在表意歧义、业务知识缺失等问题，严重影响大模型对用户需求的理解，从而导致生成的 SQL 代码不满足用户实际需求。

- 需求匹配：通过多路召回、大模型精排等技术，精准地为用户的需求匹配资产表。如果仅将清晰的用户需求传给大模型，而不给资产表，大模型会基于虚假的资产表来生成 SQL 代码，同样会导致生成的 SQL 代码不满足用户的实际需求。

- 需求转译：通过检索增强生成、思路拆解等技术，将用户的需求描述转为正确的 SQL 查询代码。在得到清晰的需求描述和准确的资产表后，通过提示工程技术合理地将所有信息传给大模型，通常可以得到正确的 SQL 查询代码。

8.4 小结

本章系统阐述了领域大模型的相关基础内容。首先，通过对比通用大模型和领域大模型的优劣势，详细阐述了自研领域大模型的背景和意义。其次，详细阐述了领域大模型方案，重点阐述当前主流的两种构建方案，即检索增强生成和参数高效微调。最后，以 Text2SQL 为例阐述领域大模型架构。

后文将围绕自研领域大模型架构的 3 个核心模块（需求理解、需求匹配和需求转译）来逐一详细阐述。

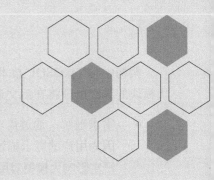

第 9 章
需求理解算法

在 Text2SQL 的应用场景中,当利用领域大模型进行实现时,常常存在用户需求描述中的口语化表达、潜在的表意歧义,以及业务知识缺失等问题,于是领域大模型难以准确生成符合预期的 SQL 代码。为了攻克这一关键难题,本章引入需求理解算法,旨在深入解析用户真实的需求和意图,将用户需求改写为明确且无歧义的清晰需求,从而显著提高生成的 SQL 代码的准确性和可靠性。

▍9.1 从模糊需求到清晰需求

将用户的模糊需求转化为清晰明确的表达(从模糊到清晰),是一种通过需求理解算法实现的方法论。它旨在将可能存在口语化、表达歧义或缺乏相关业务知识等问题的用户需求描述,转化为准确、具体且易于理解的表达形式。清晰的用户需求是生成正确 SQL 代码的基础。

本节首先通过具体案例展示从模糊需求到清晰需求的必要性,强调需求理解算法在其中的关键作用。其次通过抽象真实案例中常遇到的一些核心难题,阐述在工程化实施过程中从模糊需求到清晰需求所面临的挑战。

9.1.1 必要性

以查询"8 月 1 日至 7 日期间参加英雄会的人数"为例,该表述可能指向两种不同的信息需求:一是查询整个时间段内累积的总参与人数;二是逐日统计每天的参与人数。此外,缺乏相关业务知识是问题的核心所在。例如,"英雄会"这一术语可能指代游戏中的一个组织,也可能指代某个特定的活动。这种模糊性使得大模型难以准确判断用户的确切意图。

模糊的需求描述示例如图 9.1 所示,大模型理解的是统计"2021 年 8 月 1 日到 2021 年8 月 7 日期间参加英雄会活动的总人数",然而,用户实际是想查询"2023 年 8 月 1 日到 2023

年 8 月 7 日，每日参加英雄会工会组织的人数"。

作为专业数据分析师，根据"用户问题"和"资产表描述"，思考并输出能正确运行的SQL代码。
用户问题
8月1号到7号，参加英雄会的人数
资产表描述
login: 用户登录表
[statis_date: 统计日期，
uin: 用户账号，
onlinetime: 登录时长，
guild: 工会ID，
activity_id: 活动ID]
输出格式
注意换行，以格式化输出
{
 "sql" : "... ..."
}

{ "sql ": " SELECT COUNT(DISTINCT uin) AS num_of_players
FROM login
WHERE statis_date BETWEEN '2021-08-01' AND '2021-08-07'
AND activity_id = '英雄会'" }

图 9.1　模糊的需求描述示例

在实际的人工分析场景中，数据分析师往往会与需求方进行多轮沟通来完善需求中模糊的内容，从而完成 SQL 代码的开发。交流的业务知识会沉淀为数据分析师的经验，在后续开发相似需求时，无须再补充。然而，需求理解算法可以自动化地实现这一过程，通过解析模糊需求的真实意图来改写需求，让用户进行二次确认，从而得到清晰的完整需求。

通过需求理解算法进行需求改写后，清晰的需求描述示例如图 9.2 所示。通过需求理解算法，可以补充缺乏的业务知识，对有歧义的内容进行澄清，从而生成准确的 SQL 查询代码。

作为专业数据分析师，根据"用户问题"和"资产表描述"，思考并输出能正确运行的SQL代码。
用户问题
统计2023年8月1号到2023年8月7号，每日有参加英雄会(guild>0)的人数，输出：日期，人数
资产表描述
login: 用户登录表
[statis_date: 统计日期，
uin: 用户账号，
onlinetime: 登录时长，
guild: 工会ID，
activity_id: 活动ID]
输出格式
注意换行，以格式化输出
{
 "sql" : "... ..."
}

{"sql" : "SELECT statis_date AS日期， COUNT(DISTINCT uin) AS人数
FROM login
WHERE statis_date BETWEEN '2023-08-01' AND '2023-08-07'
AND guild>0
GROUP BY statis_date
ORDER BY statis_date"}

图 9.2　清晰的需求描述示例

9.1.2　面临的挑战

在需求理解算法的工程化实施中，最大的挑战是业务知识的缺失。对于需求描述存在歧义的部分，往往只需要对错误的 SQL 代码进行少量的修正。然而，缺少业务知识的需求会直接关系到整个 SQL 查询的主体结构，导致无法生成 SQL 代码或生成的 SQL 代码偏差大。

通过需求匹配算法来补充必要的业务知识，在工程化实施中，会面临一些常见的挑战，如图 9.3 所示。

图 9.3　工程化实施中的常见挑战

- 知识形式多样：主要指业务知识类型多样，如指标维度的定义、专业术语的解释等。不同类型的知识，其表达形式也不一致。

- 知识定义可变：主要指业务知识不是一成不变的，例如，随着业务的发展，同一指标的定义会发生改变。

- 知识零散分布：主要指业务知识没有很好的文档记录，通常零散地分布在各种聊天记录、日志表中，对存量知识的收集带来极大的挑战。

- 知识持续新增：主要指随着业务的发展或者新业务的上线，业务知识会持续新增。

- 知识复杂表述：主要指业务知识可能会非常复杂，通过简短的文字描述很难表述清楚，不易被模型理解和学习。

9.2　常见的需求理解算法

需求理解算法与传统搜索引擎的 Query（查询）理解算法有很多相似之处，例如 Query 预处理、Query 改写等。所以在阐述具体的需求理解算法前，介绍一下传统 Query 理解算法。

9.2.1　传统 Query 理解算法

在搜索引擎的输入框中输入"Query"后按 Enter 键，搜索引擎的底层会做一系列工作来识别用户真实的搜索需求，此过程统称为"Query 理解"。例如，用户输入"Pingguo 15 价格"后按 Enter 键，搜索引擎经过 Query 理解，会正确给出 iPhone 15 手机的价格信息，如图 9.4 所示。

图 9.4 传统 Query 理解算法

传统 Query 理解算法主要包含以下 5 个子模块。

- Query 预处理：对输入进行简单的规则处理，方便后续进一步分析和处理。预处理过程主要包括归一化（大小写转换、繁简体转换、符号表情移除和全半角转换等）、长度截断（对过长查询进行截断处理等）和运营审核（对特殊情况进行审核、干预等）。

- Query 分词：对输入进行切分，得到词项（Term）。词项是后续处理模块的基本单元。分词常用的方法有基于字符串匹配分词、基于统计的分词和基于理解的分词等。目前有很多开源分词工具可以直接使用，如 JieBa、HanLP 和 LAC 等。

- Query 改写：对输入进行改写，提高搜索的相关性和匹配度。改写过程通常包含 3 个子模块。Query 纠错模块负责对 Query 中的错误信息进行纠正，常见错误有拼音错误、漏词、多词、谐音词、模糊音和形近词等；Query 扩展模块通过推荐高频的相似 Query 来弥补召回不足的情况；Query 归一模块主要解决同义词问题，通过将不常见的同义词归一到高频的标准词上来提高召回相关性。

- Term 分析：对分词后的 Term 进行权重分析，权重高的 Term 召回的内容相关性高。Term 分析的最简单方案是使用 TF-IDF（词频-逆文本频率）算法来衡量每个 Term 的权重。

- 意图识别：对输入进行意图分类，让搜索引擎提供更加精准、个性化的服务。意图分类可以基于机器学习，如 SVM、决策树算法等，也可以基于深度学习模型，如 BERT。

通过传统 Query 理解算法，搜索引擎可以更好地理解用户的查询意图，从而提供更准确、更相关的查询结果。

9.2.2 创新需求理解算法

与传统 Query 理解算法相比，创新需求理解算法对业务知识有更强的依赖性，需要为算法补充足够的业务知识，使其更好地理解用户需求。

为了保证需求理解算法的精确性，本文提出了创新需求理解算法（后文简称需求理解算法）。需求理解算法的核心组件如图 9.5 所示，具体分为两个核心部分，分别是业务知识库和需求理解链路。

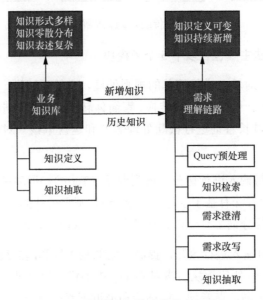

图 9.5　需求理解算法的核心组件

- 业务知识库：包括知识定义及知识抽取。业务知识库主要负责业务知识的管理，为需求理解链路提供历史知识。同时，业务知识库可以解决知识形式多样、知识零散分布和知识表述复杂等问题。

- 需求理解链路：包括 Query 预处理、知识检索、需求澄清、需求改写和知识抽取。需求理解链路负责将模糊需求改写为清晰需求，并将新知识沉淀到业务知识库。同时，需求理解链路可以解决知识定义可变和知识持续新增等问题。

通过业务知识库和需求理解链路的配合，需求理解算法可以更好地理解用户需求，将模糊的需求描述转为清晰需求。

9.3　需求理解算法的设计原理

需求理解算法的核心组件是业务知识库和需求理解链路。下文以游戏领域的数据分析场景为例，阐述其设计原理。

9.3.1 构建业务知识库

鉴于需求理解算法对业务知识的强依赖性,本节将重点讨论业务知识库的构建。业务知识库用于组织和管理业务知识,通常使用向量数据库进行存储,为需求理解链路提供必要的业务知识。业务知识库的构建过程可以分为业务知识定义和业务知识抽取。

1. 业务知识定义

业务知识可以有很多来源,每种来源的知识格式也不一样,如指标/维度的定义、专业术语的解释等。同时,业务知识定义的难易程度也不一样,有的业务知识逻辑很简单,例如,游戏 A 的子玩法有玩法 1、玩法 2 和玩法 3;有的业务知识逻辑很复杂,例如,在游戏 A 中,计算每种子玩法上线后一周的流失人数。

在工程实践中,通过设计一套统一的业务知识库,方便管理不同形式的业务知识。业务知识管理的模板如图 9.6 所示。

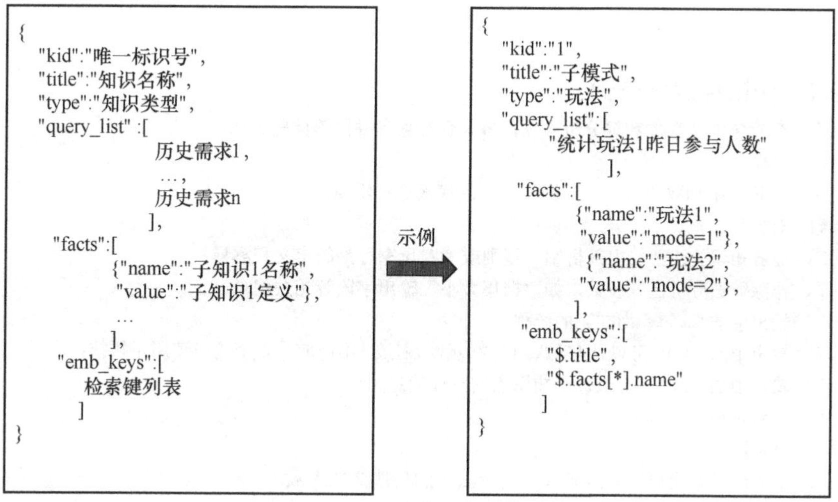

```
{
    "kid":"唯一标识号",
    "title":"知识名称",
    "type":"知识类型",
    "query_list" :[
                历史需求1,
                …,
                历史需求n
                ],
    "facts":[
            {"name":"子知识1名称",
             "value":"子知识1定义"},
            …
            ],
    "emb_keys":[
            检索键列表
            ]
}
```

示例 →

```
{
    "kid":"1",
    "title":"子模式",
    "type":"玩法",
    "query_list":[
                "统计玩法1昨日参与人数"
                ],
    "facts":[
            {"name":"玩法1",
             "value":"mode=1"},
            {"name":"玩法2",
             "value":"mode=2"},
            ],
    "emb_keys":[
            "$.title",
            "$.facts[*].name"
            ]
}
```

图 9.6 业务知识管理的模板

- kid(唯一标识号):知识的编号,用于区分知识。

- title(知识名称):一大类知识的统称,一般会被向量化,用作检索索引。

- type(知识类型):知识的分类,根据具体场景设置不同分类体系,可用于辅助检索。

- query_list(历史需求列表):知识点的历史需求描述列表,可用于辅助检索。

- facts:name（子知识名称）：具体的知识点名称，一般会用作检索索引。

- facts:value（子知识定义）：对知识点的解释，对于复杂知识，可以使用 SQL 查询。

- emb_keys（检索键列表）：知识结构中，用作检索的键列表，后续会拉取这些键用作索引。

通过模板来组织不同形式的知识，可以方便后续对知识进行统一的加工处理。例如，在检索到知识后，用统一的方式将需要的部分抽取出来，送入大模型进行解析。

2．业务知识抽取

在确定知识管理的模板后，可以对存量历史知识进行抽取，并按模板进行组织。对于结构化和半结构化的知识，可以基于规则或深度模型（如 BERT）进行抽取。对于半结构化的知识，可以使用提示工程（Prompt Engineering）技术借助大模型抽取。

基于提示工程技术，可以提升大语言模型处理复杂任务场景的能力，如问答和算术推理能力。在案例 9.1 中，使用少样本提示和链式思考提示技术，可以使大模型从聊天记录中抽取业务知识。

案例 9.1　知识抽取提示词

```
1.    你是游戏领域资深的数据分析专家，擅长仔细思考并回答问题。
2.    ## 目标
3.    从聊天记录中抽取业务知识，并按统一的模板进行组织。
4.    ## 限制
5.    1．业务知识关注游戏内部机制、规则或者对玩家行为的定义和解释；
6.    2．排除数据分析任务参数，如数据集大小、输出字段等相关信息；
7.    3．输出中的 title 为知识的统称；
8.    4．输出中的 type 可以从 [活跃,付费,玩法,社交] 中选取，多个输出请用 | 拼接；
9.    5．输出中的 facts 记录每个知识点的具体信息。
10.   ## 参考示例
11.   【输入】
12.   user a：统计上周参与游戏 A 中的玩法 1 和玩法 2 的人数。
13.   user b：玩法 1 和玩法 2 的取数逻辑是什么？
14.   user a：玩法表中, mode=1 和 mode=2
15.   【输出】
16.   {
17.       "title":"子模式",
18.       "type":"玩法",
19.       "query_list": [
20.               "统计上周参与游戏 A 中的玩法 1 和玩法 2 的人数"
21.                       ],
22.       "facts":[
```

```
23.                          {"name":"玩法 1",
24.                            "value":"玩法表中, mode=1"},
25.                          {"name":"玩法 2",
26.                            "value":"玩法表中, mode=2"},
27.                          ],
28.              "emb_keys":[
29.                  "$.title",
30.                  "$.facts[*].name"
31.                  ]
32.      }
33.    ## 输入
34.    {chats}
```

通过调整案例 9.1 中的提示词，可以从其他非结构化数据中抽取业务知识，如开发文档、历史需求描述等。抽取的业务知识经过专家人工审核后，可以存入业务知识库。

9.3.2 构建需求理解链路

构建完成业务知识库后，可以基于需求理解链路，将用户模糊的需求描述改写为清晰的需求。需求理解链路的核心环节如图 9.7 所示。

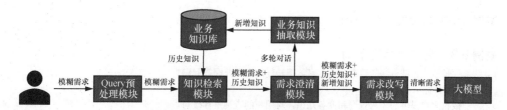

图 9.7 需求理解链路的核心环节

- Query 预处理模块：对需求进行简单的规则处理，可参考传统 Query 理解算法。

- 知识检索模块：对需求进行向量化后，从业务知识库中检索必要的历史知识。

- 需求澄清模块：针对需求的新增知识，进行多轮对话，通过用户补充澄清。

- 需求改写模块：结合历史知识和新增知识，将用户需求改写成清晰的需求。

- 业务知识抽取模块：对需求澄清模块产生的多轮对话进行新增知识抽取，参考案例 9.1。

- 业务知识库：通常用向量数据库进行存储，负责组织和管理业务知识。

其中，需求澄清模块和需求改写模块可以基于提示工程技术，通过大模型来完成。案例 9.2 所示为需求澄清提示词。

案例9.2 需求澄清提示词

1.   你是游戏领域资深的数据分析专家，擅长仔细思考并回答问题。
2.   ## 目标
3.   接收用户提供的需求查询和业务知识，判断是否有不清楚的取数逻辑并向用户提问。
4.   ## 限制
5.   1．按顺序列出问题，每个问题以请字开头；
6.   2．库表信息在后续补充，当前先忽略库表信息；
7.   3．只询问影响取数 SQL 代码的模糊信息部分，不需要询问常识问题；
8.   4．如果用户没有提到的维度，不需要问维度；
9.   5．如果问题已清晰，请输出问题已澄清。
10.   ## 参考示例
11.   用户问题：昨天活跃的用户，钻石段位有多少。提问：请问钻石段位的取数逻辑是什么？
12.   用户问题：统计上周，活跃玩家中有英雄会的玩家数？ 业务知识：有英雄会的玩家意思为工会 ID 不为 0。 提问：请问有英雄会的玩家取数逻辑是否为"工会 ID 不为 0"？
13.   用户问题：统计近 7 天购买红宝石的人数。提问：请问购买红宝石的取数逻辑是什么？
14.   用户问题：统计上个月活跃的玩家数。提问：问题已澄清。
15.   ## 输入
16.   【用户问题】
17.   {user_query}
18.   【业务知识】
19.   {domain_info}

案例 9.3 为需求改写提示词。

案例9.3 需求改写提示词

1.   你是游戏领域资深的数据分析专家，擅长仔细思考并回答问题。
2.   ## 目标
3.   接收用户提供的需求查询和业务知识，对用户的查询进行改写。
4.   ## 限制
5.   改写后的需求语义不发生改变，使得问题描述更清晰、没有歧义即可；
6.   今天是{now_date}，规范查询中的日期格式。如果没提及具体时间，默认添加最近 7 天；如果缺少年份或月份，则根据今天的日期补充年份和月份，确保日期格式为×××年××月××日；
7.   根据提供的业务知识扩写查询中的术语；
8.   每条业务知识有一个相关度（得分为 0～1），根据相关度得分考虑是否使用该知识；
9.   如果问题已清晰，请输出原问题，不需要改写。
10.   ## 参考示例
11.   【用户问题】
12.   统计上周活跃玩家中有英雄会的数量？
13.   【业务知识】
14.   有英雄会的玩家意思为工会 ID 不为 0。
15.   【输出】
16.   统计上周活跃玩家中有英雄会（工会 ID 不为 0）的数量？
17.   ## 输入
18.   【用户问题】

```
19.    {user_query}
20.    【业务知识】
21.    {domain_info}
```

9.4　小结

　　本章系统地阐述了需求理解算法的详细内容。首先，重点阐述了从模糊需求到清晰需求的必要性和所面临的挑战。其次，通过阐述传统 Query 理解算法，引出本书提出的创新需求理解算法。最后，以实际的游戏数据分析场景为例阐述需求理解算法的设计原理。

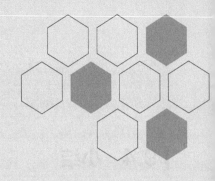

第 10 章
需求匹配算法

经过对需求理解算法的深入剖析与精细处理，我们已准确地把握了用户的实际需求。然而，将用户的需求直接送入大模型构建 SQL 查询往往不会得到理想结果，这是因为大模型无法精准得知用户需求对应的资产是什么。因此，为了确保能够精准、有效地实现用户期望的目标，接下来的核心任务将聚焦于数据资产的精确选择，即需求匹配算法。

本章将深入探讨需求匹配算法的核心内容，即如何在庞大的数据资产库中，根据用户的实际需求筛选出与之相关的数据资产。需求匹配算法的核心内容围绕从需求到资产、召回算法和精排算法详细展开。

10.1 从需求到资产

从需求到资产，是指从通过需求理解算法处理后的用户需求到送入大模型构建 SQL 查询前资产选择的过程。数据资产是连接用户需求和取数 SQL 的桥梁，从需求到资产，就是关于如何建设这座桥梁的方法论。

本节将阐述从需求到资产的必要性、面临的挑战和解决方案。

10.1.1 必要性

如果只把需求送入大模型而不提供资产表，会出现图 10.1 所示的情况。从图中可以看到，大模型会假设一张资产表来生成解决用户需求的 SQL 代码，无法达到用户期望的目标。

将资产表信息提供给大模型，对于大模型理解资产至少会有以下 4 个方面的帮助。

- 结构理解：可以帮助大模型理解资产表的结构，包括数据列的名称/描述、数据类型、数据格式以及它们之间的关系等。结构理解是构建准确 SQL 代码的前提。

- **数据关联**：可以帮助大模型理解不同资产表之间的数据关联（如主键和外键关系），从而有助于在多表查询中正确地进行多表连接。

- **性能优化**：可以帮助大模型理解表的大小、数据索引和数据分区等情况，从而有助于优化查询性能，避免构建低效的 SQL 代码。

- **业务理解**：可以帮助大模型理解资产表所代表的业务逻辑，对于构建能够准确反映业务需求的 SQL 代码至关重要。

作为专业数据分析师，根据"用户问题"，思考并输出能正确运行的SQL代码。
用户问题
请统计游戏A上周，每天的活跃人数。输出：日期，活跃人数
输出格式
{
"sql" : "..."
}

为了编写这个SQL代码，我们需要知道数据库中存储用户活跃信息的表的结构。
假设我们有一个名为user_activity的表，它包含以下字段：
.user_id：用户的唯一标识符
.activity_date：用户活跃的日期
.game_id：游戏的唯一标识符
以下是一个假设的SQL代码，它使用MySQL的日期函数来解决这个问题：
{
"sql":"SELECT DATE(activity_date) AS_date, COUNT(DISTINCT user_id) AS active_users
FROM user_activity WHERE game_id = 'a'
AND activity_date >= CURDATE()-INTERVAL DAYOFWEEK(CURDATE()) + 1 DAY -INTERVAL 1 WEEK
AND activity_date < CURDATE()-INTERVAL DAYOFWEEK(CURDATE()) -INTERVAL 1 WEEK
GROUP BY DATE(activity_date)
 ORDER BY DATE(activity_date);"
}
请根据您实际的数据库环境和表结构调整上述SQL代码。

图 10.1　未提供资产表信息下的 SQL 代码生成示例

大模型更好地理解资产后，生成的 SQL 代码会更准确。正确提供资产表信息下的 SQL 代码生成示例如图 10.2 所示，给大模型输入精准的资产表才有可能构建正确的 SQL 查询。

作为专业数据分析师，根据"用户问题"和资产表描述，思考并输出能正确运行的SQL代码。
用户问题
请统计20240401到20240407期间，游戏A每天的活跃人数。输出：日期，活跃人数
资产表描述
login:用户登录表
[statis_date:统计日期,
uin: 用户账号,
onlinetime: 登录时长]
输出格式
注意换行，以格式化输出
{
"sql" : "... ..."
}

{ "sql" : " SELECT statis_date, COUNT(DISTINCT uin) AS active_users
 FROM login
WHERE statis_date BETWEEN '20240401' AND '20240407'
　　AND onlinetime > 0--假设onlinetime大于0表示活跃用户
GROUP BY statis_date
ORDER BY statis_date " }

图 10.2　正确提供资产表信息下的 SQL 代码生成示例

10.1.2　面临的挑战

　　需求匹配算法中面临的最大挑战是匹配精度的问题，即如何精确地检索到与用户实际需求相契合的资产表。

　　在需求匹配算法中，如果额外添加与需求不相关的资产表，会对大模型理解需求造成干扰，导致生成 SQL 代码效率低下或者出现错误。额外提供资产表的 SQL 生成示例如图 10.3 所示，业务查询活跃用户数据时，理论上仅需提供用户登录表即可。然而，在输入时额外添加了一张用户流水表，大模型可能理解错误，将用户登录表与用户流水表进行关联，从而生成了一段查询活跃且付费的用户子集的 SQL 代码。

作为专业数据分析师，根据"用户问题"和资产表描述，思考并输出能正确运行的SQL代码。
用户问题
请统计20240401到20240407期间，游戏 A 每天的活跃人数。输出：日期，活跃人数
资产表描述
login:用户登录表
statis_date:统计日期，[
uin：用户账号，
onlinetime：登录时长]
water:用户流水表
[statis_date:统计日期，
uin:用户账号，
pay_amonut:付费金额]
##输出格式
注意换行，以格式化输出
{
"sql" : "..."
}

```
{"sql" :"SELECT l.statis_date, COUNT(DISTINCT l.uin) AS active_users
FROM login l WHERE l.statis_date BETWEEN '20240401' AND '20240407'
    AND l.onlinetime > 0
    AND EXISTS (SELECT 1 FROM water w
            WHERE w.uin = l.uin
                AND w.statis_date = l.statis_date)
GROUP BY l.statis_date
ORDER BY l.statis_date"}
```

图 10.3　额外提供资产表的 SQL 生成示例

　　为大模型提供精准的资产表，不仅能够提升大模型构建 SQL 代码的准确率，还能提升大模型计算的效率。但提供不相关的资产表，就会给大模型带来额外的计算成本，同时对计算资源的需求也相对增加。因此，为了提高处理效率，需要选择与需求最为相关的资产表。

　　在应对复杂的数据资产时，主要困难在于如何精确地检索到与用户实际需求相匹配的资产表。这一难题主要集中在两个层面：一是需求描述不标准，二是资产建设不规范。

　　● 需求描述不标准：主要是指用户的需求描述存在表达口语化、表达歧义或缺乏业务

知识等问题。详情参见本书第 9 章。

- 资产建设不规范：主要是指前期数据专家在构建资产表时，没有遵循统一的规范，导致生成的资产元数据不规范、数据重复冗余或维度表共用等。常见的资产元数据不规范包括缺少对资产表或者数据列的必要描述、资产表的命名未遵循既定的标准命名约定等。维度表共用也是常见的问题，假如将多种玩法的子模式配置在一张维度表中，那么大模型在匹配该维度表时，难以直接推断出具体应使用哪种子模式。

10.1.3　解决方案

针对特定领域大模型的需求匹配算法，仍需要不断深入地探索和实践。在此之前，许多与需求匹配场景相通的挑战和实践，与传统信息检索领域有一定的相似性。因此，本节先阐述传统信息检索方案，进而引出创新资产检索方案。

1. 传统信息检索方案

传统信息检索是指从大量的信息资源中找出与用户需求相关的信息的过程。此方案是计算机科学领域的一个重要分支，尤其关注文本信息的组织、存储、检索和提供。

传统信息检索方案的流程如图 10.4 所示，包含信息检索的基础核心模块，如查询 Query、Query 理解、相关度计算、排序计算和查询结果等。每个模块均会面临与需求匹配场景类似的常见问题，如文档表示问题、查询理解问题、相关性评估问题和检索效率问题。

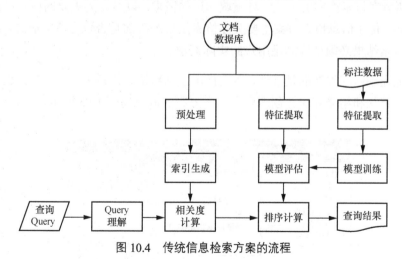

图 10.4　传统信息检索方案的流程

- 文档表示问题：为了有效地表示文档，使其可以被检索系统理解和处理，常见的解决方案是使用文档索引技术，如倒排索引（Inverted Index），将文档内容转换为关键词及其在文档中出现的位置的索引列表。此外，可以使用词袋模型（Bag of Words）或 TF-IDF 等方法来量化文档内容。

- 查询理解问题：用户的查询描述含糊不清或使用了不准确的关键词。为正确理解用户的真实意图，常见的解决方案是采用查询扩展技术，如同义词扩展和词干提取，增强查询的表达能力。此外，可以通过交互式查询改进让用户根据初步检索结果进一步细化查询。

- 相关性评估问题：如何确定文档与用户查询的相关性。常见解决方案是使用相关性评分算法，如余弦相似度、BM25 等，评估文档内容与用户查询之间的匹配程度。这些算法通常会考虑词项的使用频率和分布，以及查询中词项的重要性。

- 检索效率问题：如何在庞大的文档集合中快速检索相关信息。常见解决方案是优化索引结构，如使用多级索引和压缩技术，减少检索时间。同时，也可以采用分布式检索系统和缓存机制来提高检索效率。

2．创新资产检索方案

需求匹配算法与传统信息检索方案面临着相似的挑战，如文档表示问题、查询理解问题和检索效率问题。其中部分解决方案，如倒排索引、交互式查询改进和 BM25 相关性评估等，均适用于需求匹配算法。然而，需求匹配算法与传统信息检索方案之间亦存在显著的区别。具体而言，两者在检索内容的形式、对领域知识的需求，以及尤为重要的检索结果精度要求方面均有差异。传统信息检索方案主要关注检索结果的头部是否包含所需信息，而需求匹配算法则强调检索结果必须精确满足用户的实际需求。

为了保证需求匹配算法的精准性，本文提出了创新资产检索方案，该方案包含两个核心算法，即召回算法和精排算法。创新资产检索方案的流程如图 10.5 所示。

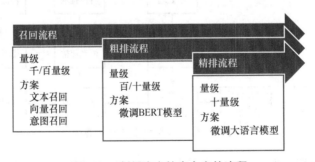

图 10.5　创新资产检索方案的流程

- 召回算法：主要包括召回流程和粗排流程。召回流程是指通过多种召回策略，从大量的资产表中筛选出一小批候选资产表；粗排流程用于进一步减小召回的候选资产表。

- 精排算法：主要包括精排流程，利用微调的大语言模型对候选资产表做精细排序，从而进一步确认最终使用的资产表。

10.2 召回算法

正如前文所述，召回算法的核心是快速地从海量资产表中找到潜在的候选资产表，并通过粗排来缩减候选资产表池的规模。召回算法的核心组件如图 10.6 所示。

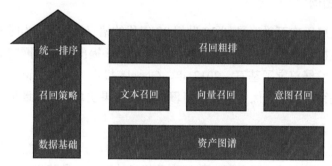

图 10.6 召回算法的核心组件

- 资产图谱：整个召回流程的数据基础，为召回策略提供底层的数据支持。

- 文本召回：召回策略之一，提供基于文字检索的召回方案。文本召回实现简单、检索高效，是召回流程的基础。

- 向量召回：召回策略之一，提供基于语义相似度的召回方案。向量召回泛化性强、鲁棒性好，是召回流程的进阶。

- 意图召回：召回策略之一，提供基于用户查询意图的召回方案。意图召回识别率高、实时性好，是召回流程的补充。

- 召回粗排：对多路召回统一排序，减小召回候选资产表池，减轻下游任务的压力。

10.2.1 资产图谱

资产的表示与存储方式是后续召回策略能够发挥最大效果的基石。目前业内对于资产的表示和存储，普遍采用的方法是将信息整合成一个长文本，随后将长文本分割成多个片段进行表征，并将表征得到的向量进行存储。在应用时，这些向量会被用于检索并召回相关的候选文本，之后进行进一步的重排序处理。然而，这种存储形式并不适用于资产匹配场景。该场景复杂多样，单纯依靠向量相似度做召回无法满足业务的需求。

资产信息具有从数据库到资产表，再到数据列及其取值的多层次结构关系，其层级性的结构特征使得知识图谱成为一种天然的数据存储与表达方式。通过知识图谱，不仅能够清晰地描绘出资产之间的关联性，而且在当前技术环境下，其也被认为是解决大模型幻觉生成问题的有效工具之一。所以在需求匹配算法的应用场景中，我们自研了创新的资产知识图谱（简称资产图谱），可以用来存储和管理资产信息。在详细阐述需求匹配场景下的资产图谱方案前，阐述一下通用知识图谱的概念及发展历史，帮助读者快速建立背景知识。

1. 通用知识图谱

知识图谱的发展历史可以追溯到 20 世纪 90 年代的语义网技术，当时的研究者致力于使网络内容更易于被机器理解。2000 年，Tim Berners-Lee 提出了语义网的愿景，为知识图谱的理论基础和后续发展奠定了基石。2012 年，Google 推出"知识图谱"项目，该项目通过理解事物之间的关系和属性，优化其搜索引擎的搜索结果质量，极大地提高了搜索结果的相关性和准确性。

知识图谱的诞生是人工智能对知识处理需求的产物，其发展得益于多个研究领域的贡献，涉及专家系统、语言学、语义网、数据库及信息抽取等，是跨学科融合的产物。知识图谱涉及的部分领域如图 10.7 所示。

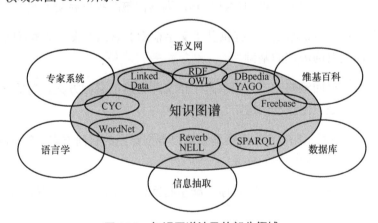

图 10.7   知识图谱涉及的部分领域

知识图谱是一种结构化的语义知识库，其核心目的是构建一个跨越不同领域和来源的信息结构化知识库。知识图谱以图形的方式组织和整合了大量信息，通过节点（实体）和边（关系）清晰地标识数据之间的关系。在这个框架中，每个节点代表一个概念、对象或事件，每条边则表示节点之间的各种语义联系，如"属于""位于""创造"等。因此，知识图谱通常会以三元组（头实体、关系、尾实体）的形式存储信息，例如三元组（中国、首都、北京）。

2. 资产图谱设计

基于通用知识图谱的理论基础，在需求匹配场景中，我们自研了一套创新的资产图谱，其中的实体构成包括资产表、数据列和维度值等多种类型。此外为了更好地组织和串联这些实体，还引入了一种特殊的实体类别，即"类目"。实体之间拥有多种类型的关系，包括但不限于层级关系、其他类型实体与资产表的关联关系及资产表之间的血缘关系等。

资产图谱的结构设计如图 10.8 所示，主要分为两层：本体层和实体层。

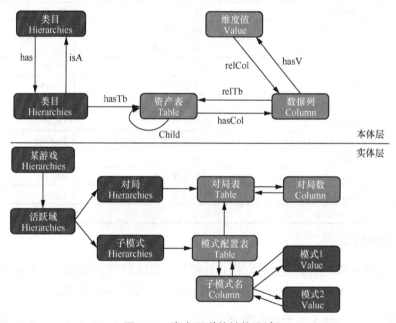

图 10.8 资产图谱的结构设计

- 本体层：定义了实体类型及实体间可能存在的关系类型。

- 实体层：定义了本体层的实例，其中每个实例代表一个具体的业务。

资产图谱的结构清晰地展现了不同类型的实体及实体之间的关系。在具体实现时，每种类型的实体都会被定义成不同的类（Class），每个类的属性参考表 10.1。其中有一个基础的公共类，即 Common 节点，包含 ID、父 ID、名称、类别、别名、描述和业务的基础属性。

此外，其他子类都会继承公共类，并拥有公共类的所有属性。同时各个子类还拥有自己特有的属性，这些属性会被用于后续的召回算法。需要特别注意的是，属性相关联表用于存储关系数据，其数据类型是 JSON，键为关系类型、值为尾实体列表。

表 10.1　实体属性示例

节点	属性	含义	类型
Common	id	ID	Text
	parentID	父 ID	Text
	name	名称	Text
	type	类别	Text
	alias	别名	Text
	description	描述	Text
	business	业务	Text
Hierarchies	deepth	深度	Number
	keyWords	关键词列表	List
Table	historyFrequency	历史使用频率	Number
	coTable	相关联表	JSON
Column	historyFrequency	历史使用频率	Number
	enname	英文名	Text
	coTable	相关联表	JSON
Value	historyFrequency	历史使用频率	Number
	coTable	相关联表	JSON
Tag	historyFrequency	历史使用频率	Number
	coTable	相关联表	JSON
	definition	定义	Text

3．资产图谱构建

聚焦实际业务的资产图谱构建时，核心过程分为离线端和在线端。离线端负责配置数据，在线端从离线端拉取数据来生成资产图谱和提供服务。资产图谱的构建流程如图 10.9 所示。

需要特别注意，离线端的数据配置通常由人工完成。在线端的资产图谱构建可以由系统自动完成。每次更新业务知识时，只需修改类目结构或者资产表的挂载就可以及时反映到资产图谱上。

4．资产图谱更新

候选资产表添加到资产图谱时，会经过一套严谨的资产表的评估流程，需要在测试环境中评估和调整候选资产表，确保其符合规范后，再设为优选资产表，此时，才能发布到正式环境，同时监控正式环境的资产表，将匹配效果差的优选资产表转为候选资产表。资产图谱的更新流程如图 10.10 所示。

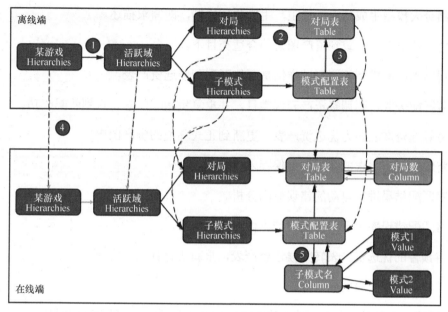

图 10.9　资产图谱的构建流程

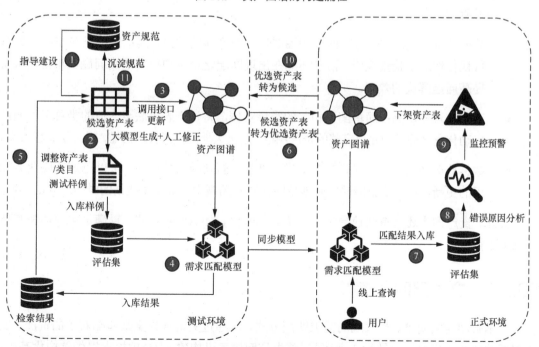

图 10.10　资产图谱的更新流程

① 资产规范指导建设，生成新的候选资产表。

② 结合大模型生成和人工修正，生成测试样例，即需求描述。

③ 将候选资产表挂载到资产图谱的合适类目下。

④ 用需求匹配模型检测测试样例是否能匹配到候选资产表。

⑤ 若匹配失败，则调整资产表或类目，并重复步骤③～⑤，直到匹配成功。

⑥ 将候选资产表转为优选资产表，更新到正式环境的资产图谱。

⑦ 将线上用户需求的匹配结果保存入库。

⑧ 对匹配结果进行自动的错误原因分析。

⑨ 对匹配错误率高于阈值的资产表做好监控预警。

⑩ 将预警的优选资产表转为候选资产表，重新进行评估。

⑪ 周期沉淀资产表的建设规范。

综上所述，资产图谱作为一种高效的数据组织和管理方式，为资产检索带来了多方面的优势，如下所示。

- 数据可解释强：通过直观的结构图展现了资产间的关系，其不仅可以在需求匹配时可视化地展示检索逻辑，而且还能在出现匹配错误时便捷地追溯问题的根源，从而提高问题解决的效率。

- 工程实现效率高：简单配置相关的类目实体，将资产表关联至合适的类目下，通过自动化程序即可构建出完整的资产图谱，这极大地降低了技术门槛，提升了工程效率。

- 数据修改便捷：通过对资产图谱进行增加、删除或修改操作，可以迅速适应业务知识的更新，并且更新能够实时地反映在资产图谱中，确保了数据的时效性和准确性。

此外，资产图谱还支持快速导出各种格式的数据，如 Neo4j 格式，以满足可视化和其他数据处理需求。

10.2.2　文本召回

文本召回是最简单、最直观的需求匹配方式，其通过关键词检索来匹配对应的资产。文本召回的核心工作可以总结为 3 个环节：首先是倒排索引构建，为高效检索提供结构化基础；

其次是用户查询切词,确保检索的精准性和相关性;最后是相关性计算,这是实现用户需求与数据资产匹配的关键环节。

文本召回的流程如图 10.11 所示,3 个环节共同构成了一个完整的文本召回体系,为数据分析师提供了一个强有力的工具,以便能够在庞大的数据海洋中迅速而准确地找到所需的信息。

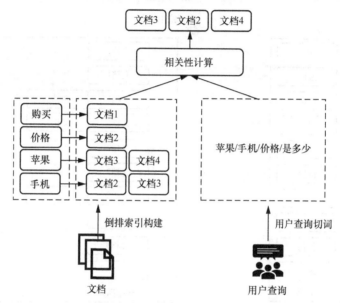

图 10.11 文本召回的流程

1. 倒排索引构建

倒排索引是信息检索系统中的一种关键数据结构,使得从大量文档中快速检索到包含特定词项(单词、短语或词根)的文档成为可能。在传统的数据库中,我们通常根据记录来建立索引,而在文本检索系统中,倒排索引则是根据词项来构建的,从而实现高效的文本搜索。

倒排索引的核心构成分为两个部分,分别是词典(Dictionary)和倒排列表(Inverted List),倒排索引构建过程的示例如图 10.12 所示。

- 词典:所有索引词项的集合,通常以某种方式(如字典序)进行排列。词典中的每个词项都关联着一个倒排列表。为了提高查找效率,词典可能会存储额外的信息,如词项的文档频率(DF),即词项出现在多少文档中。

- 倒排列表:记录了包含每个词项的文档列表。每个文档通常由一个文档标识符(Document ID)表示。倒排列表可能还包含其他信息,如词项在文档中的位置、词项频率（TF），即词项在文档中出现的次数等，此信息可以用于后续的相关性评分和排名。

文档ID	文档内容
1	ES是最流行的搜索引擎
2	PHP是世界上最好的语言
3	最好的搜索引擎是如何诞生的

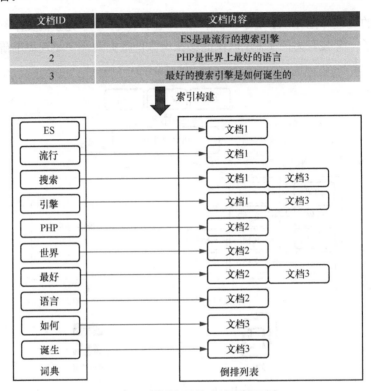

图 10.12　倒排索引构建过程的示例

倒排索引提供了一种非常快速的方式来查找包含特定词项的文档。当用户提交一个查询时，系统只需查找词典中的词项，然后直接访问相关的倒排列表，即可迅速获取包含这些词项的文档集合。此方法比顺序扫描整个文档集合要高效得多。

在需求匹配场景中，我们通常将数据列的名称（中文、英文都适用）、维度值设为词典中的内容、文档频率设为词项。倒排列表记录了包含该词项的所有资产表，词项的频率默认值通常是 1。另外，需要特别注意的是，部分列名如数据日期，几乎在每张资产表中都会出现，所以针对这类通用的数据列，通常会设置一个阈值，将文档频率大于该阈值的数据列直接过滤，而不做索引。

2．用户查询切词

用户查询切词（Query Tokenization）是指将用户输入的查询字符串分割成一系列可管理的单元，通常是单词、短语或其他有意义的元素，其统称为"词项"（Tokens）。切词是信息检索和自然语言处理中的一个基本步骤, 对于理解用户的查询意图和提高搜索结果的相关性至关重要。

用户查询切词的目的是确保用户的查询能够与索引中的词项相匹配, 从而检索到相关的文档。不同的语言和应用场景可能需要不同的切词策略和工具。例如, 英语可以使用空格作为基本的分词符号, 而中文没有空格分隔符, 需要依赖特定的分词算法来识别词汇边界。中文分词在学术界和工业界的研究都有较长的历史, 当前也有很多成熟的工具可以直接使用, 如 Jieba、HanLP 和 THULAC 等。在不同的应用场景中, 应该结合业务、工程化等因素来选择合规的切词工具, 例如, 在选择中文分词工具时, 需要考虑的常见技术维度因素有分词的准确性、速度、易用性、可定制性和是否支持特定的功能(如新词发现、词性标注)等。

聚焦于需求匹配场景, 存在很多领域的专业术语, 通常很难被识别成词项, 例如, "冒险等级" 可能被切成 "冒险" 和 "等级", 从而影响后续的搜索匹配。因此, 通常会把专业术语事先加到分词工具的自定义词典中, 以提升术语的识别正确率。此外, 部分词项如 "统计""输出", 在大部分需求中都会出现, 对检索资产的作用不大, 所以通常会把这类通用词加到分词工具的停用词词典中, 直接对其进行过滤。

3. 相关性计算

将查询语句进行分词处理, 拆解为独立的词项后, 此词项将被用于倒排索引进行相关性计算。在此计算的过程中, 需特别注意词项的相关性计算的得分, 这会直接影响到检索结果的准确性。例如处理用户的查询需求 "统计上周参与冠军杯比赛的玩家的等级分布", 其中词项 "冠军杯" 和 "等级" 均能够命中索引。然而, "等级" 作为一个普遍存在于多个资产表的列名, 其相关性相对较低, 相对而言, "冠军杯" 作为一个特定维度值, 仅与某些特定的资产表相关联, 因此其相关性应当更高。

在信息检索领域, 通常采用 BM25(Best Matching 25)算法来衡量词项的相关性。在 20 世纪 80 年代至 90 年代, Stephen Robertson 等人提出了 BM25 算法, 其目的是根据用户的查询对文档集合进行相关性排序。目前, BM25 算法是被广泛使用的算法。

BM25 算法的核心思想是计算查询中的每个词项与文档之间的相关性得分, 并将这些得分累加, 得到文档对于整个查询的总得分。BM25 算法的计算公式如下:

$$\text{Score}(Q,d) = \sum_{i}^{n} W_i \cdot R(q_i, d)$$

其中 Q 表示一条 Query, q_i 表示 Query 中的词项, d 表示其中一个搜索文档。W_i 表示单词的权重, 一般使用逆向文档频率(Inverse Document Frequency, IDF)来计算:

$$\mathrm{IDF}(q_i) = \lg \frac{N - df_i + 0.5}{df_i + 0.5}$$

上式中 N 表示全部的文档数，df_i 表示包含词项 q_i 的文档个数。基于 IDF 公式，对于一个词项 q_i，包含 q_i 的文档数越多，相应的 IDF 值则越小，说明其是较为常见的词项，所以重要性较低。因此，可以使用 IDF 来衡量一个词项的重要程度。

$R(q_i, d)$ 用于衡量词项与文档的相关性。词频和文档相关性之间的关系通常是非线性的，即每个词对于文档的相关性分数不会超过一个特定的阈值，具体而言，即当词出现的次数达到阈值，其影响不再线性增加，而这个阈值跟文档本身有关。基于此事实情况，BM25 算法刻画词项与文档的相关性使用如下计算公式：

$$R(q_i, d) = \frac{(k_1 + 1)tf_{td}}{K + tf_{td}}$$

$$K = k_1 \left(1 - b + b \cdot \frac{l_d}{\mathrm{avg}(l_d)} \right)$$

其中，tf_{td} 是词项 t 在文档 d 中的词频，l_d 是文档 d 的长度，$\mathrm{avg}(l_d)$ 是所有文档的平均长度。变量 k_1 是一个正的参数，用来标准化文章词频的范围，当 $k_1 = 0$，表示是一个二元模型（Binary Model），即没有词频。通常 k_1 取值在 1.2 到 2.0 之间（包含 1.2 和 2.0），其值越大对应使用的原始词频信息越多。b 是另一个可调参数（$0 < b < 1$），是控制使用文档长度来表示信息量范围的重要因子。b 为 1，表示完全使用文档长度来权衡词的权重；b 为 0，表示不使用文档长度；b 的取值通常是 0.75。

BM25 算法的优势在于能够有效地处理不同长度的文档，并且通过 IDF 值强调了"罕见词项"的重要性。此外，通过调整参数 k_1 和 b，可以基于实际应用场景的需要，优化排名效果。

聚焦于需求匹配场景，一张资产表如同一个文档，所有资产表的所有数据列、维度值，都可以作为文档内容。其中词项对应的是数据列、维度值。基于此设定，当有词项命中用户的需求后，基于 BM25 算法，就可以计算每张资产表内容与用户需求的相关性。

文本召回策略工程化实现简单、检索速度快、资源需求低，而且不需要训练模型，是整个召回模块的基础。但是，由于文本召回策略要求词项进行精准匹配，可能会出现召回能力不足的问题。此时，需要与其他召回策略相结合，确保高精准和高召回的需求匹配。

10.2.3　向量召回

用户表达的需求往往带有口语化特征，导致其对关键词的描述与数据资产表的实际字段并不总是严格对应，若仅依赖于关键词的字面相等进行匹配，很可能导致匹配失败。例如，用户可能提出的需求是"统计游戏 A，在近一周内用户的冒险等级分布"，而资产表中的相关列名实际为"最高冒险等级"，由于用户的表述中遗漏了"最高"这一关键字，使用的字面匹配将无法匹配成功。为此，本节将引入基于相似语义向量的召回机制（向量召回方案）来解决此问题。

向量召回是自然语言处理领域的一种常用技术。根据处理的文本单元粒度，可以将向量召回分为 4 个层次，如图 10.13 所示。

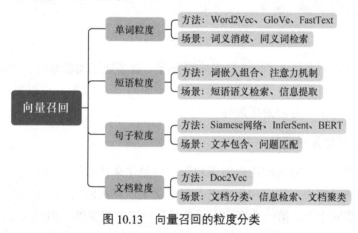

图 10.13　向量召回的粒度分类

- 单词粒度：常用 Word2Vec、GloVe 和 FastText 等词嵌入技术，适用于词义消歧、同义词检索等任务。

- 短语粒度：常对短语中的词嵌入进行组合，或者使用基于注意力机制的模型来捕捉短语中的关键信息，适用于短语级别的语义检索、信息提取等任务。

- 句子粒度：常用 Siamese 网络、InferSent 和 BERT 等句子嵌入技术，适用于文本包含、问答系统中的问题匹配等任务。

- 文档粒度：常用 Doc2Vec 等长文本处理技术，适用于文档分类、信息检索、文档聚类等任务。

聚焦于需求匹配场景，为了更好地实现资产的召回，本文使用基于句子粒度的相似度向量召回方案。此方案的核心有两种向量召回策略，一种是基于数据列召回，另一种是基于历史相似需求召回。这两种策略都旨在提高需求匹配的效率和召回率。

1．基于数据列召回

不同于关键字匹配的方法，基于数据列的召回方案，是将数据列的所有相关信息综合成一个完整的句子，与用户的需求进行全面匹配的分析，而不是单独依据单一的列名或维度值进行匹配。为了实现这一过程，首先将所有数据资产表的列信息按照一定的格式进行整理，如图 10.14 所示；其次利用句子表征模型将这些信息转换为向量形式，并将这些向量存储在专门的向量数据库中作为后续匹配的候选集。

图 10.14　数据列格式示例

由于句子表征模型有很多，因此针对实际场景，需要通过实验来对比句子表征常见模型的效果。在游戏数据场景下，通过实验对比常见的句子表征模型，可以发现 Hybird-bgem3 在相同召回集的条件下，召回效果最好。

2．基于历史相似需求召回

基于数据列召回方式通过把用户需求和资产向量化来计算相似度进行召回，而基于历史相似需求召回则通过把用户需求和历史需求向量化来计算相似度进行召回。此方案的可行性建立在两个核心事实之上。第一个事实，需求具有一定的重复性，相似的需求会周期性地出现，仅需在数据的时间范围、特定指标或维度上进行微调。第二个事实，已经处理并完成的需求会被系统记录并保存，以便获取满足同类需求时所依赖的数据资产表。因此，对于新的需求，可以通过检索与之相似的历史需求（如果有的话）来召回相关的候选资产表。

在基于历史相似需求召回的过程中，首先，需要进行数据清洗和去重工作，以便提高历史需求数据的质量。需要特别注意的是，不同业务场景的需求描述可能存在差异，其处理的细节也会有所不同。其次，将清洗去重后的历史需求进行向量化处理，并将其存储在向量数据库中。最后，将线上的新需求向量化，通过检索历史相似需求召回资产表。

同基于数据列召回的策略类似，基于历史相似数据召回的策略也是通过设计实验来评估不同表征模型的性能。实验的具体方法可以结合业务场景来定制。

在某游戏业务的历史需求集合中，可以发现 bgem3 模型能够取得最佳效果。需要特别注意的是，与基于数据列召回的情况不同，在基于历史相似需求的召回中，Hybird-bgem3

模型的性能相较于 bgem3 模型略有不足。在此场景下，句子之间的框架结构已经很相似，只在部分关键字段上有所区别，因此，基于句向量的表达已经足够充分，但加上词向量反而会受不同关键词的影响。

综上所述，向量召回策略泛化性高、鲁棒性好，是整个召回模块的进阶策略。该策略可以有效地解决用户需求描述口语化导致的需求匹配失效问题。另外，如果历史存在相似的需求，则召回的资产表准确率通常非常高。

10.2.4 意图召回

如果用户的查询需求中并未直接包含与特定数据资产表相关的明确关键词，例如，用户查询"统计游戏 A，在最近一周内的活跃用户分布情况，并输出日期和活跃用户数量"，仅通过此需求描述，无法直接匹配到对应的数据资产表，但聚焦在游戏的业务背景下，通过推理用户的意图可知，与此需求相关的数据可能存储在一个记录用户登录行为的数据表中。用户登录表结构示例如表 10.2 所示。所以在这种情况下，仅依赖文本召回或向量召回算法无法有效地检索到相关的数据资产表。

表 10.2　用户登录表结构示例

字段名	字段描述	字段类型
dtstatdate	统计日期	String
platid	平台 ID：ios 0/android 1	Bigint
uin	玩家 ID	String
level	等级	Bigint
onlinetime	在线时长	Bigint
friendcount	游戏好友数	Bigint
gender	角色性别	String

但用户的需求往往都会直接或隐含地体现某种特定的意图，例如，在游戏领域，用户最关心的是游戏的玩家活跃和收入情况。因此，为了明确用户的意图，本节引入意图召回算法，通过识别用户的意图来召回满足用户需求的相关资产表。此算法的核心模块如图 10.15 所示，共分为 4 个主要部分，分别是构建意图召回方案、构建意图类目、构建意图识别规则和构建意图识别模型。

图 10.15　意图召回算法的核心模块

1. 构建意图召回方案

意图召回方案核心分为两个模块，分别是离线构建和实时流程，如图 10.16 所示。离线构建基于用户历史查询需求来构建意图类目，并将数据资产挂载在类目下，常见为三级类目。实时流程基于离线构建的意图类目，对用户的需求进行解析来匹配一级类目，然后进一步匹配到用户需求对应的资产表。

意图召回方案的实时流程最核心的模块，是针对用户的需求判断所属的一级意图类目。因此，以游戏场景为例，通过规则和算法来阐述，如何在保证意图识别准确率的同时提升召回率。

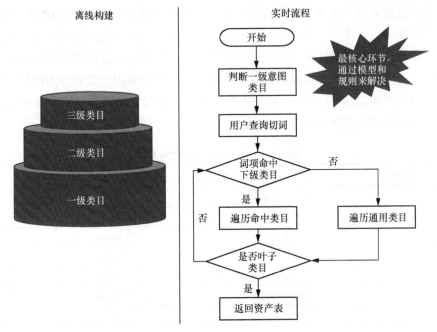

图 10.16　意图召回方案

2. 构建意图类目

意图类目的构建，是意图召回算法的数据基础。以游戏场景为例，通过对多个不同类型游戏业务的资产数据进行梳理，将游戏领域的资产划分为八大数据域，分别是活跃域、付费域、玩法域、社交域、画像域、元素域、系统域和活动域。游戏场景的意图类目示例如图 10.17 所示。

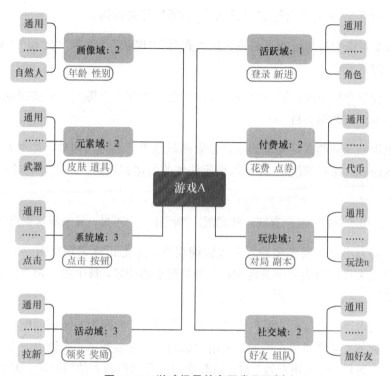

图 10.17 游戏场景的意图类目示例

数据域作为一级的意图类目，对每个游戏业务都是通用的。在此基础上，根据各个业务的具体情况，每个数据域下还会细分出多个层级的子类目。需要特别注意，在每个一级意图类目下，都设有一个"通用"二级、三级等层级的子类目，该类目下挂载的是该数据域中最为常用的数据资产表，例如一级意图类目活跃域下的二级通用节点挂载了用户登录、退出登录的资产表。

用户的需求有时会涉及多个意图，导致召回过多的资产表，从而影响后续的精排。但是，不同需求意图出现的频率并不相同，例如，活跃域出现频率最高，其次是付费域和玩法域，而系统域和活动域的出现频率最低。因此，可以为每个意图类目分配一个权重，权重的大小与需求意图出现的概率成反比。因此，基于需求意图召回的资产表也会根据权重排序。

3. 构建意图识别规则

意图召回方案的实时流程最核心的是根据用户的需求来召回所属的一级意图类目。为此，我们构建了基于意图识别规则的方案，具体流程如下所示。

（1）为每个一级意图类目分配一组特定的关键词词典，例如，在活跃域中，关联诸如"登录""在线""新近""留存""流失""日活""周活"等关键词。

（2）将每个意图类目的子类目名称，如"武器""皮肤""仓库""宝箱""载具"等，纳入元素域的关键词词典。

（3）在处理用户需求时，逐一检查需求中是否包含某个意图类目的关键词，如果包含，则将此需求归类到该意图类目。

基于意图识别规则的方案实现简单、检索高效且更新及时。例如，如果游戏 A 在昨天推出了新的玩法 M，可以将玩法 M 添加到玩法域的关键词词典中，以实现对查询玩法 M 意图的实时识别。

基于意图识别规则的方案也存在一些局限，如泛化能力不足、复杂需求误召等，如下所示。

- 泛化能力不足：需要精确匹配关键词词典，才能正确识别意图。但通常无法为每个意图类目列举出所有关键词，尤其是对于活动域，每个业务都可能有不同的活动玩法。

- 复杂需求误召：实际的用户需求可能非常复杂，会因为关键词匹配而错误地将需求归类到某个意图类目。例如，当用户询问"统计游戏 A，在过去一个月中流失的付费用户数量，输出用户数"时，需要使用付费用户相关的资产表，但关键词"流失"可能会导致活跃域的资产表被错误地召回。

4．构建意图识别模型

基于意图识别规则的方案，在保证匹配准确率时，召回率较低，所以我们通过意图识别模型来提高召回率。文本分类的模型有很多，考虑到工程化效率和落地效果等因素，以微调 BERT 模型为例来构建意图识别模型。

微调 BERT 模型构建的核心流程如图 10.18 所示，主要包括以下 4 个步骤。

（1）选择合适的预训练模型。原始的 BERT 模型存在一定的局限，许多研究工作人员对其进行了改进，产生了各种优化版本的 BERT。本书选用 RoBERTa 模型。

（2）选择合适的中间向量层输入。通常有多种选择方案，例如，最后一层的[CLS]向量、所有层的[CLS]向量、最后一层所有向量的平均值、最后 N 层向量的平均值等。由于意图识别模型是一个多分类任务，所以直接选用最后一层的[CLS]向量作为全连接层输入。

（3）添加任务特定的层。在中间层输入之后，可以添加一些特定于任务的层，如全连接层（用于分类任务）或 CRF 层（用于序列标注任务）等。

（4）设置合适的输出层，例如，输出一个单一的得分。在意图识别场景中，将最终的输出分类。

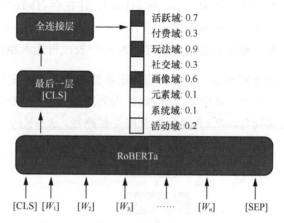

图 10.18　意图识别模型构建的核心流程

在上述进行模型微调的过程中，生成一批高质量的微调训练数据是确保模型性能的关键。通常情况下，如果从需求维度标记，人工成本较高。虽然需求在不断变化，但对应检索的资产池是相对固定的。因此，可以先从资产维度标记所属数据域，然后映射到需求所属数据域，从而以更低的成本获得首批样本数据。

在获得首批样本数据后，可以基于 Boosting 方法来优化模型，其迭代过程如图 10.19 所示。首先，随机抽取一批新需求，通过意图识别模型进行打分；其次，对于预测得分高（高概率）的需求，直接将其加入训练集，对于得分中间数值（中概率）的需求，则由人工进行标注后加入训练集；再次，基于新的训练集，重新对意图识别模型进行微调；最后，迭代执行上述步骤，直至达到预设的迭代次数为止。

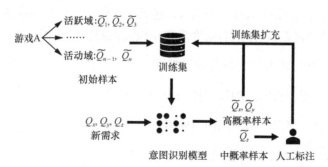

图 10.19　基于 Boosting 方法的意图识别模型迭代过程

10.2.5　召回粗排

针对用户的需求，为了保证匹配到资产的召回率，往往会召回过量的资产表。如果将所有召回结果提交给精排模块将严重影响其处理效率，所以本节引入召回粗排算法，针对召回的资产表集合排序和评分，筛选出高优先的 Top N 资产表，再送入精排模块。

与前文意图召回模型方案类似，召回粗排算法依然选择对 BERT 模型进行微调，其模型核心过程示例如图 10.20 所示。其中 Q（Query）为需求描述，D（Description）为资产表描述，C（Column）为数据列名，P（Path）为意图类目路径，K（Key）为维度值。

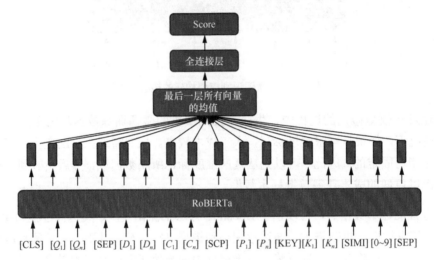

图 10.20　粗排模型的核心过程示例

粗排模型的核心过程介绍如下。

（1）拼接各路召回策略的信息作为输入，包括需求描述、资产表描述、数据列名、意图类目路径（如元素域#武器）、匹配的维度值和相似需求的相似度得分等。

（2）选取 RoBARTa 模型作为微调的基座模型。

（3）选择最后一层所有向量的均值作为中间向量。

（4）增加一个全连接层，将中间向量映射到输出。

（5）输出设为一个 0~1 的分数值。

10.3　精排算法

在推荐场景的精排阶段，通常会使用复杂的模型，对召回的候选数据做精准的排序。然而需求匹配场景对精排模型的要求更为严苛，其要求能够准确判定哪些是用户需求实际所需的资产表。为了实现这一目标，我们对大语言模型进行了微调，以获得专门用于需求匹配的精排算法。

精排算法，是针对召回潜在的候选资产表，利用经过微调的大语言模型进行再次排序，并筛选出最终所需资产表的过程。精排算法的流程可分为 3 个阶段，分别是数据生成、模型微调和多 LoRA 部署，如图 10.21 所示。

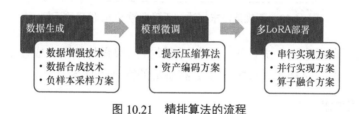

图 10.21　精排算法的流程

10.3.1　数据生成

众所周知，高质量的数据是有效训练大语言模型的重要基础。因此，为了确保微调模型的效果，需要保证样本的质量和多样性。在需求匹配的精排场景中，样本定义的自变量是用户的需求描述、因变量需求对应的资产表，如果是正样本，则用户的需求描述与对应资产表是匹配的；如果是负样本，则用户的需求描述与对应资产是不匹配的。

在实际业务场景中，往往存在较少的详细需求和资产匹配的完整案例，导致获取正样本数据相对困难。例如，在传统人工取数的流程中，业务往往会提出类似"统计 A 渠道春节摇心愿 9、普通活跃"的不规范需求，但数据工程师会基于专家经验生成对应的取数 SQL 代码，其案例如图 10.22 所示。由于需求的描述缺乏详细的取数逻辑，如果将此记录和对应的资产表作为样本传入模型，此时模型很难正确地迭代。因此，需要规范用户需求的合理描述来提高正样本的质量。反之，对于负样本，排除正样本资产后，在剩余资产中通过采样的方式来获得真实需求与不匹配资产的数据集合。

需求描述：
统计A渠道春节摇心愿9、普通活跃

SQ语句：

```
SELECT DISTINCT qq
FROM
( SELECT DISTINCT uin
FROM db::ta
WHERE dtstatdate ='20221220'
AND channelid IN('abc')
AND platid=255
AND length(regexp_replace(SUBSTR(cbitmap,1,30),'0','')) >10
) T1
JOIN
(SELECT uin,
qq
FROM db::tb
WHERE channelid IN('abc')) T4
ON T1.uin =T4.uin
```

图 10.22 不规范需求描述和正确取数 SQL 代码的示例

下面来描述正负样本的生成过程。首先，通过数据增强与数据合成技术生成高质量的微调正样本；其次，通过负样本采样方案生成高质量的微调负样本。

1. 数据增强技术

数据增强技术对历史已保存需求进行数据清洗、信息补全及描述规范化处理，以此产生高质量的需求描述，然后从历史需求对应交付的 SQL 代码中提取出相关的资产表，从而生成微调的数据。其中数据清洗过程主要涵盖以下核心步骤。

- 异常清洗：移除不可见字符、去除乱码、将繁体字转为简体字，以及将大写转为小写。
- 异常过滤：丢弃需求描述过于简短、SQL 代码过于冗长或 SQL 代码语法解析错误的数据。
- 相似去重：丢弃需求描述重复度高或 SQL 代码重复度高的数据。

在完成清洗流程后，运用提示词技术对大模型进行引导，使其对原始的非标准需求进行改写，以确保其符合既定的需求描述规范标准。需求改写迭代的核心过程如表 10.3 所示。其中输入信息资产表 Schema，是上述用户原始需求描述案例“统计 A 渠道春节摇心愿 9、普通活跃”的召回资产信息。

表 10.3 需求改写迭代的核心过程

输入信息	大模型生成的需求描述
资产表 Schema	统计 2022-01-01 至 2022-01-31 期间，各游戏在不同平台的日活跃用户数、平均等级和平均好友数量，输出游戏 App ID、平台、日活跃用户数、平均等级和平均好友数量
资产表 Schema+SQL 代码	统计 2022 年 12 月 20 日，ABC 渠道中，平台 ID 为 255、连续登录天数超过 10 天的用户的 QQ 号，输出 QQ 号
资产表 Schema+SQL 代码+原始需求描述	统计 2022 年 12 月 20 日，A 渠道春节摇心愿活动中，平台 ID 为 255、连续登录天数超过 10 天的普通活跃用户的 QQ 号，输出 QQ
资产表 Schema+SQL 代码+原始需求描述+业务知识	统计 2022 年 12 月 20 日，A 渠道春节摇心愿活动中，平台汇总的、连续登录天数超过 10 天的普通活跃用户的 QQ 号，输出 QQ

（1）将原始需求对应的资产表 Schema 送入大模型，此时大模型会从资产表中随机选取几个字段，生成对应的需求描述。然而，这样生成的需求描述过于简单，在实际业务场景中很少会用到。

（2）加入原始需求对应的 SQL 取数代码。此时大模型生成的描述会更贴合业务的真实需求，但是会缺乏对需求背景的描述。

（3）加入业务原始需求描述，有效地补充了需求背景。此时大模型生成的需求描述引入了需求的背景信息。

（4）补充业务知识，例如平台 ID 为 255 表示所有平台的汇总数据。此时大模型生成的需求描述会更符合业务真实且完整的需求描述。

针对上述大模型需求的迭代过程，需求改写的提示词如案例 10.1 所示。

案例 10.1 需求改写的提示词

```
1.   你是游戏领域资深的数据分析师，给定资产表信息、SQL 代码和需求描述，对需求描述进行改写。
2.   ## 资产表信息
3.   {table_info}
4.   ## SQL 代码
5.   {sql}
6.   ## 需求描述
7.   {query}
8.   ## 业务知识
9.   {knowledge}
10.  以 JSON 格式输出，无须其他解释信息，具体格式为
11.  {"需求"："改写的需求描述"}
```

2. 数据合成技术

除了通过基于历史相似需求的方式来生成微调数据，还可以采用数据合成技术来扩充微

调数据集。所谓合成数据，指的是利用大语言模型生成新的数据实例，以此来弥补真实数据在数量和多样性上的不足。

在需求匹配场景中，为了确保生成的需求描述尽量贴近实际业务的提问风格，会使用改写后的历史相似需求描述做参考示例，且提供的资产表会涵盖单张表到多张表的不同情况。其中，多张资产表的组合也需要基于实际业务需求来抽取，从而避免因随机组合而影响需求描述的质量。需求合成的提示词如案例 10.2 所示。

案例 10.2　需求合成的提示词

```
1.    你是游戏领域资深的数据分析师，给定资产表信息和参考示例，仿照示例，生成10个需求描述。
2.    ## 资产表信息
3.    {table_info}
4.    ## 参考示例
5.    {examples}
6.    每行输出一个需求描述，无须其他解释信息。
```

通过应用数据增强技术，可以提高微调数据的质量。而通过应用数据合成技术，在保证微调数据质量的同时，还可以有效提升微调数据的多样性。

3．负样本采样方案

针对每条样本数据（指用户需求和对应资产的组合），负样本的生成有两种方法，一种是从所有资产表中去除正样本资产后，在剩余的资产表中随机采样；另一种是利用召回算法得到召回列表，移除正标签后取排名靠前的表作为负样本的资产表。

负样本的生成方式决定了模型的效果。通过消融实验可以得到，使用召回负样本的模型精度要比随机负样本相对高 4%。因此，通过召回模块生成的负标签具有更高的识别难度，从而能够更有效地提升模型的性能。当然，在不同的业务背景下，可以通过实验来对比负样本的生成方案。

10.3.2　模型微调

在准备好高质量的正负标签样本后，可以通过案例 10.3 中提供的提示词模板来生成微调数据集。基于微调数据集，可以对大模型进行微调。其中资产表信息会包含正负标签的资产表，每张资产表会提供资产表信息，如所有数据列的中英文名称、描述和字段类型。

案例 10.3　精排微调提示词

```
1.    你是游戏领域资深的数据分析师，给定候选资产表信息和用户需求，请从候选资产表中选择尽可能少的表
      来解决用户需求。
2.    ## 参考示例
```

```
3.      {examples}
4.      ## 资产表信息
5.      {table_info}
6.      ## 用户需求
7.      {question}
```

在微调过程中，通过提示压缩算法和资产编码方案等优化工作，可以确保微调后的精排模型的质量和执行效率。

1. 提示压缩算法

提示压缩算法旨在针对传入模型进行微调的数据集中的冗长提示内容，实施高效且精确的压缩处理。在微调数据集中，往往会存在一部分样本的提示内容太长的情况。这部分样本会在传入阶段被截断，使得此样本的预测值为空，进而导致大模型在训练过程中学到输出空白的模式。

聚焦于游戏场景，提示内容过长，很大部分原因是很多冗余的数据列会在多个表中重复出现。此情况在实际业务中比较常见，例如，"用户等级"可能同时出现在活跃用户表和付费用户表中。而实际上，根据业务特性，"用户等级"通常只会从活跃用户表中提取，这就导致资产表的某些数据列实际上从未被使用过。

为了解决提示内容过长的问题，传统的解决方式有两种：一是选择丢弃这部分样本，但微调数据本身就是稀缺资源，直接丢弃会导致样本量减少；二是扩大微调模型的上下文窗口，但此方式会显著增加训练成本。因此，本文设计了一种启发式的算法，对提示内容进行压缩，在不增加额外训练成本的同时，还能保证样本的质量。

提示压缩的启发式算法的核心，是根据资产表的使用频率和数据列的使用次数来决定是否丢弃某个数据列。具体而言，如果某张资产表的使用频率很高，但其中的某些数据列的使用次数却很低，那么这些数据列被丢弃的可能性就会增加。例如，如果一张资产表被使用了上千次，但其中的某些数据列从未被使用过，那么这些数据列就会被丢弃。

通过实验对比，基于此算法可以有效地压缩提示内容的长度，提示压缩算法的模型精度与训练时间对比如图 10.23 所示。通过对数据列进行筛选，不仅提高了模型的效果，还缩短了训练时间，并且微调后的模型不再出现空白输出问题。

2. 资产编码方案

资产编码方案是将资产进行编码，如将某资产表映射为字母 A，此时大模型输出的是编码后的结果，而非原始资产表。对资产进行编码的原因，是大型语言模型通常采用自回归方式生成文本，即只有在生成当前词元（Token）之后才能预测下一个词元，这种机制导致文本生成的速度较慢。然而对资产进行编码后，大模型输出的结果会大幅缩小，从而提高推理的速度。

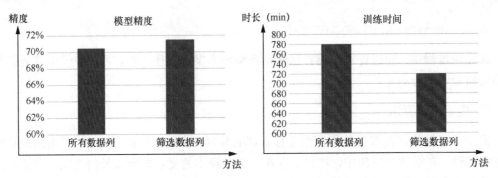

图 10.23 提示压缩算法的模型精度与训练时间对比

目前，业内已经开发了多种算法和框架通过加速大语言模型的推理速度，提升其生成效率。如果聚焦于需求匹配场景的模型微调阶段，其目标是从众多候选的数据资产表中筛选出正确的表，此过程类似于选择题而非问答题，所以通常关注的是选择了哪些资产表，而非资产表的具体名称。例如，将 4 张候选表分别映射为字母 A、B、C、D，大型模型仅需输出这些字母中的一部分即可完成需求匹配，与输出完整表名相比，大幅提升了效率。

在资产编码方案的选择上，尝试了数字编码和字母编码两种方法。资产编码方案的模型精度与训练时间对比如图 10.24 所示，可以看出字母编码在精确度和推理时间上均优于数字编码。

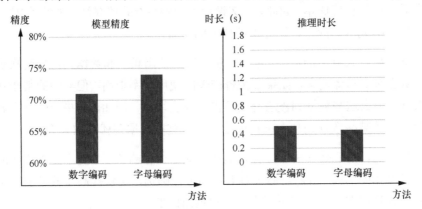

图 10.24 资产编码方案的模型精度与训练时间对比

10.3.3 多 LoRA 部署

在需求匹配场景中，使用 LoRA 算法对大模型进行微调，为了保证微调模型的精度，分别对不同业务会进行微调，得到各自的 LoRA 参数矩阵。同时，在部署时，为了节省推理资源，通常采用一个基座模型加多个 LoRA 参数矩阵的方式来部署推理服务。

目前，主流的推理加速框架对多 LoRA 部署的支持并不多，为满足使用需求，我们在 vLLM 框架的基础上进行二次开发，使其支持多 LoRA 并行推理。在开发过程中，分别完成串行实现方案、并行实现方案及算子融合方案 3 个阶段的升级优化。

1. 串行实现方案

假设当前已对 3 个业务进行微调，得到 3 个 LoRA 参数矩阵，并且在线上推理时，每个批次传入 4 条数据同时进行推理。串行实现方案的步骤如图 10.25 所示，在某次输入中，输入 1 和输入 3 需要使用 $LoRA_a$ 参数矩阵，输入 2 需要使用 $LoRA_b$ 参数矩阵，输入 3 需要使用 $LoRA_c$ 参数矩阵。

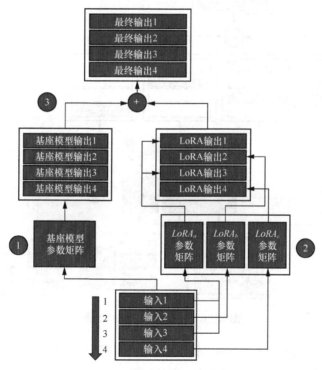

图 10.25　串行实现方案的步骤

（1）当一个批次的数据到达时，将此批次中的所有序列，与基座模型的参数矩阵进行计算，得到基座模型的输出。

（2）遍历批次数据中的每个序列，并获取对应的 LoRA 参数矩阵，将该序列与 LoRA 参数矩阵进行计算，得到一条输出，遍历所有序列，得到最终的 LoRA 输出。

（3）将基座模型输出矩阵与 LoRA 输出矩阵相加，得到最终的输出结果。

2．并行实现方案

串行实现方案的优势在于实现简单，但每个批次需要串行地遍历序列，时间复杂度为 $O(n)$。即使在某个批次中，所有的序列用的是相同的 LoRA 配置文件，也要依次计算，不能充分发挥矩阵计算并行性这一优势。因此对算法进行了优化，实现了图 10.26 所示的并行实现方案。

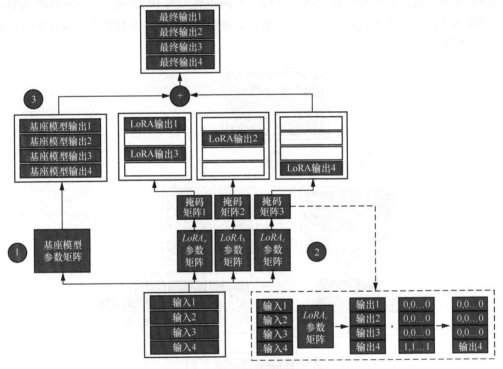

图 10.26 并行实现方案的步骤

（1）与并行实现方案一样，将输入批次中的所有序列与基座模型的参数矩阵进行计算，得到基座模型的输出。

（2）将输入矩阵与所有 LoRA 参数矩阵进行矩阵相乘。然后，将得到的结果与各自的掩码矩阵做逐元素相乘，使得每个 LoRA 参数矩阵对应的输出矩阵仅保留与其相关的结果。

（3）将所有 LoRA 参数的输出矩阵与基座模型的输出矩阵进行相加，得到最终输出。

3. 算子融合方案

并行实现方案有利用矩阵并行计算的优势，但会存在额外无用的计算。此外，当多个 LoRA 参数矩阵的秩不一样时，需要将所有 LoRA 参数矩阵的秩填充到相同大小，才能进行矩阵运算，会导致显存浪费。因此，为进一步提升性能，通过对 CUDA 算子进行开发，就可以实现图 10.27 所示的算子融合方案。

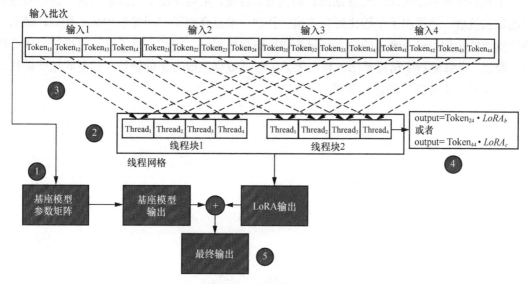

图 10.27　算子融合方案

（1）将输入批次中的所有序列，与基座模型的参数矩阵进行计算，得到基座模型的输出。

（2）申请线程网格，分配线程块个数以及每个线程块内的线程个数，例如，共分配两个线程块，每个线程块内分配 4 个线程，如图 10.27 所示。

（3）设置每个线程块服务的序列及每个线程服务的 Token。例如，线程块 1 服务于输入 1 和输入 3，线程块 2 服务于输入 2 和输入 4。每个线程按顺序迭代输入的 Token 序列，例如，线程块 1 的 $Thread_1$ 服务于 $Token_{11}$ 和 $Token_{31}$，线程块 1 的 $Thread_2$ 服务于 $Token_{12}$ 和 $Token_{32}$，以此类推。

（4）将 Token 的向量及对应的 LoRA 参数矩阵传入分配的线程内进行计算，得到对应的 Token 输出，汇总得到 LoRA 输出。

（5）将基座模型输出和 LoRA 输出相加得到最终的输出。

　　在算子融合方案中，当分配的线程块数等于输入序列的个数时，可以实现完全的并行计算。

10.4　小结

　　本章系统阐述了需求匹配算法的详细内容。首先，重点介绍了从需求到资产的必要性和所面临的挑战，并提出了工程化解决方案。其次，重点介绍了召回算法的核心构成，涵盖了资产图谱的构建，以及常见的文本、向量和意图召回算法，同时介绍了召回粗排这一核心环节。最后，详细解析了精排算法的核心要素，包括数据生成方案的设计、模型的精准微调过程，以及多 LoRA 部署的优化策略。

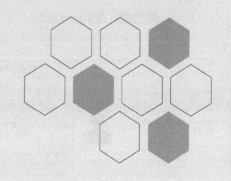

第 11 章
需求转译算法

经过需求理解算法的深入解析和需求匹配算法的精确检索，可以得到用户真正的查询需求和对应的资产表。进一步地，基于需求转译算法，可以指导大模型将用户的需求描述与数据资产转译为精确的 SQL 查询代码。

本章将围绕从需求到查询、算法解决方案和算法实战原理 3 个方面来阐述需求转译算法的核心内容。

11.1 从需求到查询

从需求到查询，是指在获得清晰的需求描述和与之匹配的资产表后，通过运营需求转译算法，指导大模型生成正确 SQL 查询代码的过程。需求转译算法是连接用户需求到生成提取需求对应的 SQL 代码的"最后一公里"。

本节将以实际需求场景为例介绍需求转译算法的必要性，然后结合大语言模型的设计原理阐述工程化实施过程中所面临的挑战。

11.1.1 必要性

如果仅将清晰的需求描述和与之匹配的资产表提供给大模型，那么大模型生成的 SQL 代码将无法在准确性和执行效率上取得最优效果。尤其是在复杂需求场景中，生成的 SQL 代码可用性较低。

假设存在复杂需求"统计游戏 A 中，'天梯'玩法在上线第一周，参与该玩法的玩家在下一周的留存比例"，大模型处理复杂需求的示例如图 11.1 所示。从图中可以看出，如果没有正确指导大模型，那么生成的 SQL 代码会存在幻觉生成错误，而且执行效率较低。如果 SQL 代码的执行效率在大规模数据场景中较低，那么不仅会浪费资源，还会严重影响用户的体验和使用效率。

作为专业数据分析师，根据"用户问题"和资产表描述，思考并输出能正确运行的SQL代码。
用户问题
统计游戏A中，"天梯"玩法在上线第一周，参与该玩法的玩家，在下一周的留存比例。
资产描述
submode_conf: 玩法配置表
[mode_id:玩法ID, mode_name:玩法名，online_date:上线时间];
match_flow: 对局表
[statis_date: 统计日期，uin:用户账号，onlinetime:在线时长，mode_id:玩法ID]
输出格式
注意换行，以格式化输出
{
"sql" : "… …"
}

"sql": "
SELECT COUNT(DISTINCT week2.uin) / COUNT(DISTINCT week1.uin) AS　retention_ratio
 FROM (SELECT　uinFROM match_flowWHERE mode_id=(SELECT mode_idFROM
submode_conf WHERE mode_name='天梯') AND statis_dateBETWEEN online_dateAND
DATE_ADD(online_date, INTERVAL 7 DAY)) AS week1
 JOIN (SELECT uin FROM match_flowWHERE mode_id = (SELECT mode_idFROM submode_conf
WHERE mode_name= '天梯') AND statis_date BETWEEN DATE_ADD(online_date, INTERVAL 8
DAY) AND DATE_ADD(online_date, INTERVAL 14 DAY)) AS week2
ON week1.uin = week2.uin
"

图 11.1　大模型处理复杂需求的示例

　　在得到清晰的需求描述和与之匹配的资产表后，需要经过需求转译算法来指导大模型生成 SQL 代码，通过需求转译算法增强的示例如图 11.2 所示。从给出 SQL 代码的速度来看，大模型执行效率得到了显著提高。

作为专业数据分析师，根据"用户问题"和资产表描述，思考并输出能正确运行的SQL代码。
用户问题
统计游戏A，每个子玩法在上线第一周，参与该玩法的玩家，在下一周的留存比例。
资产描述
submode_conf:玩法配置表
[mode_id:玩法ID, mode_name:玩法名，online_date:上线时间];
match_flow:对局表
[statis_date:统计日期，uin:用户账号，onlinetime:在线时长，mode_id:玩法ID]
输出格式
注意换行，以格式化输出
{
"sql" : "… …"
}

"sql": "
WITH first_week_players AS (
SELECT DISTINCT uin
FROM match_flow
WHERE statis_date >= subdate(online_date, 7) AND statis_date < online_date + INTERVAL 7 DAY
),
second_week_players AS (
SELECT DISTINCT uin
FROM match_flow
WHERE statis_date >= online_date + INTERVAL 7 DAY AND statis_date < online_date + INTERVAL
14 DAY
)
SELECT submode_conf.mode_id, submode_conf.mode_name,
COUNT(second_week_players.uin) / COUNT(first_week_players.uin) AS retention_rate
FROM submode_conf
LEFT JOIN match_flow ON submode_conf.mode_id = match_flow.mode_id
LEFT JOIN first_week_players ON match_flow.uin = first_week_players.uin
LEFT JOIN second_week_players ON match_flow.uin = second_week_players.uin
GROUP BY submode_conf.mode_id, submode_conf.mode_name
"

图 11.2　通过需求转译算法增强的示例

11.1.2 面临的问题

大模型在解决复杂需要转译任务时，通常表现不佳，主要存在以下 3 个问题。

- 数据依赖性：大模型通常是基于大量文本数据训练的，这些数据可能包含噪声、偏见或不完整信息，所以模型的推理能力受限于训练数据的质量和范围。

- 缺乏常识和世界知识：大模型可以从文本中学习语言模式和一些事实知识，但通常缺乏对现实世界深层次的理解和常识性知识。

- 推理能力的局限性：大模型主要通过统计模式识别进行预测，而非逻辑推理，所以在处理复杂逻辑、因果推理或长期记忆的任务时可能表现不佳。

11.2 解决方案

需求转译算法通过组合一系列模块，指导大模型更精准、高效地实现 Text2SQL。对 Text2SQL 技术的研究有很长的一段历史，在大模型出现之前，已有众多的算法被提出，旨在解决该技术带来的问题。

接下来，先阐述传统 Text2SQL 技术的核心要点，进而介绍创新的需求转译算法。

11.2.1 传统的 Text2SQL 技术

Text2SQL 技术是自然语言处理领域的一个重要研究方向。Text2SQL 技术的发展历程如图 11.3 所示，在大模型时代之前，Text2SQL 技术共经历了 4 个阶段的发展。

图 11.3 Text2SQL 技术的发展历程

1. 规则和模板匹配阶段

在此阶段中，Text2SQL 技术主要依赖于规则和模板匹配，通常需要大量的人工设计参与和特定领域知识。该阶段的代表性方案是 Precise，这是一种基于语义解析的方法。Precise 能够将自然语言查询转换为 SQL 代码。Precise 依赖于特定的语义模型和人工制定的规则，使其能够处理一些简单的查询。

2．统计学习方法阶段

在此阶段中，统计学习方法得到了很好的发展，于是，学者们开始尝试使用这些方法来改进 Text2SQL 技术。该阶段的代表性方案是 SEMPRE，这是一种基于图形模型的方法。SEMPRE 使用特征工程和统计学习来解析自然语言到 SQL 代码的转换。

3．深度学习算法阶段

在此阶段中，随着深度学习技术的兴起，Text2SQL 技术的研究也进入了一个崭新的阶段。深度学习模型，尤其是序列到序列（Seq2Seq）模型和注意力机制，被广泛应用于 Text2SQL 的任务。该阶段的代表性方案是 Seq2SQL，这是一种基于序列到序列模型的方法。Seq2SQL 使用深度学习技术，实现直接从文本到 SQL 的转换。因此，深度学习在 Text2SQL 领域的应用开始受到重视。

4．预训练语言模型阶段

在此阶段中，随着预训练语言模型（如 BERT 等）在 NLP 领域取得重大突破，这些模型也被应用于 Text2SQL 任务，其效果得到了显著的提升。该阶段的代表性方案是 RAT-SQL，这是一种基于关系感知的 Transformer 模型。RAT-SQL 能够更好地理解和生成复杂的 SQL 查询代码。

11.2.2　创新的需求转译算法

Text2SQL 技术经历了从规则和模板匹配到统计学习方法，再到深度学习算法和预训练语言模型的演进。然而，在应用 Text2SQL 技术的过程中，通常要求输入明确的用户需求描述及与之相对应的资产表匹配项。这一要求与当前期望通过用户以日常自然语言进行询问，从而实现数据分析的实际应用场景存在显著的差异。

为了应对工业界落地的挑战，首先需要执行需求理解算法（详见第 9 章）和需求匹配算法（详见第 10 章），以便解决语义理解和信息依赖问题；其次通过执行需求转译算法得到最终正确的 SQL 查询代码。需求转译算法的流程如图 11.4 所示。

- 相似需求检索：将用户需求向量化，然后从向量数据库中，检索历史已保存的相似需求，将相似需求的 SQL 代码传入大模型用作参考。

图 11.4   需求转译算法的流程

- 复杂需求拆合：将复杂需求拆解为一系列子需求，然后分别求解子需求，最后再将求解完的子需求合并，从而求解原始复杂需求。

- SQL 查询执行：将大模型生成的 SQL 代码，输入数据库服务器执行，得到执行结果或错误信息。

- 错误信息修复：将错误信息和 SQL 查询代码传入大模型，让大模型对错误的 SQL 代码进行修改，从而生成新的待验 SQL 查询代码，直到生成正确的 SQL 查询。

针对上述流程中的相似需求检索和复杂需求拆合，可以有效解决复杂查询和性能效率不高的问题。在处理 SQL 查询执行及错误信息的修复过程中，可以依托大模型来迭代执行，以修复 SQL 查询代码中的错误内容。

11.3 实战原理

下文从评测数据集和算法流程两个维度来深入剖析算法实战原理。首先介绍业务常见的评测数据集，其次以典型的数据集 Bird 为例介绍需求转译算法的工程化实现流程。

11.3.1 评测数据集

早期用于需求转译算法的数据集，如 ATIS 和 GeoQuery 都局限于特定领域的数据库，仅能解决该领域的问题，泛化性能较弱。然而，随着需求转译算法在各领域的深入应用，数据集也经历了快速迭代，其发展历程如图 11.5 所示。

图 11.5   数据集发展历程

数据集的快速发展是在 2017 年和 2019 年，很多相关的比赛和标注数据集被提出，用于促进该技术的研究。需求转译算法的常见数据集如表 11.1 所示。

表 11.1　需求转译算法的常见数据集

数据集	问题 SQL 对	数据库数量	单领域还是多领域	表格数（或者库数）	单轮还是多轮	语言
ATIS	5280	1	单领域	32	单轮	英文
GeoQuery	877	1	单领域	6	单轮	英文
Scholar	817	1	单领域	7	单轮	英文
Academic	196	1	单领域	15	单轮	英文
IMDB	131	1	单领域	16	单轮	英文
Yelp	128	1	单领域	7	单轮	英文
Advising	3898	1	单领域	10	单轮	英文
Restaurants	378	1	单领域	3	单轮	英文
WikiSQL	80657	26521	多领域	1	单轮	英文
NL2SQL	49974	5291	多领域	1	单轮	中文
Spider	10181	200	多领域	5.1	单轮	英文
Bird	12751	95	多领域	7.3	单轮	英文
CSpider	9691	166	多领域	5.3	单轮	中文
KaggleDBQA	272	8	多领域	2.25	单轮	英文
SParC	4298	200	多领域	5.1	多轮	英文
CoSQL	3007	200	多领域	5.1	多轮	英文
CHASE	17940	280	多领域	4.6	多轮	中文

在涉及多数据库、跨表查询的数据集中，较为常用的有 WikiSQL、Spider、CoSQL 和 Bird，特点分别如下所示。

- WikiSQL：由 Salesforce 在 2017 年基于维基百科标注的多领域、单轮查询的 Text2SQL 数据集。此数据集要求模型能够更好地构建 Text 和 SQL 之间的映射关系、更好地利用表格中的属性和更加关注解码的过程。然而，WikiSQL 数据集的 SQL 代码形式简单，不支持多列选择及排序、分组等复杂操作。

- Spider：由耶鲁大学在 2018 年提出的多领域、单轮查询的 Text2SQL 数据集。此数据集对模型的跨领域和复杂 SQL 代码生成能力提出了新的挑战。Spider 数据集根据 SQL 代码的复杂程度分为简单、中等、困难和特别困难 4 种难度，是业界公认难度较大的大规模跨领域数据集之一。

- CoSQL：由耶鲁大学和 Salesforce Research 在 2019 年基于 Wizard-of-Oz 集合提出的多领域、多轮查询的 Text2SQL 数据集。此数据集包含 3000 多轮对话，每轮对话模拟了一个实际的数据库查询场景，需要结合多轮对话的内容，才能生成最终的 SQL 代码。

- Bird：由香港大学和阿里巴巴在 2023 年提出的多领域、单轮查询的 Text2SQL 数据集。此数据集更贴合实际工业场景，要求模型能处理大而脏的数据库数据，同时需要借助外部知识进行推理及考虑执行效率问题。整个数据集按 SQL 代码的复杂程度分为简单、中等、有挑战性 3 种难度，可以全面评估模型在不同难度下的性能表现。

11.3.2 算法流程

由于 Bird 数据集更贴合实际工业场景，因此本节以 Bird 数据集为例来介绍具体的算法流程。需要特别注意的是，鉴于离线评测数据集的特性，其缺少与用户交互的过程，因此部分模块在实际应用与真实业务场景中的表现可能存在差异，但其底层的技术栈是与真实应用环境保持一致的。

基于 Bird 数据集的需求转译流程如图 11.6 所示，可分为 6 个模块。

图 11.6 基于 Bird 数据集的需求转译流程

1. 资产信息完善

Bird 数据集虽然有较丰富的资产信息，如数据列的名字、描述、数据类型和取值示例等，但其缺乏全局的信息，所以当有数据列同时出现在多张资产表中，模型很难区分使用哪张资产表的数据列。鉴于此，可以基于提示工程技术，让大模型先了解资产表之间的关系，进而为每张资产表生成一个表描述。案例 11.1 所示为资产信息完善提示词。

案例 11.1 资产信息完善提示词

1. 你是游戏领域资深的数据分析专家，擅长仔细思考并回答问题。
2. ## 目标
3. 接收数据资产表，为资产表生成表描述。

```
4.     ## 限制
5.         1. 根据数据库的名字，识别资产所处的领域，这将为你提供资产的上下文信息；
6.         2. 了解所有的资产表的信息以及表之间的外键关系，以便你理解资产表关系；
7.         3. 为每张资产表生成一个简短的描述，用于解释表的用途；
8.         4. 描述中不需要列出资产的数据列信息；
9.         5. 以 JSON 格的式输出结果；
10.    ## 示例
11.    【数据库名字】银行系统
12.    【资产描述】
13.     # 表 1: account
14.     [
15.     (account_id, the id of the account. examples:[11382, 11362].),
16.     (district_id, location of branch. examples:[77, 76, 2, 1, 39].),
17.     (frequency, frequency of the acount. examples:['POPLATEK MESICNE', 'POPLATEK
TYDNE', 'POPLATEK PO OBRATU'].),
18.     (date, the creation date of the account. examples:['1997-12-29'].)
19.     ]
20.     # 表 2: client
21.     [
22.     (client_id, the unique number. examples:[13998, 13971, 2, 1, 2839].),
23.     (gender, gender. Value examples:['M', 'F']. And F: female . M: male ),
24.     (birth_date, birth date. examples:['1987-09-27', '1986-08-13'].),
25.     (district_id, location of branch. examples:[77, 76, 2, 1, 39].)
26.     ]
27.     # 表 3: loan
28.     [
29.     (loan_id, the id number identifying the loan data.examples:[4959].),
30.     (account_id, the id number identifying the account.examples:[10].),
31.     (date, the date when the loan is approved.examples:['1998-07-12'].),
32.     (amount, the id number identifying the loan data.examples:[1567].),
33.     (duration, the id number identifying the loan data.examples:[60].),
34.     (payments, the id number identifying the loan data.examples:[3456].),
35.     (status, the id number identifying the loan data.examples:['C'].)
36.     ]
37.     # 表 4: district
38.     [
39.     (district_id, location of branch.examples:[77, 76].),
40.     (A2, area in square kilometers.examples:[50.5, 48.9].),
41.     (A4, number of inhabitants.examples:[95907, 95616].),
42.     (A5, number of households.examples:[35678, 34892].),
43.     (A6, literacy rate.examples:[95.6, 92.3, 89.7].),
44.     ]
45.    【外键】
```

```
46.      client.`district_id` = district.`district_id`
47.     【答案】
48.     {{
49.     "account": "Stores details about individual bank accounts.",
50.     "client": "Stores personal information about each client.",
51.     "loan": "Stores information about loans associated with each account.",
52.     "district": "Stores demographic and economic information about each district."
53.     }}
54.     =====================
55.     【数据库名字】{db_name}
56.     【资产描述】
57.     {tables_desc}
58.     【外键】
59.     {foreign_keys}
60.     【答案】
```

2. 资产结构匹配

在 Bird 数据集中，每个数据库平均有 7.2 个资产表，将无关的资产表传入大模型，会影响 SQL 代码生成的准确率。鉴于此，需要构建资产结构匹配，寻找和问题相关的资产表和数据列。同需求匹配算法的原理类似，此处的资产结构匹配过程分为召回和精排两个步骤。

在召回阶段，首先构建资产图谱，其次基于文本召回算法，找到和问题相关的数据列和数据库数据。在精排阶段，基于提示工程技术，使大模型从所有资产表中选择与问题相关的资产表与数据列。案例 11.2 所示为资产结构匹配提示词。

案例 11.2 资产结构匹配提示词

```
1.     你是游戏领域资深的数据分析专家，擅长仔细思考并回答问题。
2.     ## 目标
3.     接收资产表结构信息、外部知识及问题，请从资产表中，选择与问题相关的数据列。
4.     ## 步骤
5.     1.对于每张资产表的每个数据列，检查是否与问题或外部知识相关，无关则丢弃；
6.     2.如果资产表的所有列都与问题或外部知识无关，则保留空数组；
7.     3.根据与问题、外部知识的相关性，为数据列排序；
8.     4.以 JSON 格式输出；
9.     ## 示例
10.    【数据库名字】银行系统
11.    【资产描述】
12.     # 表1: account,Stores details about individual bank accounts.
13.     [
14.     (account_id, the id of the account. examples:[11382, 11362].),
15.     (district_id, location of branch. examples:[77, 76, 2, 1, 39].),
```

```
16.    (frequency, frequency of the acount. examples:['POPLATEK MESICNE', 'POPLATEK
TYDNE', 'POPLATEK PO OBRATU'].),
17.    (date, the creation date of the account. examples:['1997-12-29'].)
18.    ]
19.    # 表2: client,Stores personal information about each client.
20.    [
21.    (client_id, the unique number. examples:[13998, 13971, 2, 1, 2839].),
22.    (gender, gender. Value examples:['M', 'F']. And F: female . M: male ),
23.    (birth_date, birth date. examples:['1987-09-27', '1986-08-13'].),
24.    (district_id, location of branch. examples:[77, 76, 2, 1, 39].)
25.    ]
26.    # 表3: loan,Stores information about loans associated with each account.
27.    [
28.    (loan_id, the id number identifying the loan data.examples:[4959].),
29.    (account_id, the id number identifying the account.examples:[10].),
30.    (date, the date when the loan is approved.examples:['1998-07-12'].),
31.    (amount, the id number identifying the loan data.examples:[1567].),
32.    (duration, the id number identifying the loan data.examples:[60].),
33.    (payments, the id number identifying the loan data.examples:[3456].),
34.    (status, the id number identifying the loan data.examples:['C'].)
35.    ]
36.    # 表4: district,Stores demographic and economic information about each district.
37.    [
38.    (district_id, location of branch.examples:[77, 76].),
39.    (A2, area in square kilometers.examples:[50.5, 48.9].),
40.    (A4, number of inhabitants.examples:[95907, 95616].),
41.    (A5, number of households.examples:[35678, 34892].),
42.    (A6, literacy rate.examples:[95.6, 92.3, 89.7].),
43.    ]
44.    【外键】
45.    client.`district_id` = district.`district_id`
46.    【问题】
47.    What is the gender of the youngest client who opened account in the lowest
average salary branch?
48.    【外部知识】
49.    Later birthdate refers to younger age; A5 refers to average salary.
50.    【答案】
51.    ```json
52.    {{
53.      "account": [],
54.      "client": ["gender", "birth_date", "district_id"],
55.      "loan": [],
56.      "district": ["district_id", "A5", "A2", "A4", "A6", "A7"]
```

```
57.    }}
58.    ```
59.    =========================
60.    【数据库名字】 {db_id}
61.    【资产结构】
62.    {desc_str}
63.    【外键】
64.    {fk_str}
65.    【问题】
66.    {query}
67.    【外部知识】
68.    {evidence}
69.    【答案】
```

优先使用召回阶段匹配到的数据库数据，如果没匹配到完全一致的数值，则选择数据列中出现次数最多的数据。在后续分析流程中，把匹配到的资产表和数据列传入大模型。

3. 外部知识增强

在 Bird 数据集中，可以通过提供外部知识辅助大模型生成 SQL 代码。因此，需要建立一个外部知识库，用于收集外部知识，同时为新问题补充缺失的知识。外部知识库构建的整体流程如图 11.7 所示。

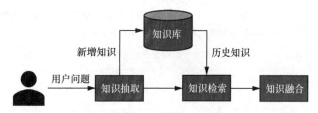

图 11.7 外部知识库构建的整体流程

- 知识抽取：将用户问题中涉及的外部知识抽取成统一的键值对形式，并存储到知识库中。其中的键可以基于规则从外部知识截取，值为整个外部知识。

- 知识库：用于保存外部知识的数据库，可以用向量数据库来实现。

- 知识检索：将用户问题编码为向量，从知识库中检索历史相关知识。

- 知识融合：将用户问题中的原知识和检索的知识匹配，如果这两部分知识有冲突，则选择保留原知识。

通过外部知识增强，可以为用户的原始提问需求补充必要的信息，从而促进大模型生成

正确的 SQL 查询代码。

4. 复杂需求拆合

在 Bird 数据集中，存在中等和有挑战性难度的问题。在工程化实施过程中，基于提示工程技术，使大模型先将复杂需求拆成简单的子需求，分别求解子需求，然后将求解完的子需求合并。将复杂需求拆合，可以有效提升生成 SQL 代码的准确率。案例 11.3 所示为复杂需求拆合提示词。

案例 11.3 复杂需求拆合提示词

```
1.    你是游戏领域资深的数据分析专家，擅长仔细思考并回答问题。
2.    ## 目标
3.    接收资产表结构信息、外部知识及问题，根据步骤，生成可以求解问题的 SQL 查询代码。
4.    ## 步骤
5.    1.仔细理解资产表结构和外部知识；
6.    2.将原问题拆解为更小的、可求解的子问题；
7.    3.遵守限制，为每个子问题生成 SQL 查询代码；
8.    4.求解所有子问题后，将这些子问题合并，用于求解原问题；
9.    5.合并子问题时，移除子查询语法。
10.   ## 限制
11.   1.尽可能用最少的表来求解问题；
12.   2.避免 with 语法；
13.   3.使用 case when 语法来简化 SQL 代码；
14.   4.问题、外部知识、数据列的描述中，关于值的格式描述可能有误，以参考示例中的格式为主；
15.   5.当需要计算比率时，将数据列格式转为 REAL，避免计算结果为 0。
16.   ## 示例
17.   【资产结构】
18.   # 表 1: frpm
19.   [
20.   (CDSCode, CDSCode.examples:['09835', '112607'].),
21.   (Charter School (Y/N),Charter School (Y/N).examples:[1, 0, None]. And 0: N;.
1: Y),
22.   (Enrollment (Ages 5-17),Enrollment (Ages 5-17).examples:[5271.0].),
23.   (Free Meal Count (Ages 5-17),Free Meal Count (Ages 5-17).examples: [3864.0,
2637.0].)
24.   ]
25.   # 表 2: satscores
26.   [
27.   (cds,California Department Schools.examples:['1010', '11010'].),
28.   (sname,school name.examples:['None', 'Middle College High'].),
29.   (NumTstTakr,Number of Test Takers in this school.examples:[24305].),
30.   (AvgScrMath,average scores in Math.examples:[699, 698, None, 492].),
```

31.   (NumGE1500,Number of Test Takers Whose Total SAT Scores Are Greater or Equal to 1500.examples:[5837, 2125, 0, None, 191])

32.   ]

33.   【外键】

34.   frpm.`CDSCode` = satscores.`cds`

35.   【问题】

36.   List school names of charter schools with an SAT excellence rate over the average.

37.   【外部知识】

38.   Charter schools refers to `Charter School (Y/N)` = 1 in the table frpm; Excellence rate = NumGE1500 / NumTstTakr

39.

40.   将原问题拆解为子问题，并遵循限制，一步步思考，生成 SQL 查询代码：

41.   子问题 1: Get the average value of SAT excellence rate of charter schools.

42.   SQL

43.    ```sql

44.   SELECT AVG(CAST(T2.`NumGE1500` AS REAL) / T2.`NumTstTakr`)

45.   FROM frpm AS T1

46.   INNER JOIN satscores AS T2

47.   ON T1.`CDSCode` = T2.`cds`

48.   WHERE T1.`Charter School (Y/N)` = 1

49.    ```

50.   子问题 2: List out school names of charter schools with an SAT excellence rate over the average.

51.   SQL

52.    ```sql

53.   SELECT T2.`sname`

54.   FROM frpm AS T1

55.   INNER JOIN satscores AS T2

56.   ON T1.`CDSCode` = T2.`cds`

57.   WHERE T2.`sname` IS NOT NULL

58.   AND T1.`Charter School (Y/N)` = 1

59.   AND CAST(T2.`NumGE1500` AS REAL) / T2.`NumTstTakr` > (

60.   SELECT AVG(CAST(T4.`NumGE1500` AS REAL) / T4.`NumTstTakr`)

61.   FROM frpm AS T3

62.   INNER JOIN satscores AS T4

63.   ON T3.`CDSCode` = T4.`cds`

64.   WHERE T3.`Charter School (Y/N)` = 1

65.   )

66.    ```

67.   原问题: List out school names of charter schools with an SAT excellence rate over the average.

68.   参考子问题的 SQL 代码，移除子查询，最终的 SQL 代码为：

69.    ```sql

70.   SELECT T2.`sname`

```
71.        FROM frpm AS T1
72.        INNER JOIN satscores AS T2
73.        ON T1.`CDSCode` = T2.`cds`
74.        WHERE T2.`sname` IS NOT NULL
75.        AND T1.`Charter School (Y/N)` = 1
76.        AND CAST(T2.`NumGE1500` AS REAL) / T2.`NumTstTakr` > (
77.          SELECT AVG(CAST(T4.`NumGE1500` AS REAL) / T4.`NumTstTakr`)
78.          FROM frpm AS T3
79.          INNER JOIN satscores AS T4
80.          ON T3.`CDSCode` = T4.`cds`
81.          WHERE T3.`Charter School (Y/N)` = 1
82.        )
83.     ```
84.     ==========================
85.     【资产结构】
86.     {desc_str}
87.     【外键】
88.     {fk_str}
89.     【问题】
90.     {query}
91.     【外部知识】
92.     {evidence}
```

需要特别注意的是，当前很多方法只有拆解过程，而没有合并过程，这会导致生成的 SQL 代码执行效率低下。

5. SQL 查询执行

在 Bird 数据集中，存在同一数据列出现在多张表中和数据库数据包含空值、异常值等问题，导致生成的 SQL 代码出现错误。此时，可以通过执行大模型生成的 SQL 查询，获得错误信息，以便指导后续修复。

6. 错误信息修复

在 Bird 数据集中，第一次执行 SQL 查询时往往会报错。此时，基于提示工程技术，将错误信息给大模型，大模型会对错误进行修复。案例 11.4 所示为错误信息修复提示词。

案例 11.4　错误信息修复提示词

```
1.     你是游戏领域资深的数据分析专家，擅长仔细思考并回答问题。
2.     ## 目标
3.     接收资产表结构信息、外部知识、SQL 查询、报错信息和问题，对 SQL 查询进行修改。
4.     ## 限制
5.     1.尽可能用最少的表来求解问题；
```

```
6.        2.避免 with 语法;
7.        3.使用 case when 语法来简化 SQL;
8.        4.问题、外部知识、数据列描述中，关于值的格式描述可能有误，以参考示例中的格式为主;
9.        5.当需要计算比率时，将数据列格式转为 REAL，避免计算结果为 0;
10.       6.仅输出 SQL 代码，不需要其他信息。
11.   【问题】
12.   {query}
13.   【外部知识】
14.   {evidence}
15.   【资产结构】
16.   {desc_str}
17.   【外键】
18.   {fk_str}
19.   【原 SQL】
20.   ```sql
21.   {sql}
22.   ```
23.   【报错信息】
24.   {sqlite_error}
25.   现在请修复原 SQL 代码的错误，生成新的 SQL 查询。
```

其中，SQL 查询的执行工作和错误信息的修复工作，可通过大模型来交替执行，从而指导生成正确的 SQL 查询或使迭代次数达到预设的阈值。

11.4 小结

本章系统阐述了需求转译算法的详细内容。首先介绍了从需求到查询的必要性和面临的挑战；其次介绍了传统的 Text2SQL 技术的发展历程，并引出创新的需求转译算法；最后讲解了实战相关内容，包括评测数据集和需求转译算法在 Bird 数据集上的具体应用流程。

第 5 部分　大模型的工程化原理

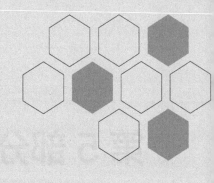

第 12 章
工程化的基础

经过前几章的详细阐述，我们了解了大模型在处理与自然语言相关的复杂难题及提供智能化解决方案时所展现出的卓越能力。然而，在推进大模型相关技术工程化的进程中，如何确保其在实际应用中保持高效性能的同时，亦能实现运营的稳定性、安全性和可持续性，已然成为每个工程化团队和项目所必须面对并解决的核心问题。

本章将深入探讨大模型应用工程化过程中的关键因素，包括工程化的背景、工程化的核心和工程化的建设思路，每个环节都至关重要，旨在为实践者提供一个全面的思考框架，以指导大模型在各行业业务中的有效部署和应用。

12.1　工程化的背景

对于工程化的背景，从工程化的定义和工程化的理念来展开讲解。首先，从工程化的定义出发，明确阐述大模型应用工程化的概念与内涵；其次，通过深入剖析工程化的理念，揭示大模型应用工程化过程的核心理念与关键要素。

12.1.1　工程化的定义

大模型应用工程化是将通用人工智能模型技术转变为实际可用、可靠的一系列工程实践和方法的集合。大模型应用工程是一个跨领域的复杂工程，融合了软件工程、人工智能等多领域的知识，通过系统化、规范化、可衡量的方法将大模型技术应用于实际业务流程。

大模型应用过程需要软件工程、人工智能和行业流程的协同配合，从而构建出满足用户或业务需求的工具或系统。在软件工程领域，技术标准、规范和工具是构建软件系统的基础；在人工智能领域，其核心包括算法、大模型、机器学习及智能工具的开发与应用；在行业流程领域，不同行业制定了不同的系统集成交付标准和管理策略。因此，应用于特定垂直领域的应用被称为垂直领域大模型应用；应用于通用行业领域的应用被称为通用领域大模型应用。大模型应用工程化与软件工程、人工智能和行业流程的关系如图 12.1 所示。

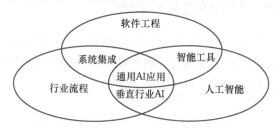

图 12.1　大模型应用工程化与软件工程、人工智能和行业流程的关系

12.1.2　工程化的理念

工程化的核心理念是通过制定标准规范、优化开发流程，提高工作效率、降低研发运营成本和保障应用运行稳定。

在工程化理念的指导下，构建行业生产级系统的核心在于将人工通用智能技术系统深度融入业务流程。这一过程通过运用系统化、规范化和可衡量的方法，旨在将技术系统转化为稳定可靠、高效运行、具备可扩展性和安全性的生产级系统。行业生产级系统与大模型和工程化的关系如图 12.2 所示。

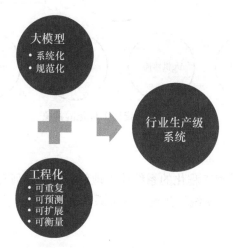

图 12.2　行业生产级系统与大模型和工程化的关系

工程化的核心理念主要体现在确保系统的规范性和一致性，以及实现可重复性和可预测性上。

- 规范性和一致性：工程化强调标准化流程和方法，确保在开发、部署和维护过程中的每个步骤都遵循既定的标准和规范。这种规范性有助于减少错误，提高团队间的协作效率，以及确保产品的质量和可靠性。

- 可重复性和可预测性：通过工程化的标准流程，可以确保在不同环境下重复、相同的数据和流程能够得一致的结果。这种可重复性意味着系统和应用的行为更加可预测，从而有利于问题的排查和解决。

12.2　工程化的核心

大模型的工程化可以抽象为 1 个核心问题、2 个主要挑战、3 个关键目标和 4 个实施策略，如图 12.3 所示。

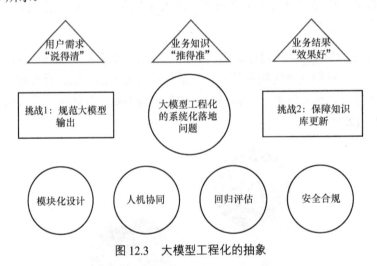

图 12.3　大模型工程化的抽象

1. 1 个核心问题

1 个核心问题是指大模型工程化的系统化落地问题，即如何有效地利用已知的、确定性的技术和方法来实现 AI 应用系统的建设，保障系统高效可控、安全可靠。

2. 2 个主要挑战

2 个主要挑战是指开发运营过程中要规范大模型输出和保障知识库更新。

- 规范大模型输出：需要对大模型的输出进行控制和标准化，以确保其输出符合特定的格式和标准。大模型的核心能力在于高度泛化、内容生成和语言理解等方面。因此，要对大模型的输出结果进行规范，即"标准化"输出。

- 保障知识库更新：随着业务的发展，需要不断运营更新业务知识库以适应新的业务需求。此过程的复杂性在于必须快速、准确地整合最新的业务信息，并确保这些更新能够无缝融入现有的系统架构。例如，某产品的指南或手册需要不断更新才能保证用户得到的是最新的信息和数据。因此，随着该业务的不断发展和变化，需要迅速且准确地将新知识融入手册，并确保其能够顺利地和旧的信息融合，避免过时或错误的信息影响手册的可信度，从而影响用户对系统的使用。

3．3 个关键目标

3 个关键目标是指 3 个业务流程环节：用户需求"说得清"、业务知识"推得准"和业务结果"效果好"。

- 用户需求"说得清"：要确保大模型理解用户到底需要什么，且用户也要清楚大模型理解了他们的需求。通过设计灵活、健壮的业务流程，并将技术手段融入流程中来提升需求和业务知识的匹配度，从而减少用户干预次数和提升系统的准确性。

- 业务知识"推得准"：要确保传入大模型的业务知识是靠谱的、处理得当的。通过制定统一的数据资产建设规范来解决技术组件在实际应用中可能遇到的技术问题和产生的非预期输出，从而提升业务知识的应用效果和推荐精准度。

- 业务结果 "效果好"：要确保最终的输出结果符合用户预期。把用户的需求目标和业务知识及策略紧密结合起来，不断地检查业务处理的结果是否真正解决了用户的问题。再基于设计合理的技术架构，建设自动化评测能力，从而保障可持续性的优化及故障预防措施。

4．4 个实施策略

4 个实施策略是指 4 个核心功能开发实施策略：模块化设计、人机协同、回归评估和安全合规。

- 模块化设计：通过采用模块化的系统设计原则，分解复杂系统为更小、更易管理的单元。如同用积木搭建玩具大楼一样，把复杂的系统拆分成小块，每个模块负责一组特定功能，可以更灵活地进行开发和维护。这种做法让每个部分都容易处理和更新，而不会影响到整个系统的稳定。

- 人机协同：通过将人工使用和大模型使用的资产分类，建设并完善大模型专用的资产模块，可以有效地增强系统整体的协同能力。人机系统模块可以支持多个模型的使用，用户可以更好地与系统一起工作，此方法不仅更适应具体的工作需求，还可以减少对"一刀切"模型的依赖，使得每个模块更加精准地服务于其职能。

- 回归评估：通过回归评估，可以确保资产或流程的变更行为不会影响系统的正常运行，任何代码的改动、更新或新增等操作都能在既定的标准和业务需求场景中持续进行，并确保未对现有系统功能造成负面影响。例如，当新增一部分代码时，回归评估需要确保整个系统依然能正常运作，不会出现新问题。

- 安全合规：通过安全合规策略，可以确保系统和流程遵守相关的安全标准和法规要求，包括资产脱敏、规范代码执行环境、权限管控以及安全告警等，防止数据泄露和其他安全威胁。除此之外，还需要确保敏感信息在处理过程中不被泄露、恶意代码或访问不被使用、及时发现和响应安全威胁。

12.3　工程化的建设思路

在软件工程和系统架构领域，工程化的建设思路核心分为两个方面，分别是业务流程和系统架构。业务流程是一个完整的过程，涵盖从需求识别、操作执行到结果分析与应用的各个环节。系统架构则是确保整个业务流程得以高效、稳定运作的关键所在。

12.3.1　业务流程

聚焦于大模型工程化背景，以通过大模型生成 SQL 代码为例，业务流程可以抽象为 3 个环节，分别是用户需求"说得清"、业务知识"推得准"和业务结果"效果好"，如图 12.4 所示。

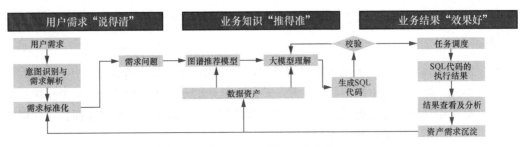

图 12.4　大模型工程化建设的业务流程

- 用户需求"说得清"：对用户需求的转化过程。第一步，将用户需求标准化为清晰的业务需求模板，包括从用户的需求出发，进行意图识别与需求解析，筛选出与数据分析无关的部分，并从中提取出一些关键的核心要点。第二步，根据需求标准化模板，将需求问题传入大模型。

- 业务知识"推得准"：业务知识与用户需求匹配的过程。第一步，针对用户的需求，利用业务数据资产结合知识图谱推荐模型进行精准的数据推荐。第二步，基于此环节的推荐结果，获得相应的表结构数据及资产指标，并将其传入大模型。第三步，通过大模型理解生成相应的 SQL 代码，并对其进行校验。

- 业务结果"效果好"：代码执行、结果分级及系统运营的过程。第一步，对于校验后的 SQL 代码，通过任务调度系统执行，同时结合严格的访问控制和安全审计确保代码及操作的安全性。第二步，输出 SQL 代码的执行结果，并提供给用户查看和分析。第三步，在后续运营过程中，正确的案例将被纳入资产需求沉淀的运营流程，为未来的业务提供服务。同时，错误的案例也会被记录并保存，用于后续的修正和优化工作。

业务流程的调优及运营是持续优化和改进的过程，需要不断优化各个环节以适应业务场景和复杂需求，从而确保每个环节不仅能够精准地运行，而且能够提供可靠的数据支持。此外，还可以通过用户反馈及时更新业务知识、及时调整和完善业务服务，并进一步提升服务的质量。

12.3.2　系统架构

针对业务流程的整体解决方案，整个系统架构主要分为七大部分，分别是数据存储、安全访问控制、流程引擎、模型底座、知识库资产、应用场景和平台运营。大模型工程化建设的系统架构如图 12.5 所示。

图 12.5　大模型工程化建设的系统架构

- 数据存储：负责数据的持久化、检索查询及分析。一般分为联机事务处理（Online Transaction Processing，OLTP）、联机分析处理（Online Analytical Processing，OLAP）

和其他类型。OLTP 用于支持针对单个用户的高频率的数据点查询，适用于日常业务事务；OLAP 用于深入的数据分析，满足复杂的数据查询和分析需求；其他类型涵盖图数据库及对象存储的能力，用于处理复杂的关系数据和网络分析。

- 安全访问控制：负责数据安全和隐私合规。在数据安全方面，涵盖访问控制、代码检测、安全审计以及数据加密等功能，确保所有数据操作都在严格的安全框架内进行，从而防止未授权访问和数据泄露。在隐私合规方面，包括隐私数据掩码、数据过滤和数据脱敏等功能，确保处理和存储的数据符合相关法规要求，尤其是在处理涉及个人隐私等敏感信息时，能有效保护个人隐私不被泄露。

- 流程引擎：负责管理和优化多个关键技术流程协作。这部分包含工作流管理和任务协调。在工作流管理方面，通过设立监控指标，确保工作流的步骤顺畅执行。在任务协调方面，确保不同任务间的依赖关系，优化资源配置，确保任务及时完成。

- 模型底座：负责模型管理和兼容评估。在模型管理方面，支持公共模型及私有模型等多个模型的适配。在兼容评估方面，持续评估模型迭代版本之间的兼容性，确保查询的准确性和系统的整体性能。

- 知识库资产：负责资产及知识库的构建的能力。这部分涵盖指标管理和特征管理，旨在定义和维护关键的分析和决策支持指标及特征。推荐引擎通过图谱查询推理与实体关系管理功能的融合运用，能够实现对复杂数据的关联分析及深入的查询推理，进而为用户提供更为精准的数据洞察能力。此外，资产推荐及上下文感知功能结合上下文信息，提供个性化的资产推荐，从而确保针对用户需求的数据资产的推荐结果更精准。

- 应用场景：负责对接具体应用场景，如代码生成、智能问答、客户支持和分析助手等。系统会根据不同的应用场景制定统一的服务策略，此服务策略可以针对每个场景的独特需求和挑战进行服务组合，从而确保能够在各种情况下提供稳定可靠的服务。

- 平台运营：负责流程优化和资产的日常运营。在流程优化方面，通过监控系统的关键指标，分析和优化工作流程，不断提升系统的运行效率和应用效果。在资产的日常运营方面，通过收集日常运营中的正例和负例，推动资产的建设完善，确保资产的可靠性，从而持续推动在各种应用场景中的高效运作和持续优化。

为了保持系统的灵活性与可扩展性，大模型工程化是基于模块化的设计原则，使得系统的每个部分都可以独立更新和优化，而不会影响到其他模块的正常运作。此外，通过引入多个模型，能够不断提高系统的智能化水平，从而更好地适应未来技术发展的趋势和业务需求的变化。此设计不仅提升了系统的操作效率和数据处理能力，也增强了系统对新兴挑战的应对能力。

12.4 小结

本章系统阐述了大模型工程化的相关基础知识。首先，通过工程化的背景来阐述工程化的定义和理念；其次，通过工程化的核心来阐述对于工程化建设的核心思考；最后，通过工程化的建设思路，从业务流程和系统架构两个维度来阐述工程化的建设要点。

大模型技术工程化需要跨学科的知识融合。工程化的目的在于将大模型的强大能力转化为实际可用、可靠的系统，以解决实际业务需求，从而在提升工作效率的同时降低综合成本。

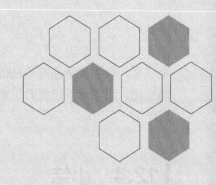

第 13 章
工程化的技术筹备

工程化的技术筹备包含对工程化的技术选择、工具配置和环境部署等内容。所谓"工欲善其事，必先利其器"，在开始任何工程化项目之前，选择的技术和工具是否合适，不仅会影响项目完成的效率和质量，还直接决定了项目能否长期稳定地运行。

工程化技术筹备的核心内容可以抽象为两个维度，分别是技术选型和工程实现，如图 13.1 所示。

图 13.1　工程化技术筹备的核心内容

- 技术选型：包括技术调研评估和大模型应用框架。技术调研评估是针对开发语言、大模型交互方式和 OpenAI API 的技术选型评估；大模型应用框架是针对大模型的核心层、社区组件层、应用层和技术生态层调研。
- 工程实现：包括提示词工程和开发环境搭建。提示词工程是针对少样本提示技术、链式思考提示技术和自调整提示技术的阐述；开发环境搭建是针对软件安装和依赖库安装的部署。

13.1　技术调研评估

技术调研评估是工程化技术筹备的首要工作，直接决定了后期工程化的开发语言和大模型的应用。本节以用大模型编写 SQL 代码的需求为例，结合当下技术的优缺点和应用场景的特征等进行综合评估。

1. 开发语言的选择

综合评估多个编程语言，如 Go、PHP、Python、C 和 Java 等，考虑到大模型框架技术生态、项目开发交付维护难度、社区活跃度、资源和文档的全面性、项目规模以及通用性等关键因素，后续以 Python 作为主要的开发语言。

2. 大模型的交互方式

第 8 章到第 11 章详细阐述了领域大模型如何结合通用大模型来解决业务的需求问题。不论是领域大模型，还是通用大模型，最终都是以 API 交互的方式集成到工程项目的开发框架中的。因此，对工程化的实现来说，更关注的是大模型 API 的使用性能、便捷程度和安全性等。

本节以 OpenAI 的模型为例，阐述其 API 工程落地的交互细节。其余通用大模型的交互原理大致相同。

3. OpenAI API

OpenAI 的文本生成主要通过 Chat Completions 接口（API）提供服务，其输入为一段消息列表，输出则为模型生成的文本内容，且支持多轮对话。

影响 API 功能执行的核心关键参数有 3 个，分别是 model、messages 和 temperature。

- model：此参数为字符串类型，主要用于明确指定所使用的模型。常见的值包括 gpt-3.5-turbo 和 gpt-4-turbo。选择正确的模型版本是确保 API 性能的关键。

- messages：此参数为数组类型，主要用于传递用户与 AI 之间的交互对话信息。数组中的每个元素都是一个对象，主要包括 3 个属性——content 用于标识存储对话的具体内容；role 用于标识发言者（如 user 或 assistant）；name 用于标识发言者的名称，有助于区分对话中的不同参与者。

- temperature：此参数为浮点类型，主要用于设定大模型的推理文本，从而控制生成文本的随机性和创造性。在工程实践中通常会将 temperature 参数的值设置为 0 或较小的值，从而控制模型在生成响应时尽可能地减少随机性和创造性，确保输出的确定性和一致性。

需要特别注意的是，在使用 OpenAI 的大模型接口服务时，对于开放性问题的查询，每次生成的结果都有所不同。除了上述核心参数，Chat Completions 接口还有一些非必填参数，如表 13.1 所示。

表 13.1　Chat Completions 接口的非必填参数

参数名	默认值	描述
frequency_penalty	0	取值为−2.0 到 2.0 之间的数字，用于控制生成的文本的随机性。值越大，将会生成更复杂、不可预测的文本
max_tokens	null	文本生成输出的最大 token 数量。需要特别注意，输入 token 和生成输出的 token 的总长度会受模型上下文总长度的限制，例如，GPT-3.5 的上下文长度为 16000 tokens，如果输入的 token 加上生成输出的 tokens 总长度超过 16000，接口会返回错误
stream	false	取值为 true，则数据使用流式数据传输； 取值为 false 或不设置，则模型在生成所有内容后才一次性返回
temperature	1	取值为 0 到 2 之间的数字，数值越高则推理生成的文本越发散；数值越低，则推理生成的文本越严谨精确
top_p	1	取值为 0 到 2 之间的数字，用来设定 AI 模型在生成文本时考虑的候选词范围的参数。其数值越低，在生成文本时仅会采用最高累积概率的 token；数值越高，在生成文本时会考虑采用所有可能的 token
tools	null	数组参数，用于给模型提供在推理时可以使用的外部工具列表。目前仅支持本地函数，并可以根据函数的声明文档，自动生成函数调用时所需要的参数

13.2　大模型应用框架

基于大模型的应用框架开发，可以显著提高大模型应用的效率。目前开源的大模型框架包括 LangChain、AutoGen 等，都提供了一系列工具和接口，能帮助开发者快速将大模型集成到应用中，并简化了复杂的编程任务和流程管理，使得开发者能够更加专注于创新和优化应用程序的功能，提升用户体验。

本文以 LangChain 应用框架为例来阐述大模型应用框架的核心功能和使用方法。2024年 5 月 10 日，LangChain 发布了 v0.2.0 预发布版，其生态架构如图 13.2 所示。LangChain 的生态架构可以分为 4 层，分别是核心层、社区组件层、应用层和技术生态层。

图 13.2　LangChain 的生态架构

13.2.1　核心层

LangChain 在核心层抽象出了 LangChain 表达式语言（LangChain Expression Language，LCEL），定义了一套链式任务底层框架，用于创建和管理任务链。任务链的构建基于 Runnables 协议，LangChain 核心层将自动支持六大能力，分别是并行化、回退机制、监控跟踪、批处理、流处理和异步机制，如图 13.3 所示。

图 13.3　LangChain 核心层的六大能力

- 并行化：管理及调度可并行执行的子任务，即将一个复杂的任务拆解成多个简单的子任务来并行执行。

- 回退机制：使大模型具有容灾的能力。在应用程序执行过程中，各种原因会导致程序执行异常，此框架拥有使服务迅速恢复的能力。

- 监控跟踪：对大模型应用程序执行状态进行监控和追踪。此能力在应用开发和程序调试过程中尤为重要，方便开发者在开发和调试阶段监控应用程序的执行情况，及时发现和解决问题。

- 批处理：一次性处理一组数据或任务。在应用程序执行过程中，需要处理大量数据或执行需要较长时间才能完成的任务，例如需要并行化的子任务，可以通过批处理功能来实现，以此提高系统响应效率和资源利用率。

- 流处理：基于大模型的流式输出，具备逐步处理数据并实时传输结果的能力，一般用于需要即时响应的场景。

- 异步机制：异步调用和批量处理并发任务，其通过事件驱动、回调等机制，在任务完成后触发后续的操作，不会阻塞其他任务的执行，从而提高应用程序的并发能力和响应速度。

13.2.2　社区组件层

社区组件层是由 LangChain 社区负责维护的集成组件，旨在实现与第三方服务的便捷集成。其主要包含 3 个模块，分别是模型 I/O、检索和工具库。

1. 模型 I/O

模型 I/O 模块的核心能力是通过设计模型适配（Models）、提示词模板（Prompt Templates）和输出解析器（Output Parsers）这 3 个模块，适配不同大模型框架的调用。

- 模型适配：用于适配不同厂家的对话模型的调用，包含常见的 OpenAI、混元等模型，通常分为两个核心对象，分别是对话模型和大语言模型。对话模型是对对话场景做精调的模型，其输入为聊天消息列表，输出为消息对象；大语言模型，即大模型，指的是文本生成模型，其输入和输出均为文本字符串。

- 提示词模板：用于将用户的输入格式化为大模型需要的消息列表或字符串。其中，提示词指的是用户提供给模型的指令、问题或上下文，模型可以根据这些信息生成相应的输出。

- 输出解析器：用于将大模型的输出格式化为适合下游任务的格式，得益于核心层的 LCEL 抽象，大部分的输出解析器均支持流式处理。

2．检索

检索模块的核心能力是实现检索增强生成所需要的模块，包括文档加载器（Document Loader）、文本分割（Text Splitter）、文本嵌入模型（Embedding Model）、矢量存储（Vector Store）和检索召回（Retriever）等多个模块，从而支持业务知识库的推荐。文档分割检索召回流程如图 13.4 所示。

图 13.4　文档分割检索召回流程

- 文档加载器：为不同运营商的各种文档格式提供统一的接口服务，包括 PDF、TXT、Markdown 和 DOCS 等文档，并且适配了亚马逊云 S3 和腾讯云 COS 等公有云服务以及常见的视频流格式。

- 文本分割：为不同文档格式提供统一的处理服务，实现了常见文档格式的分割代码。

- 文本嵌入模型：为开发者提供不同供应商的嵌入模型接口。此外，文本嵌入模型还提供了缓存和临时存储功能。

- 矢量存储：为开发者提供不同供应商（Chroma、FAISS 等）的统一向量存储接口，便于在后续的 RAG 流程中检索与用户问题最相似的数据。

- 检索召回：为开发者提供不同供应商如微软云的 AZURE AI Search，亚马逊云的 Kendra 和开源 Elasticsearch 等的检索实现。

3．工具库

工具库模块是大模型与现实世界交互的桥梁。LangChain 通过标准接口实现了工具定义（Tool）和工具包（Toolkit）的能力，从而使得大模型能够更高效地与各种外部资源和服务进行互动。

- 工具定义：为开发者提供灵活的创建自定义工具的能力，同时支持设置人机协同方式和异常处理机制。通过这个模块，开发者可以方便地操控大模型与工具的行为。

- 工具包：为开发者提供用于特定任务的工具集合。通过这个模块，开发者可以方便地使用或定义多种第三方社区现成工具的集合。

13.2.3　应用层

应用层是构建一个大模型应用的最基本单元。应用层的核心包含 3 个部分，分别是链式应用、智能体应用和检索策略。

- 链式应用：基于大模型的交互，用于处理简单会话任务的应用。其设计理念类似于链表，通过事先定义的任务执行顺序依次执行任务，从而满足用户需求。链式应用的流程如图 13.5 所示，一个常见的链式应用基于预先设计好的流程，根据用户的需求先执行任务 1，然后分别执行任务 2 和任务 3，获得结果后再统一汇总并反馈给用户。

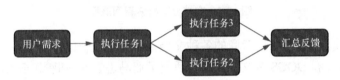

图 13.5　链式应用的流程

- 智能体应用：基于大模型的交互，用于处理多次调用的复杂任务应用。其设计理念是基于 prompt 工程与工具的结合，从而处理特定的任务。智能体应用的流程如图 13.6 所示，其中，Agent 应用的思维方式与人类大脑相似，基于目标拆解任务，调用任务执行所需的工具，再调用大模型推理思考，如此反复，直到大模型认为目标达成为止。

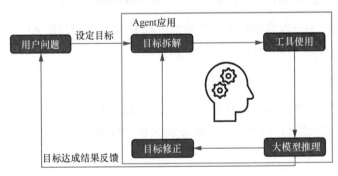

图 13.6　智能体应用的流程

- 检索策略：基于大模型的交互技术，旨在封装社区组件层的交互能力。检索策略包括文档检索、索引管理、缓存机制和多模态检索等技术，其通过提供多样化的检索方法和优化技术，提高信息检索的效率和准确性。

13.2.4 技术生态层

技术生态层为开发者提供了加速构建大模型应用程序到系统生产环境的一整套解决方案，其核心在于打通 LangChain 开发商提供的商业服务，使得开发者可以快速地使用整个生态。技术生态层目前包括 3 个核心模块：LangSmith、LangGraph 和 LangServe。

- LangSmith：提供评估和跟踪使用 LangChain 开发应用程序的能力。设置好 API 后，用户可以方便地在 LangSmith 网站上查看应用程序的所有监控指标。

- LangGraph：提供简易接口构建有向无环图（DAG）来加速 Agent 应用开发的能力，其基于 LCEL，用户可以方便地构建和可视化流程图，流程图中的节点可以是工具，也可以是其他 Agent 或链式应用。此外，LangGraph 还提供了人机协同的一些配置机制。

- LangServe：提供将 Agent 应用快速实现为 REST API 的能力。其基于 FastAPI 提供简洁易用的 PlayGround、安全配置和其他功能，使开发者能够快速构建和部署高效的 REST API 服务。

13.3 提示词工程

提示词工程是伴随大模型迅猛发展而诞生的新兴技术领域，专注于设计和优化输入提示（Prompt），最大限度地提升大语言模型的生成效果。其核心目标是通过精心设计的提示，使模型能够更准确地理解用户的意图，并生成符合预期的结果。

提示词工程的理论基础是假设大模型生成的内容是正确的。由此，开发者可以专注于设计有效的提示，从而最大限度地提升模型在任务中的表现，而不必过多担心大模型生成内容的准确性。提示词工程的结构由指令和内容两部分构成，如图 13.7 所示。

指令通常是指明确、具体且可操作的命令，用以设定任务目标、指定角色，以及规范输出格式，从而更好地指导模型生成预期的结果。设定任务目标是指清晰地定义模型需要完成的任务，例如，指示模型生成一个摘要、回答一个问题或进行翻译；指定角色是指为模型指定一个角色或身份，使其更好地理解上下文得到预期结果，例如，指定模型作为一名专家、数据分析师或客服代表；规范输出格式是指明确规定生成内容的格式，例如，规定回答的结构、使用的语言或特定的样式。

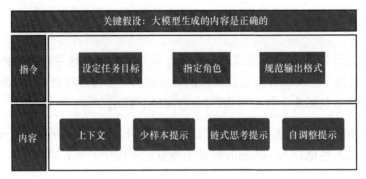

图 13.7　提示词工程的结构

内容通常是指为模型提供必要的上下文和提示信息。上下文通常包含背景信息、目标要求、任务细节、格式风格及示例参考，从而帮助模型更好地理解当前环境和需求，确保模型能够准确地执行任务，使模型能够基于这些数据生成合理的输出，确保生成的内容符合预期。

除去必要的上下文外，内容模块通常可以通过少样本提示、链式思考提示和自调整提示助力模型理解用户的意图和要求，确保其生成符合要求的输出。

13.3.1　少样本提示

少样本提示技术是一种通过提供有限的示例来辅助模型完成特定任务的技术。当需要模型按照特定格式重构需求时，可以向模型提供一些精心设计的需求模板作为参考，从而极大地提高模型对新任务的适应能力和执行效率。

以用户的原始需求转化为特定的需求模板格式为例，构建提示词有两个步骤。首先，需要提供少量的样本，指导模型如何根据提供的示例进行格式转换。其次，给定输入为"上个月销售额同比和环比情况"，大模型会参考样本的格式进行输出。少样板提示的提示词如案例 13.1 所示。

案例 13.1　少样本提示的提示词

作为数据分析领域的专家，你的任务是将用户的需求按照需求模板输出，以下是正确的输出案例。
input：近一周活跃用户数量。
AI：请统计 2024 年 5 月 3 日至 2024 年 5 月 10 日的活跃用户数量，输出字段为日期、用户数量。
input：近一周产品销量。
AI：请统计 2024 年 5 月 3 日至 2024 年 5 月 10 日的产品销量，输出字段为日期、产品销售数量。

> input：近一周用户行为次数。
> AI：请统计 2024 年 5 月 3 日至 2024 年 5 月 10 日的用户行为次数，输出字段为日期、行为次数。
> input：上个月销售额同比和环比情况。
> AI：
> 请统计 2023 年 3 月与 2022 年 3 月（同比）以及 2023 年 3 月与 2023 年 2 月（环比）的销售额对比情况，输出字段为日期、销售额、同比增长率、环比增长率。

构建精准的少样本提示，可有效控制大型模型的输出，特别是在需要严格遵守输出格式和规范的场景中。

13.3.2　链式思考提示

链式思考提示是一种思维链（Chain of Thought，CoT）技术，通过引导模型的思考方向来增强其解决问题的能力。该技术通过引导大型模型进行推理，进而展示解决问题的完整思维过程，为模型提供了充分的"思考"时间，从而逐步产生更具逻辑性的输出。

以游戏场景的实际需求为例，当用户给定输入"近一周用户表现如何？"时，通过向模型提供一些具体的解决问题的思路和方法，引导模型解决问题，如案例 13.2 所示。引导模型解决一个复杂问题时，可以先定义解决问题的计划，然后逐步提供解决该问题的不同策略和方法，最终形成一个结构化和创新的解决方案。

案例 13.2　链式思考提示的提示词

> 作为企业专业数据分析师，你的目标是通过分析用户的问题，提出具体要分析的指标，拆分具体任务并分派给数据开发人员。
> 让我们一步一步思考。
>
> #输出格式
>
> 思考：
> 下一步任务清单
>
> 用户问题：近一周用户表现如何？

大模型针对案例 13.2 的用户问题，生成案例 13.3 所示的 AI 生成内容，该内容严格遵循预设的提示词模板，并提供了一个清晰的后续任务清单。所以通过链式思考提示，模型可以更彻底地探索问题的多个方面，从而生成更准确、更具创新性的结果。

案例 13.3　AI 生成内容

> 思考：为了回答这个问题，我们需要分析用户近一周的行为和表现。具体的指标包括用户活跃度、用户增长率、用户留存率、用户转化率等。

下一步任务清单。

1．分析用户活跃度指标：计算近一周内每天的活跃用户数，以及整体的活跃用户数。

2．分析用户增长率指标：计算近一周内的新增用户数，以及与上一周相比的增长率。

3．分析用户留存率指标：计算近一周内的用户留存率，即用户在上一周活跃后，本周仍然活跃的比例。

4．分析用户转化率指标：计算近一周内的用户转化率，即用户从注册/下载/访问等环节转化为付费/下单/购买等环节的比例。

这些任务可以分派给数据开发人员进行数据提取、计算和分析。

13.3.3　自调整提示

自调整提示技术是一种引导模型在生成答案后进行自我检查和修正的技术，从而产出更高质量的输出。此技术可以极大地促进模型在决策过程中进行快速调整，并显著提高输出的整体质量。

以"近一周用户表现如何？"输入为例，通过引导模型输出反思及修正的内容，使其能够识别并纠正之前的错误，从而提高输出质量，如案例 13.4 所示。

案例 13.4　自调整提示的提示词

作为企业专业数据分析师，你的目标是通过分析用户的问题，提出具体要分析的指标，拆分具体任务并分派给数据开发人员。

让我们一步一步思考。

#输出格式

思考：
反思：
修正需求：
下一步任务清单

用户问题：近一周用户表现如何？

自调整提示技术为大模型提供了一定的"思考"时间，使其能够进行更深入的分析和思考，并生成相应内容，从而提高整体的输出质量。AI 生成内容如案例 13.5 所示。

案例 13.5　AI 生成内容

思考：用户表现可以通过一周内的关键指标来衡量，例如用户活跃度、用户增长率、用户留存率等。

反思：用户表现的具体指标需要根据企业的业务模型和目标来确定，需要进一步明确用户表现的定义和衡量方法。

修正需求：明确用户表现的定义和衡量方法。

下一步任务清单。
1．确定用户表现的定义和衡量方法，包括关键指标的选择和计算方法。
2．分析用户活跃度的指标，如日活跃用户数、周活跃用户数、月活跃用户数等。
3．分析用户增长率的指标，如日新增用户数、周新增用户数、月新增用户数等。
4．分析用户留存率的指标，如次日留存率、7 日留存率、30 日留存率等。
5．分派任务给数据开发人员，包括数据提取、数据清洗、数据计算等。
6．定期监控和更新用户表现的指标，以及与历史数据的对比分析。

13.4　开发环境的准备过程

本文基于 Linux 相关技术栈搭建开发环境，并通过具体的示例帮助读者快速理解相关软件。

13.4.1　软件安装

进入 Linux Shell 后，使用命令 python –version 检查当前 Python 的版本。如果是 Python 3 以上，则符合要求；如果是 Python 2，则需要安装最新版本。下文通过 pyenv 安装 Python 3.12.3，如代码清单 13.1 所示。

代码清单 13.1　安装 Python 3.12.3

```
$ # 安装必要的依赖库，为 Python 安装准备环境
$ sudo yum install -y bzip2-devel libffi-devel readline-devel sqlite-devel xz-devel
$ # 使用 pyenv 安装 Python 3.12.3
$ pyenv install 3.12.3
$ # 创建一个名为 ChatBot 的虚拟环境，指定 Python 版本为 3.12.3
$ pyenv virtualenv 3.12.3 ChatBot
$ # 激活创建的虚拟环境
$ pyenv activate ChatBot
(ChatBot) [xxxx@VM-121 ~]$
```

在开发多个项目时，为了维持一个相对干净的环境，避免依赖库版本被意外修改，需要基于 pyenv 创建并激活虚拟环境，如代码清单 13.2 所示。Shell 提示符显示虚拟环境名为 ChatBot，说明已激活虚拟环境，后续安装的依赖库、环境变量的设置等均只在此虚拟环境下生效。

代码清单 13.2　创建并激活虚拟环境

```
$ # 创建一个名为 ChatBot 的虚拟环境，指定 Python 版本为 3.12.3
$ pyenv virtualenv 3.12.3 ChatBot
```

```
$ # 激活创建的虚拟环境
$ pyenv activate ChatBot
(ChatBot) [xxxx@VM-121 ~]$
```

13.4.2　依赖库安装

如前文描述，本文以 OpenAI API 和 LangChain 框架为例，阐述大模型工程化的应用。所以下文重点介绍安装 OpenAI API、设置 API Key 和安装 LangChain 的核心过程。

1. 安装 OpenAI API

OpenAI API 提供了访问 OpenAI 大模型的接口，可以通过安装 OpenAI 的 Python 库来调用 OpenAI 的能力。运行结果输出 load success，说明已经成功安装。安装 OpenAI 依赖库的代码如代码清单 13.3 所示。

代码清单 13.3　安装 OpenAI 依赖库

```
(ChatBot) [xxxx@VM-121 ~]$ pip install  openai
(ChatBot) [xxxx@VM-121 ~]$ # 验证是否安装成功
(ChatBot) [xxxx@VM-121 ~]$ $ python -c "import openai;print('load success ')"
load success
```

2. 设置 API Key

在调用 OpenAI 的 API 之前，需要在 OpenAI 官网上申请接口调用时的鉴权 API Key，然后通过加载环境变量的方式来设置 API Key，详情如代码清单 13.4 所示。

代码清单 13.4　设置 API Key

```
(ChatBot) [xxxx@VM-121 ~]$ # 将 API Key 设置到环境变量 OPENAI_API_KEY 中
(ChatBot) [xxxx@VM-121 ~]$ echo export OPENAI_API_KEY=sk-****** >> ~/.bash_profile
(ChatBot) [xxxx@VM-121 ~]$ # 重新加载 bash 配置，使改动生效
(ChatBot) [xxxx@VM-121 ~]$ source ~/.bash_profile
(ChatBot) [xxxx@VM-121 ~]$
```

3. 安装 LangChain

LangChain 库包含多个模块，主要有 langchain、langchain-experimental、langchain-community、langchain-core 和 langchain_openai，其安装命令如代码清单 13.5 所示。运行结果输出 load success，说明已经成功安装。

代码清单 13.5　安装 LangChain 依赖库

```
(ChatBot) [xxxx@VM-121 ~]$ pip install  langchain  langchain-experimental langchain-community langchain-core langchain_openai
```

```
(ChatBot) [xxxx@VM-121 ~]$ # 验证是否安装成功
(ChatBot) [xxxx@VM-121 ~]$ python -c "from langchain_openai import OpenAI; chat=
OpenAI();print('load success ')"
load success
```

13.5 小结

本章系统阐述了大模型工程化技术筹备的相关知识。首先，通过技术调研评估来选择开发语言、大模型交互方式和 OpenAI API；其次，以 LangChain 框架为例阐述大模型应用框架的核心功能，包括核心层、社区组件层、应用层和技术生态层；再次，通过提示词工程阐述提示词工程的少样本提示、链式思考提示和自调整提示，从而引导出大模型生成高质量内容的应用技巧；最后，通过安装基础的软件和依赖库阐述开发环境的搭建。

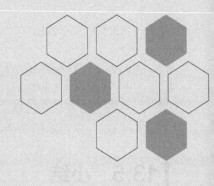

第 14 章
工程化的建设要点

明确了大模型的工程化背景和技术筹备后，本章将深入探讨大模型工程化的建设要点，以基于大模型的 Text2SQL 工程化项目为例，介绍如何在实际业务中基于大模型技术构建垂直领域的智能化应用。

大模型工程化的建设要点可分为 3 个层级，分别是明确构建目标、实现核心功能和评估运营质量。大模型工程化的建设要点如图 14.1 所示。

图 14.1　大模型工程化的建设要点

- 明确构建目标：系统设计的核心目的，包括功能性需求和非功能性需求，确保项目的整体目标和明确具体任务。通过制定详细的工作流程，确保每个步骤都有明确的操作指南和预期结果。

- 实现核心功能：系统实现的核心步骤，包括模块化架构、安全管控、工具模型、人机协同应用场景和回归评估等，确保系统的高效性、可扩展性和稳定性。

- 评估运营质量：系统运营的核心部分，包括制定明确的运营质量评估指标，为实施全面的质量保障措施提供监控和预警机制。

14.1 明确构建目标

第 12 章介绍了项目工程化的 3 个关键目标,分别是用户需求"说得清"、业务知识"推得准"和业务结果"效果好"。为了达到业务的关键目标,工程化构建需要遵循以下 3 个关键要点。

- 用户需求的明确表达:为了使用户需求"说得清",工程化需要制定标准化的需求拆解模板。此模板应包括子需求编号、名称、需求描述、需求输入和需求输出等。通过模板的规范来确保需求清晰明确,有利于后续的开发和测试流程。

- 业务知识的精准推送:为了确保业务知识"推得准",在工程化过程中,需要将私有模型和数据资产结合起来,以便系统能够在适当的环节准确推送专业的业务知识。此过程涉及构建和优化知识库,并结合公共模型和私有模型的工程化方法来确保模型和资产在使用过程中的流畅与高效,从而不断提升业务知识的积累和应用水平。

- 业务结果的有效评估:为了确保业务结果"效果好",需要监控和评估系统的运行效果。此过程包括制定明确的指标度量、定期进行数据分析和回归评估,并通过反馈循环不断地优化系统。通过持续的监控和反馈机制,可以确保系统始终在最佳状态下运行,从而持续满足业务需求。

工程化构建不仅需要实现明确的业务需求,还需要在多个方面进行详细的需求分析和流程定义,从而确保系统的整体性能。接下来将从功能性需求、非功能性需求和流程定义 3 个方面来详细阐述如何明确工程化构建的核心目标。

14.1.1 功能性需求

基于工程化构建目标的需求分析可以明确项目的功能性需求主要包括两个方面,分别是人机协同和工具模型。功能性需求的核心内容如图 14.2 所示。

- 人机协同:在人机协同方面,旨在实现系统与用户之间的高效互动,确保交互的高效性和准确性。人机协同核心包括会话交互、业务流程、SQL 代码生成和 SQL 代码修正。会话交互功能可以帮助用户完成任务;业务流程中的需求标准化功能可以将用户需求转换为标准格式,便于后续处理和分析;SQL 代码生成功能可以根据需求自动生成 SQL 代码,从而提高开发效率;SQL 代码修正功能通过提供修改和优化生成 SQL 代码的能力,确保代码的准确性和性能。

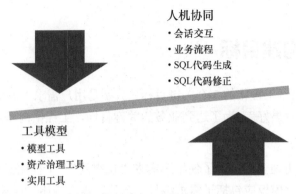

图 14.2　功能性需求的核心内容

- 工具模型：工具模型部分旨在实现必要的工具和模型支持，从而提高系统开发运行过程中的效率，包括模型工具、资产治理工具和实用工具。模型工具涵盖公共大模型和私有模型，分别提供通用和定制化的数据模型，以满足不同业务需求，确保系统灵活性和可靠性。资产治理工具包括元数据管理和资产推荐等，能够帮助开发者更高效地管理和使用资产。实用工具则包括日志工具和配置工具等，能进一步提升系统功能实现的效率和便捷性。

14.1.2　非功能性需求

在明确了项目的功能性需求后，还需要考虑非功能性需求。虽然非功能性需求不直接涉及系统的功能实现，但同样至关重要。在工程化中，必须实现的两个关键非功能性需求分别是安全管控和回归评估。

- 安全管控：涵盖访问控制、任务执行和结果处理的功能，确保系统在各个环节的安全性，保护数据和信息不受未经授权的访问和泄露。访问控制通过定义并实现数据访问权限，确保数据安全。

- 回归评估：涵盖监控资产的建设过程中，对度量指标影响的评估。系统通过持续监控各类数据资产的建设情况，评估度量指标变更对系统的影响。

14.1.3　流程定义

在明确了项目的功能性和非功能性需求后，需要对项目的关键流程进行定义。流程定义是确保项目各项功能能够有效协同运作的关键环节，核心包括 3 个流程，分别是需求标准化、SQL 代码生成和 SQL 代码修正。

1. 需求标准化

需求标准化是将用户需求转换为标准格式的过程。需求标准化的主要目的是确保需求的表述清晰且一致，并易于需求方、需求开发方以及大模型理解和处理。通过需求标准化，可以有效地减少沟通误差，达到"用户需求'说得清'"的目标，从而确保用户和大模型对需求的理解一致，为后续的开发和实施打下坚实的基础。

需求标准化的流程如图 14.3 所示。

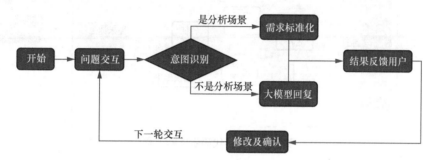

图 14.3 需求标准化的流程

（1）系统启动并准备接受用户输入。用户提出问题后，系统与用户进行交互，接收并记录用户的输入。

（2）通过自然语言处理技术进行意图识别，解析用户的请求并确定其需求。根据识别的结果，对用户需求进行标准化处理，将模糊请求转换为明确的任务或查询。

（3）使用大规模语言模型生成针对用户请求的回答。生成的回答通过系统反馈给用户，用户可以对结果进行评估。

（4）在得到反馈后，如果用户认为标准化后的需求不完善，则可以通过修改操作来确保需求得到充分满足。

2. SQL 代码生成

SQL 代码生成是根据标准化的需求自动生成相应的 SQL 代码的过程。SQL 代码生成的主要目的是确保用户需求与数据资产的有效匹配。借助公共大模型的能力，可以更好地理解用户的业务需求；借助私有模型的能力，将用户需求与数据资产进行精确的映射和整合，确保"业务知识'推得准'"。公共大模型和私有大模型能力的结合，能够生成符合用户需求的SQL 代码。

SQL 代码生成的流程如图 14.4 所示。

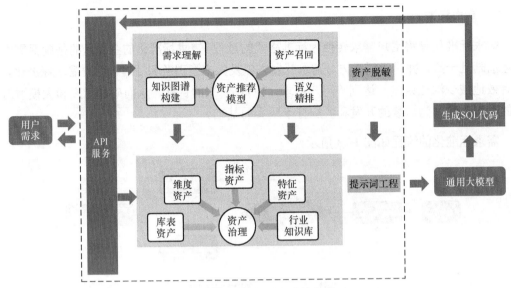

图 14.4 SQL 代码生成的流程

（1）通过 API 服务接收用户的需求，并传递给内部的资产推荐模型进行处理。模型对用户需求进行深入理解，并结合已有的数据和知识库构建相关的知识图谱，从而准确地推荐匹配的资产。

（2）模型从数据库中召回与需求匹配的资产，然后进行语义精排，以确保推荐结果的准确性和相关性。同时，为了保障数据安全，资产中的敏感信息需经过资产脱敏流程处理。

（3）将处理后的数据资产通过资产治理模块进行系统化管理，包括维度资产、库表资产、指标资产、特征资产和行业知识库的维护，从而确保数据的一致性和完整性。通过提示词工程，系统能够根据用户需求自动生成高效的 SQL 代码，并借助通用大模型的强大数据处理能力完成复杂的查询和分析任务。

（4）生成的 SQL 代码通过 API 返回给用户，帮助用户快速获取所需数据，从而完成相应的分析工作。

在此过程中，整个系统通过提供一站式的智能数据服务，高效地整合了需求理解、资产召回、资产治理和自动化 SQL 生成等能力。

3．SQL 代码修正

SQL 代码修正是对大模型初步生成的 SQL 代码进行优化和调整。SQL 代码修正的主要目的是确保 SQL 代码的可执行性及准确性。通过查看 SQL 代码的执行计划，以及利用大模型的自我反思能力，可以修正潜在的大模型幻觉生成问题和逻辑错误。通过人机协同对生成的代码进行人工审查和调整，可以确保 SQL 代码的准确性。

SQL 代码修正的流程如图 14.5 所示。

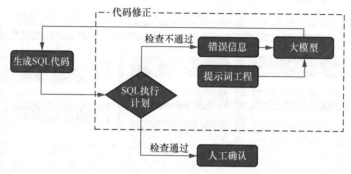

图 14.5　SQL 代码修正的流程

SQL 代码修正流程的核心是对生成的 SQL 代码进行执行计划检查，以评估其性能和准确性。如果检查不通过，那么系统会反馈错误信息，并通过提示词工程和大模型进一步优化和修正 SQL 代码，保证 SQL 的可执行性。反之，如果检查通过，就进入人工确认环节，确保其最终结果的准确性。通过这一系列步骤，系统能够有效地优化和调整生成的 SQL 代码，从而得到准确的 SQL 代码，确保"业务结果'效果好'"。

14.2　核心功能的实现

在构建工程化项目时，核心功能的建设是确保系统高效运行的关键。本节将详细阐述模块化架构内容来引出核心功能，分别是安全管控、工具模型、人机协同和应用场景，并对各核心功能进行实现。

14.2.1　模块化架构

一个健康的系统架构不仅能够提高系统的性能和可维护性，还能确保系统在扩展和升级时的灵活性和可操作性。架构设计还需要综合考虑业务需求、技术要求和未来的发展方向，确保系统的稳定性和可持续性。

基于模块化系统设计原则，将系统架构分为 5 个主要部分，分别是安全管控、工具模型、人机协同、应用场景和回归运营，如图 14.6 所示。

图 14.6　系统架构

- 安全管控：保障系统的数据资源访问，涵盖结构化数据库、非结构化数据库、图数据库和湖仓一体化数据库数据的高效存储与访问，通过访问控制机制保障数据安全。

- 工具模型：提供一个统一的框架来整合大语言模型及其周边组件。通过提供高效的接口和操作手段来满足各种业务场景的需求，从而提升系统整体的便捷性和稳定性。工具模型包含 3 个模块——工具模块（Utility），涵盖日志管理、文本格式化和配置管理等功能；资产治理模块（Asset），涵盖元数据管理、指标特征管理和资产推荐等功能；大模型模块（LLM），涵盖公共大模型和私有模型的操作功能。

- 人机协同：通过建立 Agent 会话机制，基于用户需求和流程来提供需求标准化、SQL 代码生成和 SQL 代码修正等 Agent 能力，并确保与周边各模块的高效协作和任务执行。人机协同模块是整个系统运转的基础，涵盖了从任务编排、任务调度、任务执行到任务监控的全过程。

- 应用场景：提供数据查询、智能问答、客户支持和分析助手等能力，通过 API 服务直接与用户交互，满足用户在不同业务场景下的需求。

- 回归运营：旨在对数据和模型资产的运营进行评估和优化，提高系统的整体效率和智能化水平，并根据业务需求和场景变化进行优化，确保系统能够持续满足业务需求。回归运营的内容包括回归评估、资产运营。

基于以上架构的各个核心模块能够确保系统高效、稳定和智能运行。各层之间的紧密协作确保了业务流程的连贯性、模型服务的准确性和可靠性，以及资产体系的高效运营。

对系统架构的项目代码进行详细拆解，项目文件目录结构如图 14.7 所示。此文件结构的设计方式考虑了各个层次的功能和模块化设计，便于后期维护和扩展。

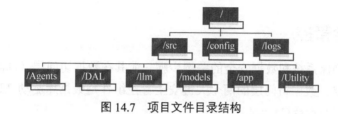

图 14.7　项目文件目录结构

（1）/src：包含源码根目录，包含所有源代码文件，是项目的主要代码库。

（2）/src/Agents：包含与 Agent 相关的所有模块的代码，包括处理 Agent 会话、任务分配、SQL 代码生成和修正，以及 Agent 之间的协作机制等模块。

（3）/src/DAL：包含数据访问控制相关的代码，涉及结构化存储、非结构化存储，以及湖仓一体化存储的驱动和访问逻辑。

（4）/src/llm：包含调用大语言模型相关的代码，支持公共模型和私有模型的调用与管理，以提供智能化的语言处理能力。

（5）/src/models：包含元数据管理、API 服务、指标管理和特征管理等模块的代码，负责系统的元数据管理、提供对外 API 服务，以及系统内部指标和特征的管理。

（6）/src/app：包含应用场景层代码，分为数据查询、智能问答、客户支持和分析助手 4 个功能模块，提供面向用户的具体应用功能。

（7）/src/Utility：包含通用的辅助功能代码，如日志记录和其他辅助工具，为系统提供常用的基础功能支持。

（8）/config：包含配置文件和系统设置。

（9）/logs：包含系统运行过程中生成的日志文件，用于记录系统操作和事件，方便问题排查和系统监控。

需要特别注意的是，为保障后续代码的正常运行，需要设定正确的 PYTHONPATH，如代码清单 14.1 所示。

代码清单 14.1　设置正确的 PYTHONPATH

```
(ChatBot) [xxxx@VM-121 ~]$ # 将源码目录设置到 PYTHONPATH 环境变量中
(ChatBot) [xxxx@VM-121 ~]$ export PYTHONPATH=~/ChatBot/src
```

下面先重点阐述针对系统架构的安全管控、工具模型、人机协同和应用场景这 4 个核心模块，回归运营则在 14.3 节详细阐述。

14.2.2　安全管控

安全管控是确保系统和数据安全的关键步骤，尤其在数据访问层（Data Access Layer，DAL）中尤为重要。数据访问层的两个关键安全管控组件是数据库驱动（Database Driver）和访问控制代理（Access Control Proxy）。

1．数据库驱动

数据库驱动是应用程序与数据库之间的通信接口，负责将应用程序的请求转换为数据库可以理解的格式，并将数据库的响应转换为应用程序可以处理的格式。

不同的数据库有不同的驱动程序，常见的数据库包括 MySQL、PostgreSQL 和 SQLite。

- MySQL：mysql-connector-python 是 Oracle 官方提供的 MySQL 数据库驱动，提供了对 MySQL 的高效访问，并支持最新的 MySQL 特性。

- PostgreSQL：psycopg2 是 Python 中最流行的 PostgreSQL 数据库驱动，提供了对 PostgreSQL 的完整支持。

- SQLite：SQLite 是一个嵌入式关系数据库管理系统。Python 标准库内置了对 SQLite 的支持，可以通过 sqlite3 模块进行访问。SQLite 开箱即用，无须单独安装和配置服务器，非常适合开发和测试环境。

下文以 SQLite 为例实现操作数据库的基本方法，包括 SQL 代码执行、SQL 代码校验和获取库表结构等工程化项目中必须要完成的核心操作。

操作数据库的基本方法（src/DAL/database.py）如代码清单 14.2 所示。代码展示了操作 SQLite 的基本方法，这些方法包括 SQL 代码执行、SQL 代码校验及获取库表结构等。这段代码实现了一个简单的 SQLite 操作类，名为 SQLiteDB，其核心功能包括连接数据库、执行 SQL 命令、查询数据及解释 SQL 查询计划等。

代码清单 14.2　操作数据库的基本方法（src/DAL/database.py）

```
1.    import sqlite3
2.    from typing import List, Tuple, Any, Optional
```

```
3.      class SQLiteDB:
4.          def __init__(self, db_name: str):
5.              """初始化 SQLiteDB 类，连接到指定的数据库文件。
6.              :param db_name: 数据库文件的名称"""
7.              self.db_name = db_name
8.              self.connection = None
9.          def connect(self):
10.             """连接到 SQLite。"""
11.             self.connection = sqlite3.connect(self.db_name)
12.         def close(self):
13.             """关闭与 SQLite 的连接"""
14.             if self.connection:
15.                 self.connection.close()
16.         def table_info(self,table_name):
17.             sql=f"SELECT sql FROM sqlite_master WHERE type='table' AND name='
{table_name}'"
18.             result = self.query(sql)
19.             if(len(result)>0):
20.                 return result[0]
21.             else:
22.                 return None
23.         def execute(self, query: str, params: Optional[Tuple[Any, ...]] = None)
-> None:
24.             """ 执行一个 SQL 命令（如 INSERT, UPDATE, DELETE)
25.             :param query: 要执行的 SQL 命令
26.             :param params: SQL 命令中使用的参数   """
27.             if not self.connection:
28.                 self.connect()
29.             cursor = self.connection.cursor()
30.             if params:
31.                 cursor.execute(query, params)
32.             else:
33.                 cursor.execute(query)
34.             self.connection.commit()
35.         def query(self, query: str, params: Optional[Tuple[Any, ...]] = None) -
> List[Tuple[Any, ...]]:
36.             """执行一个 SQL 查询命令（如 SELECT)，返回查询结果
37.             :param query: 要执行的 SQL 查询命令
38.             :param params: SQL 查询命令中使用的参数
39.             :return: 查询结果，包含多个元组，每个元组代表一行数据"""
40.             if not self.connection:
41.                 self.connect()
42.             cursor = self.connection.cursor()
43.             if params:
44.                 cursor.execute(query, params)
```

```
45.          else:
46.              cursor.execute(query)
47.          results = cursor.fetchall()
48.          return results
49.      def explain(self, query: str):
50.          """ 执行一个 SQL EXPLAIN 命令，返回查询计划
51.          :param query: 要解释的 SQL 查询命令
52.          :return: 查询计划 """
53.          if not self.connection:
54.              self.connect()
55.          cursor = self.connection.cursor()
56.          try:
57.              cursor.execute(f"EXPLAIN {query}")
58.              return {"code":0,"errmsg":"success"}
59.          except sqlite3.Error as e:
60.              error_str=f"DBType: Sqllite  \n explain SQL: EXPLAIN {query}  \n
sqlite3.Error: {e}"
61.              return {"code":-1,"errmsg":error_str}
```

2．访问控制代理

访问控制代理是对访问资源（如数据库）行为进行控制的一种设计模式。访问控制代理可以在访问资源之前进行额外的操作，如权限检查、日志记录和缓存等。使用访问控制代理有助于提高系统的安全性、性能和可维护性。

在 Python 中，可以使用装饰器（Decorators）在函数调用前进行访问控制校验，具体案例如代码清单 14.3 所示。装饰器是一种高阶函数，接收一个函数作为参数，并返回一个新的函数，能够在不修改原函数代码的前提下为函数添加额外的功能。

代码清单 14.3　使用装饰器进行访问控制的案例（src/Utility/unscape_helper.py）

```
1.    from functools import wraps
2.    # 定义访问控制装饰器，接收权限检查函数和所需权限作为参数
3.    def access_control(permission_required, get_permissions_func):
4.        def decorator(func):
5.            @wraps(func)
6.            def wrapper(*args, **kwargs):
7.                # 使用传入的权限检查函数获取当前用户的权限
8.                current_user_permissions = get_permissions_func()
9.                if permission_required in current_user_permissions:
10.                   return func(*args, **kwargs)
11.               else:
12.                   raise PermissionError(f"Access denied. Required permission:
{permission_required}")
```

```
13.            return wrapper
14.        return decorator
```

14.2.3 工具模型

工具模型是建设核心功能的关键基础组件，不仅提供了多样化的算法支持和实用工具，还与资产治理层实现了无缝对接，从而大幅提升了各类应用场景数据处理和资产管理的效率与精准度。工具模型层包括工具模块（Utility）、资产治理模块（Asset）和大模型模块（LLM）。

1. 工具模块

工具模块旨在将常用功能抽象，并封装为模块以处理各种通用任务，从而加速开发过程。常见工具包括日志管理、文本格式化和配置管理等。

（1）日志管理

日志管理旨在简化日志记录过程，通过提供统一的日志记录格式和管理级别来帮助开发者更方便地跟踪和调试程序。日志模块能够自动将日志信息保存到文件或输出到控制台。

日志管理案例（src/Utility/logger_helper.py）如代码清单 14.4 所示。使用 Python 内置的 logging 库，能够轻松地设置日志的输出格式和管理级别，并创建不同的输出位置，从而便于后续开发和调试。

代码清单 14.4　日志管理案例（src/Utility/logger_helper.py）

```python
1.     import logging
2.     import os
3.     import sys
4.     from logging import handlers
5.     from Utility.config import Config
6.
7.     class LoggerHelper:
8.
9.         @staticmethod
10.        def get_logger(name):
11.            """
12.            获取日志记录器
13.            """
14.            config = Config()
15.            logger = logging.getLogger(name)
16.            if not logger.hasHandlers():
17.                log_file = config["logging"].get('file', 'logs/application.log.
default')
```

```
18.                     # 创建日志目录
19.                     log_dir = os.path.dirname(log_file)
20.                     if not os.path.exists(log_dir):
21.                         os.makedirs(log_dir)
22.                 # 设置按天归档文件
23.                 th = handlers.TimedRotatingFileHandler(
24.                     filename=log_file,
25.                     when=config["logging"].get('when', 'D'),
26.                     backupCount=config["logging"].get('backCount', 7),
27.                     encoding='utf-8'
28.                 )
29.                 # 创建格式化器并将其添加到处理器
30.                 th.setLevel(config["logging"].get('level', 'DEBUG'))
31.                 formatter = logging.Formatter(config["logging"].get('fmt', '%(a
sctime)s - %(name)s - %(levelname)s - %(message)s'))
32.                 th.setFormatter(formatter)   # 设置写入文件的格式
33.                 console_handler = logging.StreamHandler(sys.stdout)   # 明确指定日
志输出到标准输出流中
34.                 console_handler.setFormatter(formatter)
35.                 console_handler.setLevel(config["logging"].get('console_level',
'DEBUG'))
36.
37.                 logger.addHandler(th)
38.                 logger.addHandler(console_handler)
39.                 logger.setLevel(config["logging"].get('level', 'DEBUG'))
40.
41.         return logger
```

为了使日志文件的位置和级别更灵活，可以将这些配置抽象到配置文件的管理模块中，以提高其可维护性和可扩展性。日志文件配置案例如代码清单 14.5 所示。在配置文件中增加 logging 配置节，用以配置日志记录，并设置日志文件记录的等级、归档策略、轮询策略和输出格式等。

代码清单 14.5　日志文件配置案例（config/config_development.ini）

```
1.      [logging]
2.      #日志文件等级
3.      level = DEBUG
4.      #日志文件名
5.      file = logs/application.log
6.      #按天旧档文件
7.      when = D
8.      #设置轮询备份文件个数
9.      backCount = 10
10.     #设置日志输出格式
```

```
11.    fmt= %(asctime)s - %(pathname)s[line:%(lineno)d] - %(levelname)s: %(message)s
12.    #控制台日志输出等级
13.    console_level = INFO
14.    #大模型相关配置
15.    [LLM]
16.    model_name = gpt-3.5-turbo
17.    retry = 4
18.    #数据库访问相关配置
19.    [Database]
20.    dbtype = sqlite
21.    db = example.sqlite3
```

（2）文本格式化

文本格式化旨在确保与大模型交互的提示词在处理和显示时的正确性，并且不受转义 Unicode 字符的影响，从而提高交互的准确性和可靠性。

文本格式化参考案例如代码清单 14.6 所示。其中，replace_escaped_unicode()函数使用正则表达式，将字符串中所有转义的 Unicode 字符替换为实际的 Unicode 字符。

代码清单 14.6　文本格式化参考案例（src/Utility/unscape_helper.py）

```
1.     import re
2.     def contains_escaped_unicode(s):
3.         # 匹配 \u 后面跟着 4 个十六进制数字的模式
4.         pattern = re.compile(r'\\u[0-9a-fA-F]{4}')
5.         return bool(pattern.search(s))
6.     def unescape_unicode(s):
7.         if contains_escaped_unicode(s):
8.             # 定义一个替换函数
9.             try:
10.                new_text = s.replace("\\\\u", "\\u")
11.                return replace_escaped_unicode(new_text)
12.            except (UnicodeDecodeError, UnicodeEncodeError):
13.                return s
14.        return s
15.    def replace_escaped_unicode(s):
16.        # 定义一个替换函数
17.        def replace_match(match):
18.            return match.group(0).encode().decode('unicode_escape')
19.        # 匹配转义的 Unicode 字符
20.        pattern = re.compile(r'\\u[0-9a-fA-F]{4}')
21.        # 替换转义的 Unicode 字符
22.        return pattern.sub(replace_match, s)
```

（3）配置管理

配置管理是一个用于处理应用程序配置文件的组件，负责读取、解析配置文件，确保应用程序能够根据不同的环境和需求进行动态配置。

配置文件管理案例如代码清单 14.7 所示，配置文件采用易于阅读和编辑的 INI 格式，并使用内置的 configparser 模块来读取。案例中使用单例模式创建 Config 对象，并通过系统环境变量来动态支持不同环境（如开发、测试和生产）的配置。如果未设置系统环境变量，就默认读取当前目录下的 config/config_ environment.ini 文件。

代码清单 14.7　配置文件管理案例（src/Utility/config.py）

```
1.    import configparser
2.    import os
3.    class Config:
4.        #使用单例模式
5.        _instance = None
6.        def __new__(cls, *args, **kwargs):
7.            if not cls._instance:
8.                cls._instance = super(Config, cls).__new__(cls, *args, **kwargs)
9.                cls._instance._init_config()
10.           return cls._instance
11.
12.       def _init_config(self):
13.           self.config = configparser.ConfigParser()
14.           #读取环境变量，如果未设置，就返回'development'
15.           environment = os.getenv('APP_ENV', 'development')
16.           self.config.read(f'config/config_{environment}.ini')
17.
18.       def get(self, section, option):
19.           return self.config.get(section, option)
```

2．资产治理模块

资产治理模块旨在实现资产全生命周期的管理，从而确保资产元数据的存储与维护，实现资产的高效管理与优化使用。资产治理模块核心包括元数据管理、指标特征管理和资产推荐。资产治理的相关基础知识在第 4 章到第 7 章中有详细介绍，此处仅提供相关模块的伪代码实现。

（1）元数据管理

元数据管理提供关于资产的详细描述，包括资产的属性、结构、来源及其相互关系等关键信息。此外，该部分还涵盖了资产的分类与标签管理，可以帮助用户更好地组织和检索资产。

元数据管理伪代码案例如代码清单 14.8 所示，展示了如何通过元数据管理模块获取指定数据库表的资产元数据信息。元数据管理包括提供关于数据库表的详细描述，涵盖表的属性、结构等关键信息。

代码清单 14.8　元数据管理伪代码案例（src/models/table_meta.py）

```
1.    def get_table_assets(db,table_name):
2.        """
3.        获取指定库表资产
4.
5.        参数:
6.            table_name: 表名称
7.
8.        返回:
9.            包含表名、表结构、表描述的词典
10.       """
11.       table_info= db.table_info(table_name)
12.       if table_info is None:
13.           return None
14.       return {
15.           "table_name": table_name,
16.           "structure": table_info[0]
17.       }
```

（2）指标特征管理

指标特征管理指的是从原始行为日志中提取具有明确业务逻辑的数据特征。这些特征包括特征名称、描述和构建特征的 SQL 代码等，通过识别并抽象使用频率高的特征，将其转化为可共享的公共特征，从而提高数据的可用性和召回率。

指标特征管理案例如代码清单 14.9 所示，其展示了如何实现指标特征管理，定义并获取业务指标特征信息。

代码清单 14.9　指标特征管理案例（src/models/feature.py）

```
1.    # 指标特征定义数据结构示例
2.    feature_definitions = {
3.        "活跃用户": {"sql": "select dtstatdate,vopenid from user_login  where
dtstatdate>='{:start_date}' and dtstatdate<='{:end_date}' group by vopenid,dtstatdate",
4.                    "description": "统计当日有过登录行为的vopenid,持续的数据能够反映游
戏的受欢迎程度,也是评价游戏品质的重要指标。"
5.                    },
6.        "付费用户": {"sql": "select dtstatdate,vopenid from user_pay where dtstatdate >=
'{:start_date}' and dtstatdate <= '{:end_date}' group by dtstatdate,vopenid",
7.                    "description": "每天付费用户"},
```

```
8.          "付费总额": {"sql": "select dtstatdate,vopenid,sum(imoney) from user_pay
where dtstatdate>='{:start_date}' and dtstatdate<='{:end_date}' group by dtstatdate,
vopenid",
9.                    "description": "当天用户付费的总额"},
10.      # 添加更多特征定义
11.    }
12.
13.    def get_feature_definition(feature_name):
14.        """
15.        获取指标特征定义
16.
17.        参数:
18.            feature_name: 指标特征的名称
19.
20.        返回:
21.            指标特征的定义,包括类型和描述。如果特征不存在,返回 None
22.        """
23.        result={}
24.        for ft,val in feature_definitions.items():
25.            if feature_name in ft or ft in feature_name:
26.                result[ft]=val
27.
28.        return result
```

（3）资产推荐

资产推荐基于机器学习算法，根据业务的场景和项目开发阶段，自动分析历史需求中资产的使用效果，并自动推荐与当前项目需求高度匹配的优质资产。

资产推荐案例如代码清单 14.10 所示，其展示了一个基本的资产治理模块，通过接口实现资产的查询推荐基本功能，通过在伪代码中集成模拟数据，在开发和测试阶段无须实时接口也能进行功能开发和进一步的集成测试，开发者可根据具体需求进行扩展和优化。

代码清单 14.10　资产推荐案例（src/models/recommend.py）

```
1.    import requests
2.
3.    def recommend_data_assets(user_input,topK):
4.        """
5.        根据自有模型推荐数据资产
6.        参数:
7.            user_input: 用户输入,用于模型的推荐
8.            topK: 推荐的前 K 个数据资产
9.        返回:
10.           推荐的前 K 个数据资产列表
```

```
11.          """
12.          # 设置头部
13.          headers = {
14.              'Content-Type': 'application/json'
15.          }
16.          # 准备数据
17.          data = {
18.              'text': user_input,
19.              'topK': topK
20.          }
21.          # 调用API
22.          # url = 'https://192.168.1.2/recommend_data_assets'
23.          #
24.          # response = requests.post(url, json=data, headers=headers)
25.          # answer = response.json()
26.          # 以下为模拟数据
27.          answer={
28.              'code':0,
29.              'data':['user_login','user_levelup',"user_pay"]
30.          }
31.
32.          return answer
```

3. 大模型模块

大模型模块旨在提供灵活的流程调用，通过内置一些默认参数和配置选项，使得开发者只需关注模块的输入和输出，而不必关注复杂的底层实现细节。通过此设计，开发者可以专注于解决实际问题，而不是处理烦琐的模型配置。大模型模块的设计目标需要满足至少以下两点。

- 简化模型调用：通过内置默认参数，简化模型的创建和调用过程，使开发者能够快速上手。

- 提高灵活性：提供多种配置选项，允许开发者根据具体需求调整模型行为。

大模型调用案例如代码清单 14.11 所示。这是一个封装 OpenAI 提供大模型服务的案例，用以阐述大模型模块的设计过程。其中，OpenAI 提供服务的公共大模型有两个调用链，一个用于创建 JSON 格式化的链式应用，一个用于创建经过 JSON 格式化的工具链式应用。

代码清单 14.11 大模型调用案例（src/LLM/openai_helper.py）

```
1.      import os,json
2.      from langchain_openai import ChatOpenAI
3.      from langchain_core.output_parsers import JsonOutputParser
```

```
4.      api_key = os.getenv("OPENAI_API_KEY")
5.      log=LoggerHelper.get_logger(__name__)
6.      def create_llm(model_name="gpt-3.5-turbo"):
7.          """
8.          创建并返回一个指定模型的实例
9.          """
10.         return ChatOpenAI(api_key=api_key, model_name=model_name, temperature=0)
11.
12.     def create_json_llm(model_name="gpt-3.5-turbo"):
13.         """
14.         创建并返回一个指定模型的实例，并设置返回格式为JSON
15.         """
16.         llm = create_llm(model_name)
17.         return llm.bind(response_format={"type": "json_object"})
18.
19.     def json_chain(model_name, prompt, cls):
20.         """
21.         使用指定模型生成JSON格式的响应
22.         """
23.         json_llm = create_json_llm(model_name)
24.         chain = json_llm | JsonOutputParser(pydantic_object=cls)
25.         log.debug(f"json_chain:{prompt} \n")
26.         response_json = chain.invoke(prompt)
27.         return json.dumps(response_json, ensure_ascii=False)
28.
29.     def tool_chain(model_name, prompt, tools=[]):
30.         """
31.         使用指定模型和工具链生成响应信息
32.         """
33.         tool_llm = create_json_llm(model_name)
34.         tool_llm = tool_llm.bind_tools(tools)
35.         log.debug(f"tool_chain:{prompt} \n")
36.         response_json = tool_llm.invoke(prompt)
37.         return response_json
```

需要特别注意的是，不能将敏感信息（如密码和 API 密钥）直接存储在配置文件中，而应使用环境变量或专用的密钥管理服务来处理。

14.2.4 人机协同

人机协同通过 API 会话管理机制，根据用户需求和工作流程提供需求分析拆解、SQL 代码生成和查询优化等功能。在此模块中，通过使用 PDAC（问题定义、设计、行动、检查修正）方法论来构建整体协作流程，从而系统地处理任务编排、调度、执行和监控等环节。

PDAC 是一种迭代的问题解决框架，旨在提高过程效率并解决复杂问题。基于 PDAC 方法论示意，人机协同的流程可以分为定义阶段、设计阶段、执行阶段和修正阶段，如图 14.8 所示。

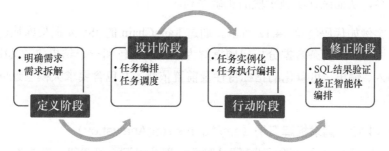

图 14.8　人机协同的流程

- 定义阶段：从用户的提问开始，准确理解需求或问题的核心。通过将大问题拆解为更小、可管理的子问题或任务，明确行动方向和资源分配。

- 设计阶段：通过设计任务间的交互和流程，确保任务依赖和数据流得到有效管理。通过制定合理的时间表和资源配置方案，确定任务的优先级。

- 行动阶段：根据设计阶段的计划来执行任务。通过监控实施过程中的每个步骤，确保所有活动按计划进行，并及时调整以应对任何突发情况。

- 修正阶段：在任务执行后，通过评估过程和结果，检查结果是否达到预期目标，并识别偏差及分析原因。在此阶段，可以将检查阶段获得的结果反馈到问题定义阶段，从而优化问题定义和任务设计。

1. 定义阶段

定义阶段主要侧重于准确识别和拆解用户需求，从而构建实现用户需求"说得清"的框架。定义阶段可以分为两个关键步骤，如图 14.9 所示。

图 14.9　定义阶段的两个关键步骤

- 明确需求：通过用户界面或 API 服务与用户进行互动来收集需求，并以对话形式深入探索和理解需求的细节。然后，基于大模型自动解析用户的需求，识别出需求中的关键点和核心问题元素。

● 需求拆解：基于大模型的语义理解能力，将复杂的主问题拆解成更小、更具体和可操作的子问题。并且，大模型可以对每个子问题生成详细的任务描述，以及任务依赖关系，从而确保实施阶段的正确序列。

需求拆解案例如代码清单 14.12 所示。通过 LangChain 的 JSON 框架库构建一个简单的需求拆解链，将用户的复杂数据分析问题拆解为多个数据包和一个结果包。其中，每个数据包必须包含输入、输出、可量化的指标特性及前置依赖，并包含要求大模型返回的符合预定义的数据格式。

代码清单 14.12　需求拆解案例（src/Agents/ReqAnalyst.py）

```
1.    from langchain_core.prompts import ChatPromptTemplate, MessagesPlaceholder
2.    from langchain.schema import AIMessage
3.    from Utility.config import Config
4.    from Utility.logger_helper import LoggerHelper
5.    from langchain_core.pydantic_v1 import BaseModel, Field
6.    from llm.openai_helper import json_chain
7.    config = Config()
8.    logger = LoggerHelper.get_logger(__name__)
9.    #定义大模型返回的 JSON 格式
10.   class json_req_split_cls(BaseModel):
11.       serial_id: int = Field(description="数据包 ID")
12.       id: str = Field(description="数据包")
13.       name: str = Field(description="数据包描述")
14.       input: str = Field(description="数据包输入描述")
15.       metric: list = Field(description="可量化的特性 Metric")
16.       output: list = Field(description="输出字段数组")
17.       dependence: list=Field(description="依赖的包 ID")
18.   # 定义大模型执行函数
19.   def invoke(user_input):
20.   # 设置系统提示词模板
21.       system_prompt = """
22.           你是一个专业的数据分析师，你的输出将提供给其他程序交互，请确保输出准确。
23.           #目标
24.           - "用户问题"应该先拆解成多个独立的"数据包"，再关联这些"数据包"，得到"结果"。
25.           - 如果"数据包"的"dependence"是"无"，那么必须提取出"Metric"。
26.           - "Metric"是这个数据包的无时间范围特性 metric 的抽象描述，如注册人数、活跃人数等。
27.           - 数据包中的"Metric"可以没有。
28.           #注意事项
29.           "拆解步骤"中一定只包含多个"数据包"和一个"结果"，不要存在多个"结果"。
```

```
30.          严格按照如下 JSON 格式输出:
31.          {{'step':[{{'serial_id':1,'id':'数据包 n','name':'（数据包描述……）
','input':'（输入数据包的详细执行描述……）','metric':['可量化的特性 Metric'],'output':['输出字段
'],'dependence':[serial_id]}}},……]}}
32.          """
33.          prompt = ChatPromptTemplate.from_messages([
34.                    ("system",system_prompt,),
35.                    MessagesPlaceholder(variable_name="messages"),
36.                    MessagesPlaceholder(variable_name="agent_scratchpad"),
37.                ])
38.          logger.debug(f"{user_input=}")
39.          latest_message_content = user_input[-1].content
40.          model_name=config["ReqAnalyst"].get("model_name","gpt-3.5-turbo")
41.          rsp =json_chain(model_name=model_name, prompt=prompt.invoke(input=
{"messages": [latest_message_content], "agent_scratchpad": []}),cls=json_req_split_cls)
42.          logger.info(f"{rsp=}")
43.          return AIMessage(content=rsp)
```

2. 设计阶段

设计阶段的目标是将问题定义阶段识别的需求和子问题转化成具体的实施计划，并设计必要的系统架构和数据流。设计阶段的核心流程是任务编排和任务调度。

- 任务编排：通过设计任务之间的交互和执行顺序，确保各任务的依赖关系和数据流得到有效管理。通过制定每个任务的输入和输出规范，创建一个明确的处理流程，提高整体工作流的透明度和可预测性。

- 任务调度：根据任务的优先级和依赖关系，使用调度算法来优化任务执行顺序，从而确保资源得到最优利用。

任务编排案例如代码清单 14.13 所示，通过构建 SubTask 模块来表示具有依赖关系的子任务。SubTask 允许用户为每个任务指定一个自定义的执行函数，核心有两个参数，一个代表当前任务的 SubTask 对象，另一个包含所有依赖任务输出的列表。通过此设计方案，每个任务都能够根据前置任务的结果更灵活地处理数据和执行逻辑。SubTask 提供了对任务的详细控制，例如通过任务名称或序列号访问任务属性，并通过任务依赖管理任务之间的关系。

代码清单 14.13　任务编排案例代码（src/Agents/Task.py）

```
1.    from collections import defaultdict, deque
2.    # 定义子任务
3.    class SubTask:
4.        def __init__(self, serial_id,name, dependencies, execute_function,step):
5.            self.serial_id=serial_id
```

```
6.              self.step=step
7.              self.name=name
8.              self.dependencies = dependencies
9.              self.execute_function = execute_function
10.             self.result = None
11.
12.       def execute(self,deplist):
13.             self.result = self.execute_function(self,deplist)
14.             self.step["sql"]=self.result
15.             return self.result
```

任务调度案例如代码清单 14.14 所示，构建 TaskScheduler 模块来负责管理和调度
SubTask 任务，并通过拓扑排序算法来确保任务按照依赖关系正确执行。TaskScheduler 通过
整合一系列任务，并构建一个依赖图来追踪任务间的依赖关系，从而可以明确哪些任务需要
先执行，哪些任务必须等待前置任务完成后才能启动。此设计方案支持使用自定义的执行函
数，使得 TaskScheduler 可以灵活地适应不同的任务执行需求。这种灵活的任务调度能力使
得 TaskScheduler 成为一个强大的工具，可用于管理复杂的任务流并确保任务按照既定的顺
序高效执行。

代码清单 14.14　任务调度案例（src/Agents/Task.py）

```
1.    # 任务调度与依赖管理
2.    class TaskScheduler:
3.      def __init__(self, tasks):
4.            self.tasks = {task.serial_id: task for task in tasks}
5.            self.dependency_graph, self.indegrees = self.build_dependency_graph
(tasks)
6.
7.        def build_dependency_graph(self, tasks):
8.            """构建任务的依赖图，同时计算每个任务的入度"""
9.            graph = defaultdict(list)
10.           indegrees = {task.serial_id: 0 for task in tasks}
11.
12.           for task in tasks:
13.               for dependency in task.dependencies:
14.                   graph[dependency].append(task.serial_id)
15.                   indegrees[task.serial_id] += 1
16.
17.           return graph, indegrees
18.       def get_execution_order(self):
19.           """使用拓扑排序算法计算任务的执行顺序"""
20.           queue = deque([task_id for task_id in self.indegrees if self.indegr
ees[task_id] == 0])
```

```
21.                execution_order = []
22.                while queue:
23.                    task_id = queue.popleft()
24.                    execution_order.append(task_id)
25.                    for dependent in self.dependency_graph[task_id]:
26.                        self.indegrees[dependent] -= 1
27.                        if self.indegrees[dependent] == 0:
28.                            queue.append(dependent)
29.                if len(execution_order) != len(self.tasks):
30.                    raise ValueError("存在循环依赖，无法完成所有任务的调度。")
31.                return execution_order
32.            def execute_tasks(self):
33.                """按照依赖顺序执行所有任务"""
34.                execution_order = self.get_execution_order()
35.                results = {}
36.                for task_id in execution_order:
37.                    task = self.tasks[task_id]
38.                    dep_results = [self.tasks[dep].result for dep in task.dependencies]
39.                    results = task.execute(dep_results)
40.                return results
```

3. 行动阶段

行动阶段是指定义阶段和设计阶段之后，在应用协作层的项目中实际执行任务的环节。此阶段的关键在于将之前设计的任务按照既定的计划实施。行动阶段的核心内容包括任务实例化和任务制定编排。

任务实例化是指为与大模型的交互编写清晰且具体的提示词，包括角色定义、性能指标定义、库表结构、SQL执行环境及输出格式。然后结合这些精确的提示词，通过算法从知识库中得到的相关信息，使用大模型生成符合业务逻辑的SQL代码。

任务实例化案例如代码清单14.15所示，通过使用大模型的能力来理解和转化用户需求到具体的SQL代码，确保生成的SQL代码符合预定义的规范。

代码清单14.15 任务实例化案例（src/models/model_gensql.py）

```
1.      from langchain_core.pydantic_v1 import BaseModel, Field
2.      from DAL.database import SQLiteDB
3.      from Utility.config import Config
4.      from Utility.logger_helper import LoggerHelper
5.      from llm.openai_helper import json_chain
6.      from datetime import datetime
7.      from models.feature import get_feature_definition
8.      from models.recommend import recommend_data_assets
9.
```

```
10.    config = Config()
11.    logger = LoggerHelper.get_logger(__name__)
12.
13.    # 定义大模型返回的 JSON 格式
14.    class sql_def(BaseModel):
15.        sql: str = Field(description="生成的 SQL 代码")
16.
17.    def get_query_specifications():
18.        sqlreq="""
19.            - 不要使用 `with` 语句定义仅包含日期或时间范围的临时表。应直接在每个查询的
`where` 子句中明确指定具体的日期或时间范围。
20.            - 在处理日期增加或减少的需求时，必须使用 date_add() 函数。确保在 SQL 代码中正确使
用 date_add() 函数来处理日期的增减，以保持数据处理的准确性和效率。
21.            - 尽可能使 SQL 代码简单易读。
22.            - 如果'用户问题'中的时间没有提到具体的年份和月份，以'当前日期'的年份和月份为准。
23.            - '指标定义'中的变量需要替换成准确的时间。
24.            - SQL 中的表名尽可能带上数据库名。
25.            - 必须严格遵循 SQLite 的语法规则。
26.            - 不支持 stack 语法。
27.        """
28.        return sqlreq
29.
30.    def sqlgenerate(task,dep_data):
31.        template = """
32.            作为一名专业游戏数据分析师，你非常熟悉游戏行业并且擅长 SQL 代码开发。你需要理解"
用户问题"，利用"指标定义"中提供的业务指标"计算 SQL"和"库表定义"，结合"生成 SQL 注意事项"和"SQL 语法编写
要求"，按照以下"步骤"编写一个 SQL。
33.            - 当前日期是{currdate}
34.            ## 用户问题
35.            {user_input}
36.            ## 指标定义
37.            {feature_def}
38.            ## 库表定义
39.            {table_assets}
40.            ## 依赖资料
41.            {dep_data}
42.            ## SQL 语法要求
43.            {query_specifications}
44.            严格按照如下 JSON 格式输出：
45.            {{'sql':'...'}}
46.        """
47.        query_specifications = get_query_specifications()
48.        # 获取当前时间
49.        current_time = datetime.now()
50.        # 格式化当前时间为字符串
```

```
51.          print(f"{task.step=}")
52.          user_input = task.step
53.          feature_def=[]
54.          for metric in task.step["metric"]:
55.              feature_def.append(get_feature_definition(metric))
56.          print(f"{feature_def=}")
57.          recommend_table = recommend_data_assets(user_input,topK=3)
58.          table_assets=[]
59.          if recommend_table["code"]==0:
60.              db = SQLiteDB('example.sqlite3')
61.              for table in recommend_table["data"]:
62.                  table_assets.append(recommend_data_assets(db,table))
63.          prompt = template.format(user_input=user_input,query_specifications=
query_specifications,currdate=current_time,dep_data=dep_data,table_assets=table_assets,
feature_def=feature_def)
64.
65.          model_name=config["sqlgenerate"].get("model_name","gpt-3.5-turbo")
66.          rsp = json_chain(model_name, prompt,sql_def)
67.          return rsp
```

任务执行编排是指对任务实例化后拆解的结果进行编排，并根据业务需求调用公共或私有模型来执行代码生成任务。

任务执行编排案例如代码清单 14.16 所示。将复杂的 SQL 代码生成过程拆分成多个独立的步骤或子任务，可以更加灵活和高效地处理数据分析中的复杂查询需求，尤其是当查询依赖于多个数据源或者需要按特定顺序执行时。其中，每个子任务可能依赖于其他任务的输出。

代码清单 14.16　任务执行编排案例（src/Agents/SQLGenerator.py）

```
1.      from models.Task import SubTask, TaskScheduler
2.      from models.model_gensql import sqlgenerate
3.      def invoke(steps):
4.          tasks=[]
5.          for step in steps['step']:
6.              deps=step["dependence"]
7.              if deps==0 or deps==None:
8.                  deps=[]
9.              dependencies=[]
10.             for dep in deps:
11.                 dependencies.append(dep)
12.
13.             tasks.append(SubTask(name=step["id"], dependencies=dependencies,
execute_function=sqlgenerate,serial_id=step["serial_id"],step=step))
```

```
14.        scheduler = TaskScheduler(tasks)
15.        result= scheduler.execute_tasks()
16.        return result
```

4. 修正阶段

修正阶段是行动阶段的下一个环节，也是人机协同的最后一个环节。此环节的目标是对任务执行结果进行验证和修正，核心包括 SQL 结果验证和修正智能体编排。

SQL 结果验证是指根据数据库返回的错误信息对 SQL 代码进行诊断和修正。SQL 结果验证环节通过整合当前的错误信息、用户输入的 SQL 代码和修正历史来构建一系列的消息，这些消息作为上下文传递给外部 AI 模型或工具链，以生成修正后的 SQL 代码。

SQL 结果验证的案例如代码清单 14.17 所示，展示了在 SQL 结果验证阶段对 SQL 代码进行诊断和修正的 Agent 实现。该阶段的核心目标是根据数据库返回的错误信息对用户输入的 SQL 代码进行修正，调用 perform_correction()函数处理与外部模型的交互，负责发送构建好的消息列表给模型，并处理返回的结果。

代码清单 14.17 SQL 结果验正的案例（src/Agents/SQLRevision.py）

```
1.    def correct_sql(sql, db_error, history, db, model_name):
2.        currdate = datetime.now().strftime("%Y-%m-%d")
3.        system_prompt = f"""
4.            作为一名专业游戏数据分析师，你非常熟悉游戏行业并且擅长 SQL 代码开发。你将根据用户
提供的 SQL 代码及数据库返回的错误信息，为用户写出正确的 SQL 代码。
5.            - 当前日期是{currdate}。
6.            - 特别注意，数据库的错误信息和用户信息中的内容可以提升编写 SQL 代码的成功率。
7.            - 你仅能生成 select 查询语句。
8.            """
9.        user_prompt = f"""
10.               ## 数据库错误信息
11.               {db_error}
12.               ##sql input:
13.               {sql}
14.               特别注意，即将与程序对接，确保 SQL 代码简洁、准确。
15.               严格按照如下 JSON 格式输出：
16.               {{"reflect":"(对 SQL 错误较为详细的反思)……","sql":"……"}}
17.               """
18.        messages = [
19.            SystemMessage(system_prompt),
20.            *history,
21.            HumanMessage(user_prompt)
22.        ]
23.
```

```
24.        result = perform_correction(messages, db, model_name)
25.        return result
```

修正智能体编排是负责管理整个 SQL 结果修正的过程。修正智能体编排的案例如代码清单 14.18 所示。首先，从传入的消息及配置中提取和解析必要的信息（如任务内容和重试限制）。其次，循环执行 SQL 语句，并在每次失败后调用修正函数来尝试解决问题，其中每次循环都会记录操作历史和修正尝试，直到 SQL 执行成功或达到预设的重试次数。此外，修正智能体编排还负责在成功修正后更新任务消息，以便返回修改后的查询。

代码清单 14.18 修正智能体编排的案例（src/Agents/SQLRevision.py）

```
1.    def invoke(message):
2.        try:
3.            task = json.loads(message[-1].content)
4.            retry_limit = int(config["LLM"].get("retry", 3))
5.            model_name=config["LLM"].get("model_name","gpt-3.5-turbo")
6.        except ValueError as e:
7.            logger.error(f"Error parsing retry limit: {e}")
8.            retry_limit = 3
9.        except Exception as e:
10.           logger.error(f"Exception during message parsing: {e}")
11.           return None
12.
13.       logger.info(f"{retry_limit=} \n ${task=} \n")
14.       eva_sql=task["sql"]
15.       history=[]
16.       for attempt in range(retry_limit):
17.           logger.debug(f"第 {attempt} 次修正SQL: {eva_sql}")
18.           rst = db.explain(eva_sql)
19.           logger.info(f"SQL explain: {rst=}")
20.           if rst["code"] == 0:
21.               logger.info(f"SQL校验正确")
22.               break
23.
24.           corrections = correct_sql(eva_sql, rst["errmsg"], history, db, model
_name)
25.           history.extend(corrections)
26.           eva_sql = try_parse_new_sql(history)
27.           if eva_sql:
28.               task["sql"] = unescape_unicode(eva_sql)
29.               message.append(AIMessage(content=eva_sql, role="assistant"))
30.       return message
```

perform_correction()函数的应用示例如代码清单 14.19 所示，其中，解析模型的直接响应和处理由模型触发的工具调用，如数据库表结构查询。此函数确保所有工具调用都能被正确处理，并将结果反馈到消息流中，为进一步的错误修正和 SQL 代码生成提供必要的上下文信息。

代码清单 14.19　perform_correction()函数的应用示例（src/Agents/SQLRevision.py）

```
1.    def perform_correction(messages, db, model_name):
2.        result = []
3.        while True:
4.            logger.debug("Processing tool_call cycle...")
5.            rsp = tool_chain(model_name, messages, [getable])
6.            messages.append(rsp)
7.            result.append(rsp)
8.            for tool_call in rsp.tool_calls:
9.                selected_tool = getable if tool_call["name"].lower() == "getable"
else None
10.               if selected_tool:
11.                   tool_output = selected_tool.invoke(tool_call["args"])
12.                   messages.append(ToolMessage(json.dumps(tool_output, ensure_
ascii=False), tool_call_id=tool_call["id"], role="tool"))
13.                   result.append(messages[-1])
14.           if isinstance(messages[-1], ToolMessage):
15.               continue
16.           else:
17.               break
18.       return result
```

修正智能体编排的案例通过调用 try_parse_new_sql()函数从修正历史中提取和返回最新的 SQL 代码。如果成功地从 JSON 结构中解析出有效的 SQL 代码，函数将返回这个新的 SQL 代码。此函数对整个 SQL 修正流程非常关键，其实现示例如代码清单 14.20 所示。

代码清单 14.20　try_parse_new_sql()函数的实现示例（src/Agents/SQLRevision.py）

```
1.    def try_parse_new_sql(history):
2.        parser = JsonOutputParser()
3.        try:
4.            last_correction = history[-1].content
5.            sql_details = parser.parse(last_correction)
6.            return sql_details["sql"] if sql_details["sql"] else ""
7.        except Exception as e:
8.            logger.error(f"Failed to parse new SQL: {e}")
9.            return ""
```

14.2.5 应用场景

本节以通过 FastAPI 构建 API 应用为例，阐述如何构建一个 SQL 生成助手的 API 应用服务，从而处理用户请求并返回相应的分析结果。其构建过程核心分为 3 个步骤，分别是安装依赖库、创建 FastAPI 应用、运行和测试。

1. 安装依赖库

创建应用的第一步是安装 FastAPI 和 Uvicorn 组件。FastAPI 是一个高性能的 Web 框架，将其用于 Python 3.6+标准类型来构建 API。Uvicorn 是一个轻量级且高效的 ASGI 服务器，用于运行 FastAPI 应用。安装依赖库如代码清单 14.21 所示。

代码清单 14.21 安装依赖库

```
(ChatBot) [xxxx@VM-121 ~]$ pip install fastapi uvicorn
```

2. 创建 FastAPI 应用

创建 FastAPI 应用需要定义 API 的结构和处理逻辑。创建 FastAPI 应用如代码清单 14.22 所示，该代码详细描述了如何构建和运行一个基本的 FastAPI 应用。

代码清单 14.22 创建 FastAPI 应用（src/app/backend.py）

```
1.    from fastapi import FastAPI, HTTPException
2.    import json,os
3.    from typing import List
4.    from pydantic import BaseModel
5.    from Agents import ReqAnalyst, SQLGenerator, SQLRevision
6.    from langchain_core.messages import HumanMessage, AIMessage
7.    from Utility.logger_helper import LoggerHelper
8.    from Utility.config import Config
9.
10.   config = Config()
11.   logger = LoggerHelper.get_logger(__name__)
12.
13.   class MessageRequest(BaseModel):
14.       messages: List[str]
15.
16.   app = FastAPI()
17.
18.   # 示例路径
19.   @app.post("/analyze-message/")
20.   async def analyze_message(request: MessageRequest):
```

```
21.        try:
22.            # 关闭 LangSmith 追踪
23.            os.environ['LANGCHAIN_TRACING_V2'] = 'false'
24.
25.            # 消息处理
26.            message_objs = [HumanMessage(content=msg) for msg in request.messages]
27.            ReqAnalyst_rst = ReqAnalyst.invoke(message_objs)
28.            message_objs.append(ReqAnalyst_rst)
29.            logger.debug(message_objs[-1])
30.            steps = json.loads(message_objs[-1].content)
31.
32.            sql = SQLGenerator.invoke(steps)
33.            message_objs.append(AIMessage(content=sql))
34.
35.            fixmsg = SQLRevision.invoke(message_objs)
36.            logger.debug(f"{fixmsg=}")
37.            return {"sql": fixmsg[-1].content}
38.        except Exception as e:
39.            logger.error(f"Exception during processing: {str(e)}")
40.            raise HTTPException(status_code=500, detail="Internal Server Error")
41.
42.    if __name__ == "__main__":
43.        import uvicorn
44.        uvicorn.run(app, host="0.0.0.0", port=8000)
```

FastAPI 应用的构建可以归纳为以下 4 个步骤。

（1）导入必要的库和模块，包括 FastAPI、HTTPException、json、os，以及一些自定义模块。

（2）配置日志记录器和配置文件。

（3）通过定义 MessageRequest 数据模型，接收请求中的消息列表。通过创建 FastAPI 应用实例 App 并定义一个 POST 请求路径/analyze-message/处理分析请求。在该路径的处理函数 analyze_message()中，关闭了 LangSmith 追踪能力，避免出现程序僵死的情况。该函数接收并处理用户的消息，然后将消息传递给 ReqAnalyst 分析，将大模型生成问题的解决步骤传递给 SQLGenerator 来生成 SQL 代码。

（4）通过 SQLRevision 修正生成的 SQL 代码，并返回最终的 SQL 结果。如果在处理过程中发生异常，将记录错误日志并返回 HTTP 500 错误。

3．运行和测试

运行和测试是指通过 Uvicorn 运行 FastAPI 应用，并通过 HTTP 请求来测试 API 服务。

其中，测试指令可以使用 curl 命令来发送。运行和测试案例如代码清单 14.23 所示。

代码清单 14.23　运行和测试案例

```
(ChatBot) [xxxx@VM-121 ~]$ curl -X POST "http://localhost:8000/analyze-message/" \
    -H "Content-Type: application/json" \
    -d '{
        "messages": [
            "分析流失 14 天以上的回流用户首次对局转化漏斗",
            "统计日期 2024-1-2 2023-12-19 2023-12-12 输出：统计日期 当天回流用户
数 当天参与对局的用户数"
        ]
    }'
```

在测试时，首先，需要确保已启动 Uvicorn 服务器，并在指定的主机 IP 和端口上监听；其次，通过使用 curl 命令发送 POST 请求，测试 analyze_message 的 API 路径；最后，查看返回的 SQL 生成结果是否符合预期。

▌14.3　运营质量的评估指标

14.2 节介绍了工程化建设要点中的核心功能。在此基础上，本节详细阐述如何进行系统回归运营质量的评估，这对系统的长期健康和稳定运营来说至关重要。

14.3.1　回归评估指标

在系统的开发和优化过程中，通过建立度量指标来确保系统的回归评估和持续改进。度量指标不仅可以帮助评估当前系统的性能，还可以为未来的优化提供方向和依据。常见的回归评估指标如图 14.10 所示，可分为可观测性能指标、可靠性指标和准确性指标。

图 14.10　常见的回归评估指标

1．可观测性能指标

可观测性能指标主要用于评估系统实际运行时的响应速度和处理能力。可观测性能指标能够反映系统在不同负载和任务复杂度下的表现，从而为优化提供数据支持。可观测性能指标的核心量化维度包括首 Token 延迟、Token95%分位数生成时间间隔、连续 Token 生成时间间隔和已完成的请求总数。

- 首 Token 延迟：从请求发出到系统生成第一个 token 所需的时间。首 Token 延迟直接影响用户对系统的第一印象，以及和系统的交互体验。较低的首 Token 延迟意味着系统能够快速响应用户请求。关于首 Token 延迟的计算，通常是在每次生成任务中记录从请求发出到第一个 token 生成的时间，并计算这些时间的平均值和分布情况。

- Token 95%分位数生成时间间隔：两个连续生成的 token 之间的时间间隔的95%分位数。此指标用于评估系统在大多数情况下的生成性能，尤其是在高负载或复杂任务下的表现。通过关注95%分位数，可以有效地识别和排除系统中的高延迟问题，从而确保大部分生成任务在合理时间内完成。关于 Token 95%分位数生成时间间隔的计算，通常是记录每次生成任务中所有 token 的生成时间间隔，排序后取前95%数据点的最大值作为95%分位数生成时间间隔。

- 连续 Token 生成时间间隔：两个连续生成的 token 之间的平均时间（以秒为单位）。此指标反映了系统生成任务的处理速度。

- 已完成的请求总数：记录系统在一定时间内已完成的请求总数。此指标可以反映系统的总体处理能力和工作负荷。

2．可靠性指标

可靠性指标主要用于评估系统长时间运行时的稳定性和故障恢复能力。可靠性指标能够及时反映系统在面对各种异常情况时的表现，其核心量化维度包括可用性（Availability）和故障恢复时间（Recovery Time Objective，RTO）。

- 可用性：系统在指定时间段内可用的比例。高可用性意味着系统在大部分时间内都能正常运行。可用性指标的计算，通常是通过监控系统的运行状态，记录系统可用的时间与总时间的比值。

- 故障恢复时间：系统从故障发生到恢复正常运行所需的时间。较短的故障恢复时间表明系统具有较好的恢复能力，可以迅速解决问题，减少用户受影响的时间。故障恢复时间的计算通常是记录每次故障发生和恢复的时间差，并计算平均时间差。

3. 准确性指标

准确性指标主要用于评估系统在执行特定任务时的精确程度。准确性指标能够反映系统在生成和修正代码、处理数据等方面的表现，从而为提高系统的准确性提供数据支持。准确性指标的量化维度包括 SQL 一次生成准确率、SQL 修复准确率和测试集准确率。

- SQL 一次生成准确率：生成的 SQL 代码的准确率。此指标用于衡量系统在生成 SQL 代码时的精确程度，确保生成的 SQL 代码符合预定义的标准格式。关于 SQL 一次生成准确率的计算，通常通过解析生成的 SQL 代码的 JSON 格式，检查是否只包含 SQL 字段，以及是否符合预定义的标准格式并计算多个任务 SQL 生成的正确率。

- SQL 修复准确率：错误的 SQL 代码修正后能够被正确解析的比例。此指标用于评估系统修正错误 SQL 代码的有效性。关于 SQL 修复准确率的计算方式，通常是统计错误 SQL 代码修正后能够被正确解析的次数与总修正次数的比值。

- 测试集准确率：系统在预先准备的测试集上的预测准确率，即正确预测的样本数量占总样本数量的比例。此指标用于评估模型对未见数据的泛化能力。测试集准确率的计算方法，是通过建立测试集评估基线，每次变更或知识库更新后，通过定期执行测试集，评估测试集中正例和负例的执行情况是否符合预期。

综上所述，通过制定和监控这些关键度量指标，可以在系统的开发和测试过程中有效评估每个环节的质量，及时发现和改进存在的问题，从而确保工程化系统在各种场景下都能提供高效、可靠的服务。

14.3.2 资产运营指标

资产运营旨在确保系统内的数据资产和知识资产能够得到有效管理、维护和利用。科学的资产运营有助于提升系统的整体效能，从而确保业务目标的实现。资产运营可以分为数据资产运营和知识资产运营两个方面。

1. 数据资产运营

数据资产运营包括数据资产的变更和下线等管理流程，确保数据在其生命周期内的高效和安全使用。

- 数据资产变更流程：规范数据更新、迁移和归档的操作。变更流程需要详细记录每次变更的内容、过程和结果，确保变更的可追溯性。在数据资产更新时，通过采取版本控制措施，防止旧数据被覆盖和丢失。

- 数据资产下线流程：确保业务下线或数据删除时得到安全处理。该流程包括数据的清理和销毁。在数据清理阶段，删除不再使用的数据副本和临时文件，释放存储空间。在数据销毁阶段，采用安全销毁技术（如物理销毁或数据覆盖），确保数据彻底不可恢复，防止数据泄露和滥用。同时，记录数据下线的过程和结果，确保操作的合规性和可追溯性。

2. 知识资产运营

知识资产运营包括公共知识库建设、个人知识库建设和资产升级管理。

- 公共知识库建设：系统化地收集、整理和共享业务技术知识。通过构建结构化的知识体系，将分散的知识和经验集中管理，可供授权员工访问和使用资产治理模块中的知识库。通过定期更新知识库，确保内容的时效性和准确性。通过公共知识库，智能系统可以快速获取所需的信息和解决方案，提高工作效率和创新能力。

- 个人知识库建设：收集员工个人的工作业务经验知识和技术心得。通过建立个人知识库，一方面员工能够系统化地管理和保存自己的知识资产；另一方面，这些个人知识库可以为扩展公共知识库中的内容提供宝贵的资源。个人知识库的建设，不仅可以提升员工的工作效率，还能提升智能化系统的知识水平和创新能力。

- 资产升级管理：建立员工个人知识库到公共知识库的升级流程，定期对个人知识库和公共知识库的内容进行审查和评估，识别过时或不准确的信息，并进行更新或删除。通过持续的资产升级管理，保持知识库的活力和先进性，从而推动业务的持续改进和技术创新。

14.4 小结

本章系统阐述了大模型工程化的建设要点。首先，通过介绍功能性需求、非功能性需求和流程定义，明确工程化的构建目标；其次，从模块化架构、安全管控、工具模型、人机协同和应用场景，阐述工程化建设中的核心功能；最后，以具体的回归评估指标和资产运营指标为例，阐述系统运营质量的评估指标。

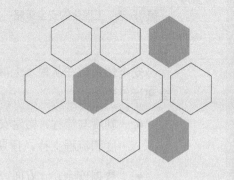

第15章
工程化的安全策略

安全策略是大模型工程化项目实施必须高度重视的生命线。通常来说,大模型工程化的安全策略至少包括安全体系建设要点和安全体系实施方案。

- 安全体系建设要点包括制度与流程、数据安全、运行安全等。
- 安全体系实施方案包括数据分类分级方案、资产匿名化与脱敏方案、访问控制方案及监控告警方案等。

下文从安全体系建设要点和安全体系实施方案来重点阐述工程化的安全策略。但是在不同的业务背景、数据管理机制和业务需求下,具体的安全策略可以灵活定制。

15.1 安全体系建设要点

在构建大模型的工程化项目时,建设一个全面的安全体系是保护系统免受内外部威胁的基础。安全体系建设的要点如图 15.1 所示。

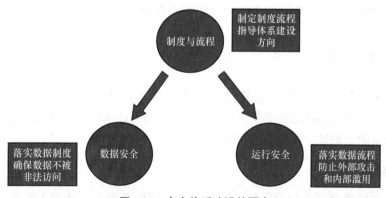

图 15.1 安全体系建设的要点

安全体系旨在从根本上减少安全漏洞和风险，构建的核心内容包括制度与流程、数据安全和运行安全。

- 制度与流程：构建安全体系不仅需要考虑技术层面的措施，还需要有完善的管理制度和流程支持，指导体系的建设方向。

- 数据安全：一方面，要关注如何避免用户输入或 AI 生成的恶意代码被注入和执行；另一方面，要保护数据库及其内部信息不被非法访问，企业内部的敏感数据不被泄露。

- 运行安全：确保操作系统、网络和基础设施的安全，防止外部攻击和内部滥用。

15.1.1　制度与流程

制度和流程是基于企业的具体需求、业务流程、法律法规要求、安全最佳实践等信息来制定的。构建制度和流程有以下 3 个关键步骤。

- 政策制定与更新：制定详细的数据保护政策，涵盖数据分类、访问控制、数据处理、应急响应等方面。政策应当清晰定义数据保护的目标、责任和违规的后果，并通过定期审查和更新等政策，适应新的业务需求、技术发展和法规变化。

- 流程制定与更新：制定明确的操作流程，用于指导数据处理和安全实践的具体执行。流程应详细描述从数据采集使用到数据销毁的每个步骤，包括如何处理安全事件和违规行为。流程的制定应基于实际的业务操作，需要进行定期评估和更新，以保持其效率和适应性。

- 培训与意识提升：定期对所有员工进行政策、流程和安全意识培训，包括介绍安全最佳实践和公司政策，从而强化员工的安全意识。

15.1.2　数据安全

在大模型的工程化项目中，确保数据安全是至关重要的。数据安全建设要点如图 15.2 所示，主要包括 3 个关键阶段的安全措施。每个阶段的措施都应基于深入的安全知识和最佳实践，确保数据的完整性、安全性和可用性。

1. 检查和验证阶段

检查与验证阶段通过前期的一些检查和验证，降低数据在正式进入系统之前的潜在风险。检查与验证阶段主要包括以下 3 种关键的安全策略。

图 15.2 数据安全建设要点

- 提示词攻击防范：对所有用户的交互输入进行审查和清洗，防范攻击者通过提示词进行恶意攻击，从而确保系统不会因为错误消息或其他交互提示，而在无意中泄露敏感信息或诱导执行未授权的操作。

- 恶意指令过滤：通过实施严格的输入验证逻辑，预防指令注入攻击，例如，移除或转移可能导致系统执行非预期操作的代码、命令或查询。

- SQL 注入防护：通过使用参数化查询的方法，可以预防大模型生成危险的 SQL 代码。此外，使用身份验证、访问控制等策略可以进一步增强其安全性。这些措施可以确保大模型生成的 SQL 代码不会包含潜在的恶意指令，从而避免外部攻击者通过注入危险 SQL 代码来读取、修改或删除数据库中的数据。

以上措施的实施共同构成了数据安全的前线防御，通过预先消除潜在的威胁，保障系统的整体安全性和数据的完整性。

2. 认证和管控阶段

认证和管控阶段能确保数据在系统内部流转时的安全性。认证和管控阶段主要包括以下 3 种安全策略。

- 身份认证：数据安全的首要防线，其目的是校验请求访问系统资源的用户身份是否合法。身份认证过程通常涉及要求用户提供用户名和密码，进一步的认证措施可能包括生物识别或多因素认证等，增强身份认证的安全性。

- 访问控制：通过对用户角色和数据进行分类的策略，确保实施细粒度访问时的数据安全性。此方法的实施核心是通过最小权限原则（系统设计应确保每个用户仅能访问其执行职责所必需的信息）防止未授权访问敏感数据的行为，从而减少潜在的安全风险。

- 隐私保护：基于对数据的分类执行，针对不同级别的安全需求实施不同强度的保护措施。隐私保护的关键技术包括数据匿名化和加密。通过应用这些技术，即使在数据被未授权访问的情况下，其内容也因加密或脱敏而难以被第三方解读或误用。

通过以上措施，可以有效地管理和控制数据的安全和隐私，从而达到数据安全体系的整体目标。

3．审计和改进阶段

审计和改进阶段主要聚焦于以下 3 个关键领域。

- 审查分析：通过定期审查和分析审计日志，确保持续监控系统的安全状态。基于自动化工具对日志进行分析，可以有效地识别异常模式和潜在的安全威胁，并及时触发安全警报。

- 标准遵循：确保审计控制的实施符合相关的法律和行业标准，如《通用数据保护条例》（General Data Protection Regulation，GDPR）、《健康保险携带和责任法案》（Health Insurance Portability and Accountability Act，HIPAA）和《信息技术、网络安全与隐私保护　信息安全管理体系　要求》（ISO/IEC 27001:2022）。

- 持续改进：基于审计结果来定期评估现有安全策略和措施的有效性，并根据发现的问题和新出现的威胁进行必要的调整和改进。

15.1.3　运行安全

在开发大模型的工程化项目时，实施严格的运行安全措施是项目成功的关键因素。大模型的工程化项目通常涉及大量数据处理与复杂的计算过程，任何安全疏漏都可能导致数据泄露、运行故障或更严重的安全事件。

为了确保系统在整个生命周期内的安全性和稳定性，运行安全的建设要点包括基建管控、平台管控和运营管控。运行安全的建设要点如图 15.3 所示。

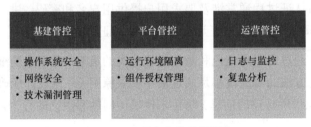

图 15.3　运行安全的建设要点

1. 基建管控

基建管控包括操作系统安全、网络安全和技术漏洞管理。

- 操作系统安全：操作系统是整个系统安全的基础。为保障系统安全，应定期更新操作系统和应用安全补丁，并配置系统以符合安全最佳实践。常见的实施方案包括实施最小权限原则、限制进程和服务的权限、持续监控系统日志，以及实时识别和应对异常活动或安全漏洞等。

- 网络安全：建立坚固的网络边界防护是防止未授权访问的关键。系统应部署先进的防火墙、入侵检测系统（Intrusion Detection System，IDS）和入侵防御系统（Intrusion Prevention System，IPS），监测和防御潜在的网络攻击。

- 技术漏洞管理：持续的技术漏洞管理是确保系统组件安全的关键。常见的实施方案是通过定期的漏洞评估和修补程序，确保系统得到持续保护，从而减少软件漏洞引起的安全风险。

2. 平台管控

平台管控包括运行环境隔离、组件授权管理等方面。

- 运行环境隔离：通过为不同的操作和服务提供隔离的运行环境，可以显著降低系统部件之间的依赖性并减少潜在风险的传播。常见的实施方案是通过容器化技术（如Docker 和 Kubernetes）创建独立的运行环境，封装应用程序，从而隔离潜在的恶意代码，并通过自动化策略快速部署安全更新和补丁。

- 组件授权管理：强化访问控制和权限管理，可以有效防止未授权的访问和活动。常见实施方案是通过监控平台内部的组件行为，确保所有操作都在授权的范围内执行，从而减少跨服务的攻击。

3. 运营管控

运营管控包括日志与监控、复盘分析等方面。

- 日志与监控：全面的日志记录和监控是及时发现并响应安全事件的关键。常见的实施方案是通过对系统关键操作的持续跟踪和监控，记录详尽的系统活动，包括用户操作、系统警告和安全事件等，从而为事后分析奠定基础。

- 复盘分析：通过对安全事件进行详细复盘分析，可以识别安全漏洞、总结经验教训，从而改进未来的安全策略和响应措施。常见的实施方案是使用自动化分析工具有效地识别安全威胁的模式和源头。

以上综合性的安全策略，可以确保平台在整个生命周期内的安全性和运行稳定性，为工程化系统提供坚实的保障。

15.2   安全体系实施方案

通过 15.1 节的详细阐述，我们了解到安全体系建设的常见要点，接下来，就需要制定可落地、可评估的安全体系实施方案。安全体系实施方案如图 15.4 所示。下文将围绕数据分类分级方案、资产匿名化与脱敏方案、访问控制方案和监控告警方案等内容详细展开。

图 15.4   安全体系实施方案

15.2.1   数据分类分级方案

在安全体系方案的落地过程中，分类分级保护策略使组织能够根据数据的敏感性和重要性来制定针对性的安全措施。数据分类分级方案如图 15.5 所示，通常包括以下 5 个关键步骤和技术要点。

图 15.5   数据分类分级方案

- 数据识别与分类：对持有的所有数据进行全面的识别和分类，包括数据的来源、类型、使用方式和存储位置等。分类策略通常是基于数据的敏感性和对业务运营的重要性来划分，例如，数据可以分为公开数据、内部数据、机密数据和高机密数据等类型。需要特别注意的是，数据分类标准通常由数据治理团队负责，并且分类方案需要得到组织内所有相关方的认同。

- 风险评估级别划分：每类数据都需进行风险评估，评估标准包括数据被非授权访问、泄露或损失的潜在风险，以及这些事件对组织造成的潜在影响。基于评估结果，为每类数据设定相应的安全级别，并定义必要的保护措施。例如，对于包含个人可识别信息（Personally Identifiable Information，PII）的数据，可能需要最高级别的安全措施，包括加密、访问控制和严格的数据处理政策。

- 实施保护措施：需要根据每类数据的安全级别实施相应的保护措施。这些措施可能包括技术解决方案，如数据加密和访问控制；也可能包括管理和操作措施，如员工培训和安全政策的制定。保护措施需要被定期审查和更新，以适应新的威胁和合规要求。

- 持续监控与审核：分类分级策略的有效性依赖于持续的监控和定期的审核。监控系统应能够实时检测和告警任何违反数据访问政策的行为，而定期审核则确保分类准则和保护措施仍然适用于当前的数据环境和业务需求。

- 法规遵从与适应：分类分级策略还需要考虑法律和行业标准的要求。GDPR、HIPAA 或 SOX 等国际法规对某些类型的数据提出了特定的保护要求，例如，GDPR 针对个人隐私数据保护制定了 7 项规则，HIPAA 对个人健康信息隐私提出了特定的保护要求，SOX 对企业财务数据的记录和管理提出了严格的控制和保留要求。

15.2.2　资产匿名化与脱敏方案

资产匿名化与脱敏是处理敏感数据时的关键技术，主要包括数据掩码、数据伪装和数据加密等方法。通过这些方法，在不暴露真实内容的情况下，敏感信息仍可用于数据分析和业务处理。例如，数据伪装可以在保持数据格式和操作性的同时替换敏感内容，有效防止数据泄露。

资产匿名化和脱敏方案如图 15.6 所示。具体实施包括敏感级别定义、脱敏技术选择、匿名化与脱敏实施及效果验证与测试。

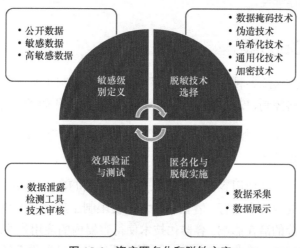

图 15.6　资产匿名化和脱敏方案

- 敏感级别定义：基于企业分类分级的标准定义，建立准确识别数据敏感资料的机制，包括公开数据、敏感数据和高敏感数据的定义等。

- 脱敏技术选择：在实施数据脱敏策略时，具体的脱敏技术选择应该根据数据的实际类型和应用场景来确定。数据掩码技术用于遮蔽数据中的敏感部分，如用星号隐藏信用卡号的某些数字，可以有效防止敏感信息直接暴露；伪造技术用于生成与原数据结构相似但内容虚构的数据，确保操作不会影响真实数据的安全；哈希化技术通过不可逆的转换过程将数据转换为固定长度的输出，常用于安全存储敏感信息；通用化技术通过降低数据的精细度，减少个人信息的可识别性，如将具体的日期简化为年份；加密技术通过数学算法将数据转化为只有密钥持有者能解读的格式，保障数据传输和存储过程的安全。总的来说，每种技术都有其特定的适用环境和优势，正确的应用可以显著增强数据处理和存储的安全性。

- 匿名化与脱敏实施：保护数据隐私至关重要，通常需要在数据的采集和展示两个阶段实施。在数据采集阶段，通过技术手段去除或转换可识别个体的信息，从而保护个人隐私；在数据展示阶段，通过汇总数据或进一步模糊化处理，确保敏感信息不直接暴露。通过应用这些措施，进一步保障数据处理和使用过程中的安全性和隐私性。

- 效果验证与测试：通过定期测试和验证脱敏数据的安全性，确保脱敏措施的有效性。通常使用数据泄露检测工具和技术审核等，确保脱敏后的数据既符合业务需求，又维护了必要的安全标准。

通过以上步骤，可以有效地降低敏感数据在处理和传输过程中的泄露风险，同时确保数据的可用性和业务的连续性。

15.2.3　访问控制方案

访问控制是指通过实施各种技术和策略手段，管理和限制对系统资源的访问。这一机制的目的是创建一个严格控制、安全隔离的运行环境，防止恶意代码的执行和系统漏洞的利用。

访问控制方案如图15.7所示，核心包括容器化技术、身份认证、代码审计与自动化测试、系统配置与权限管理等。

- 容器化技术：通过使用容器化技术，如Docker和Kubernetes，使得AI生成的代码在一个隔离的容器中运行。容器化技术不仅限制了进程间的相互作用，也防止了对系统其他部分的潜在影响。容器化技术使得容器内的应用程序运行在指定的用户空间和网络空间内，除非显示授权，否则无法访问主机操作系统上的资源。此外，沙盒环境为应用程序提供了一个受限制的执行环境，可以进一步控制和过滤执行代码对系统资源的访问。

图 15.7　访问控制方案

- 身份认证：实施基于角色的访问控制（Role Based Access Control，RBAC）模型，通过用户的职责和工作需求来分配访问权限。此方式确保用户只能访问完成自身工作所必需的资源，从而最小化访问不必要的数据。

- 代码审计与自动化测试：通过定期进行代码审计和使用自动化测试工具，识别和修复安全漏洞。通常使用静态代码分析工具检测潜在的安全问题，如缓冲区溢出、SQL注入等；使用动态分析工具检测运行时的异常行为。

- 系统配置与权限管理：确保所有运行环境都采用最小权限原则和安全硬化的配置。这明确表明，该应用程序仅被授予执行其预期功能所必需的最基本权限，且这些权限不足以实现对系统更广泛或深入的访问。通过限制运行时环境的权限，可以大幅降低恶意代码利用系统漏洞的机会。

通过这些措施，企业可以有效地规范化代码执行环境，降低系统被攻击的风险，从而确保应用程序的稳定与安全运行。另外，这些策略的应用不仅提高了防御能力，还优化了应用程序的性能和可靠性。

15.2.4　监控告警方案

在大模型工程化项目中，设置有效的监控告警方案是保证系统安全不可或缺的一部分。监控告警方案的关键要点如图 15.8 所示，主要包括数据收集、异常监控、告警机制和自动化响应。

- 数据收集：监控告警系统的首要步骤是全面收集数据，包括记录操作系统、应用程序、安全设备的日志信息，并监控网络流量和用户活动，从而确保从系统日志到用户行为的数据完整性和透明度。

图 15.8　监控告警方案的关键要点

- 异常监控：系统通过持续扫描收集到的数据，使用分析工具和算法来识别异常行为或迹象，并生成指标监控报表。此过程对于早期识别和缓解潜在的安全威胁至关重要。

- 告警机制：通过建设有效的告警机制，将潜在的安全问题及时通报给相关人员。系统通过设置多级告警阈值，区分威胁的紧急程度；使用告警聚合技术，减少重复告警；同时，基于上下文关联分析，提高告警的相关性和准确性。

- 自动化响应：对于检测到的低风险安全事件，系统会通过配置预定义的响应脚本来自动处理，例如自动阻断来自可疑 IP 的访问请求；对于检测到的高风险事件，则会触发人工干预流程，确保能够快速且有效地处理这些高风险警报。

通过实施这些监控告警方案，可以显著提高企业对安全威胁的感知能力和响应速度，从而有效保护大模型工程化项目的安全运行。另外，通过应用这些方案，不仅能及时发现和处理潜在风险，还能为长期的安全策略优化提供数据支持。

15.3　小结

本章详细阐述在大模型应用场景下工程化的安全策略。一方面，通过介绍制度与流程、数据安全和运行安全，阐述安全体系建设要点；另一方面，通过数据分类分级、匿名化和脱敏、访问控制及监控告警等具体方案，阐述安全体系实施方案。

安全策略的建设是工程化的生命线，在不同的应用场景和业务背景下需要制定灵活的策略来全面保证系统的健康和可持续性。

第 6 部分 大模型在游戏领域的应用

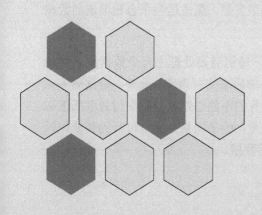

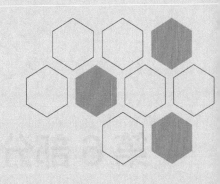

第 16 章
游戏领域的应用案例

前面的章节重点介绍了大模型工程化的技术原理和实战核心要点。在此基础上，本章以游戏经营分析场景为切入点，通过应用案例的方式介绍智能化代码生成能力，即 AI 写 SQL 代码的能力。

16.1 游戏经营分析的背景

游戏领域的经营分析场景主要是服务游戏开发商和运营商理解市场趋势、玩家行为和业务表现，以便做出更精确的决策。随着技术的进步和市场的变化，游戏经营分析的发展呈现出以下特点和趋势。

- 数据驱动决策：游戏领域越来越依赖于数据分析来驱动决策过程。从玩家行为分析、游戏平衡测试到市场营销策略，数据分析帮助业务优化资源分配和策略部署。

- 实时数据统计：实时数据统计在游戏领域尤为重要，因为它可以即时反映玩家的行为和游戏的表现。因此，游戏开发商可以快速响应，调整游戏活动元素以增强玩家体验、提高玩家留存率。

- 多源集成分析：随着游戏行业的多平台、多渠道发展，集成这些平台和渠道的数据进行全面分析成为重要趋势。

随着游戏业务日益增长的经营分析需求，游戏大厂每年需要处理上万个数据服务类请求，仅依靠传统的人工服务模式，已无法满足全量业务的需求交付带宽。此外，数据服务工作依赖于开发人员的经验和能力，所以人员变动和对业务的不熟悉常常导致交付效率低下和质量问题频现。因此，为了大幅提升服务效率与服务质量，亟须探索并实施可行的智能化服务模式，使业务团队能够快速、高效地获取所需的分析数据。

随着大模型技术的快速发展和广泛应用，我们结合重塑后的数据资产、领域大模型以及工程化能力，构建了一个面向开发者的智能助手系统。该系统旨在显著提升开发人员编写 SQL 代码和开发看板报表的效率，从而帮助业务方更及时、准确地获取所需数据，进而加速业务决策的制定和执行。

16.2 智能助手系统架构

智能助手系统架构分为平台层、引擎层和应用层，如图 16.1 所示，其中各个模块的技术原理已经在前面几章中分别详细阐述。聚焦于智能助手服务，本节将重点介绍需求理解模块和 SQL 生成模块的业务流程相关知识，因为它们连接着各功能模块的上下游任务。

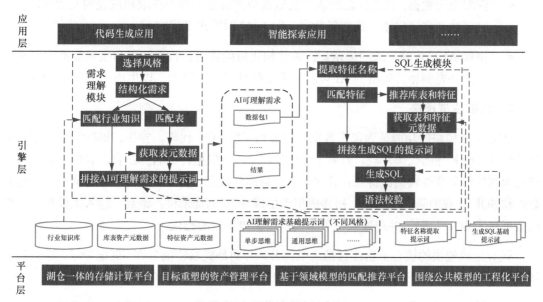

图 16.1 智能助手系统架构

1. 需求理解模块

需求理解模块的功能主要是基于数据开发描述的原始需求，结合行业知识和库表元数据信息，根据开发人员选择的不同风格，生成相应风格的 AI 可理解的需求。

需求理解模块的核心子功能包含 6 个部分，分别是选择风格、结构化需求、匹配行业知识、匹配表、获取表元数据和拼接 AI 可理解需求的提示词。

● 选择风格：从语义层面理解需求存在多种方式，例如，对于一个需求可以按照不同维度方式理解，将其拆分成和维度个数一致的子需求后再合并；也可以按不同指标方式理解，将其拆分成和指标个数一致的多个子需求后再合并。因此，为了确保 AI 对需求的理解与开发人员尽可能一致，开发人员需要选择其预期的理解风格。

- 结构化需求：将自然语言描述的需求结构化为类似 Excel 工作表的格式，其中包含需求表头、数据示例、逻辑说明和备注补充。

- 匹配行业知识：在需求表达中融入更全面的行业知识，让 AI 能够更准确地理解需求。

- 匹配表：如果数据开发人员在描述需求的时候提及具体的表名，此时应从库表资产中匹配相应的资产表。

- 获取表元数据：通过匹配的表名去数据资产管理平台中获取相应表的元数据，包含表描述和字段描述。这些元数据有助于 AI 对需求准确理解。

- 拼接 AI 可理解需求的提示词：将结构化后的需求、行业知识和表元数据这 3 部分信息补充到相应风格的 AI 可理解需求的基础提示词中，以生成 AI 可理解的需求。

2．SQL 生成模块

SQL 生成模块的功能是为每个数据包生成相应的 SQL 代码。首先，提取数据包中的特征名称并匹配相应的代码片段，如果无法匹配，算法会根据特征名称结合库表资产和特征资产元数据推荐关联性较高的特征；其次，结合数据包信息、特征代码片段、特征对应表的元数据和 SQL 生成的基础提示词，拼接成用于生成 SQL 的提示词；最后，输入大模型生成相应数据包的 SQL 代码，并通过执行引擎接口校验语法的准确性。

SQL 生成模块的核心子功能包括 7 个部分，分别是提取特征名称、匹配特征、推荐库表和特征、获取表和特征元数据、拼接生成 SQL 的提示词、生成 SQL 和语法校验。

- 提取特征名称：AI 从语义层面识别获取相应数据包的数据所需的关键特征名称。特征的代码片段用于辅助生成该数据包的 SQL 代码。

- 匹配特征：依据 AI 提取的特征名称，从特征资产库中匹配出名称一致的特征。首先，根据 AI 提取的特征名称在特征资产库中找到最相似的 5 个特征；其次，对 AI 提取的特征名称和最相似的 5 个特征名称分别进行正则化处理，包括去除停用词、日期和数字，例如，去除"的、每日、双周、minute、2024"；最后，如果正则化处理后的特征名称和推荐的特征名称完全一致，就认为匹配成功。

- 推荐库表和特征：如果上一步匹配未成功，算法将根据 AI 提取的特征名称匹配库表和特征资产中较相似的信息，并交由开发人员确认。

- 获取表和特征元数据：基于开发人员确认的表或特征，从资产管理平台获取相应库表及特征的元数据信息。

- 拼接生成 SQL 的提示词：将数据包信息、特征名称、特征代码片段、特征所使用表的元数据这 4 部分信息补充到生成 SQL 的基础提示词中，以生成相应数据包的 SQL 代码。

- 生成 SQL：将拼接后的提示词传入大模型中以生成相应的 SQL 代码。

- 语法校验：使用生成的 SQL 在执行引擎中执行 EXPLAIN 语句，以检验语法的正确性。如果语法不正确，则系统将对应的错误信息返回给开发人员。

对智能助手系统架构的核心模块的功能有所理解后，下面将通过代码生成应用和探索分析应用学习智能助手的实际应用流程。

16.3　代码生成应用

数据开发人员使用智能助手系统可以实现代码自动生成。代码生成应用流程如图 16.2 所示。

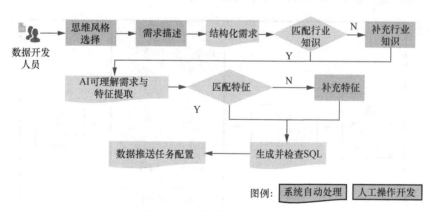

图 16.2　代码生成应用流程

代码生成应用的核心流程可以分为 10 个步骤，分别是思维风格选择、需求描述、结构化需求、匹配行业知识、补充行业知识、AI 可理解需求与特征提取、匹配特征、补充特征、生成并检查 SQL 以及数据推送任务配置。

1. 思维风格选择

系统可供选择的思维风格包含 5 种，分别是单步思维、通用思维、分枚举值统计、分指标统计和明细关联再统计。

- 单步思维：AI 根据数据开发人员描述的需求直接生成 SQL 代码，而无须将需求拆解成多个数据包。此思维风格常用于处理相对简单的需求。单步思维的处理流程如图 16.3 所示。

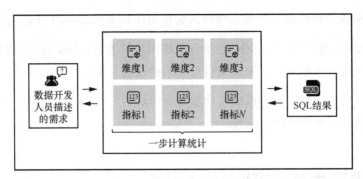

图 16.3 单步思维的处理流程

- 通用思维：AI 根据其理解将数据开发人员描述的需求智能地拆解成多个数据包。此思维风格常用于开发人员在编码前缺乏明确思路，期望 AI 提供代码生成思路的场景。通用思维的处理流程如图 16.4 所示。

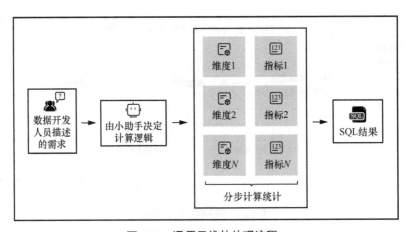

图 16.4 通用思维的处理流程

- 分枚举值统计：AI 先根据不同维度的枚举值拆解出各个结果指标，最后再合并这些结果指标。此思维风格常用于维度逻辑较为复杂的需求。分枚举值统计的处理流程如图 16.5 所示。

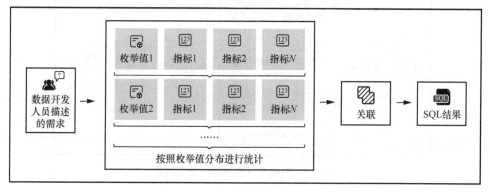

图 16.5　分枚举值统计的处理流程

- 分指标统计：AI 先根据所有维度拆解出各个结果指标，最后再关联不同的结果指标。此思维风格常用于指标逻辑数量较多且逻辑复杂的需求。分指标统计的处理流程如图 16.6 所示。

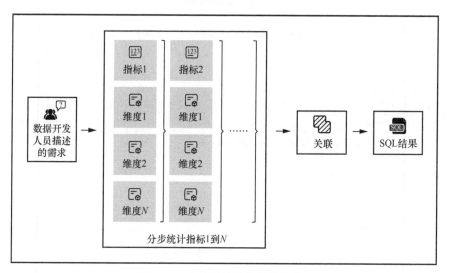

图 16.6　分指标统计的处理流程

- 明细关联再统计：AI 先提取不同的明细数据，最后将它们关联得到最终的统计结果指标。此思维风格常用于包含多层明细数据嵌套结构的需求。明细关联再统计的处理流程如图 16.7 所示。

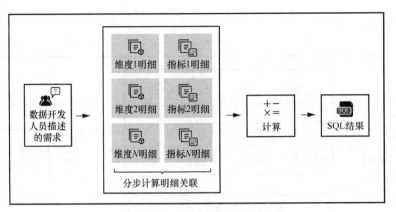

图 16.7　明细关联再统计的处理流程

2. 需求描述

确定思维风格后，可以根据思维风格标准进行需求描述。智能助手的需求描述对话框如图 16.8 所示。

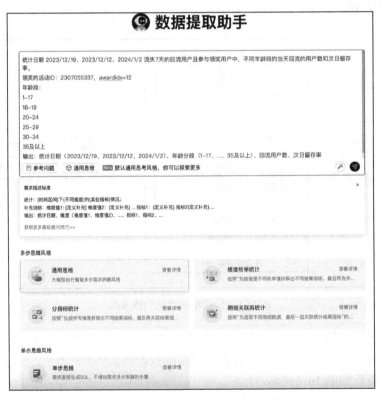

图 16.8　智能助手的需求描述对话框

3. 结构化需求

将数据开发人员描述的需求结构化成类似 Excel 工作表的格式。智能助手将用户需求结构化成类似 Excel 工作表格式的示例如图 16.9 所示。

图 16.9 需求结构化成类似 Excel 工作表格式的示例

4. 匹配行业知识

由于上述案例需求中的描述字段包含"次日留存率",并且可以成功匹配到行业知识"次日留存率 = 次日留存玩家数 / 当天活跃玩家数",因此,用户无须再进行行业知识的描述,从而减少需求描述,降低澄清的复杂度。

5. 补充行业知识

对于未匹配到行业知识的情况,我们可以通过人工处理的方式补充行业知识库,辅助 AI 后续更好地理解需求,同时又减少未来需求的重复描述,补充行业知识示例如图 16.10 所示。

图 16.10 补充行业知识示例

6．AI可理解需求与特征提取

AI可理解需求与特征提取是指AI根据结构化后的需求、行业知识信息，通过模型生成可理解的需求描述。

针对需求描述中的案例的AI可理解需求与特征提取示例如图16.11所示。

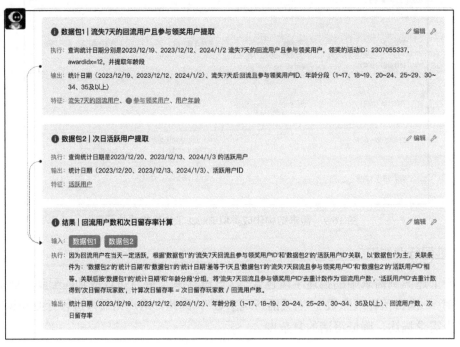

图16.11　AI可理解需求与特征提取示例

（1）提取流失7天后回流且参与领奖的用户，并计算每个用户所处的年龄段。

（2）获取对应日期即次日的活跃用户明细。

（3）计算不同年龄段的回流用户数和次日留存率。

（4）通过AI提取特征，分别提取流失7天的回流用户、参与领奖用户、用户年龄和活跃用户。

7．匹配特征

基于AI提取的特征名称，从特征资产库中筛选出相似特征，并分别进行正则化处理。如果处理后能够完全匹配，则将特征库资产中存储的代码片段作为该AI提取特征的对应代码片段。

AI 提取的特征名称是"流失 7 天的回流用户",将其正则化处理成"流失回流用户";基于"流失 7 天的回流用户"去特征库中匹配到的相似公共特征为"流失 N 天后当天回流的用户",将其正则化处理成"流失回流用户"。由于两者完全匹配,因此可以直接使用相应公共特征的代码片段。AI 提取的特征名称匹配到公共特征的流程示例如图 16.12 所示。

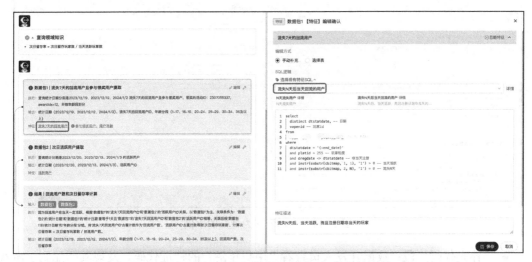

图 16.12 AI 提取的特征名称匹配到公共特征的流程示例

同时,如果该需求成功交付,则在数据资产管理平台中自动为"流失 14 天后当天回流用户"和"流失 7 天的回流用户"建立同义词关系。公共特征的同义词自动关联示例如图 16.13 所示。

图 16.13 公共特征的同义词自动关联示例

8. 补充特征

针对匹配不到的特征或匹配错误的特征,需要数据开发人员自行补充。补充特征有两种方式:补充表或者补充代码片段。

- 补充表:数据开发人员判断在数据包的执行逻辑中已经明确包含了如何获取"参

与领奖用户"的完整逻辑，所以只需要补充一张表即可。选择表作为特征的示例如图 16.14 所示。

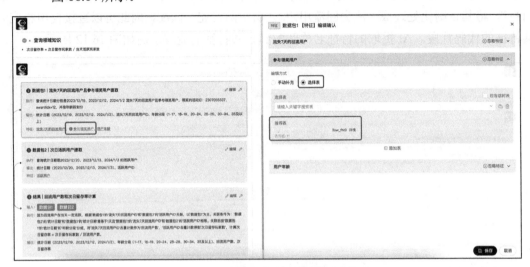

图 16.14　选择表作为特征的示例

- 补充代码片段：数据开发人员查看"用户年龄"的特征代码，发现其匹配到了游戏大盘（指存储所有游戏信息）用户年龄的代码片段，如图 16.15 所示，而需求只需要该游戏用户的年龄信息，所以得编辑数据包，删除"用户年龄"特征并添加"单游戏用户年龄"，然后手动补充相应代码片段。编辑修改特征名称的示例如图 16.16 所示。补充特征代码片段的示例如图 16.17 所示。

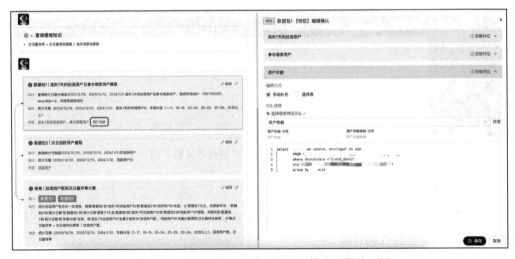

图 16.15　查看匹配到的特征代码不符合预期的示例

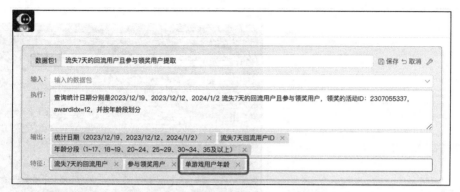

图 16.16 编辑修改特征名称的示例

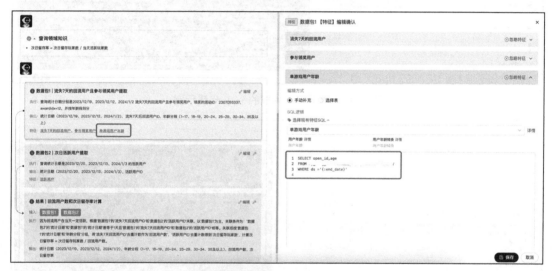

图 16.17 补充特征代码片段的示例

9. 生成并检查 SQL

基于 AI 可理解需求和特征代码片段，AI 生成相应数据包的 SQL 代码。

- 数据包 1 的代码逻辑是获取流失 7 天的回流用户、参与领奖用户，以及对用户按年龄分组，然后关联获取回流且领奖用户的年龄分段明细。数据包 1 生成的 SQL 代码示例如图 16.18 所示。

- 数据包 2 的代码逻辑则是获取次日活跃的用户明细。在数据包 2 的执行逻辑中，"次日"已经被 AI 自动替换成具体日期。数据包 2 生成的 SQL 代码示例如图 16.19 所示。

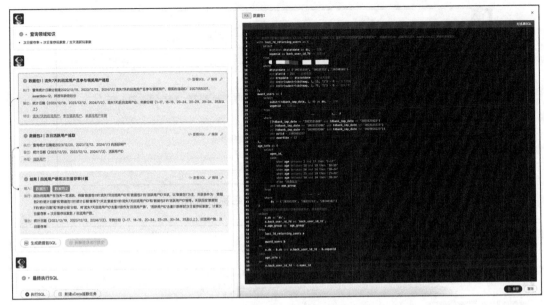

图 16.18 数据包 1 生成的 SQL 代码示例

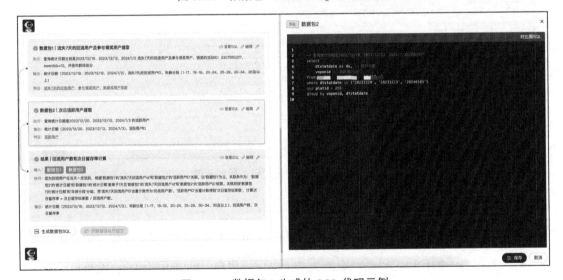

图 16.19 数据包 2 生成的 SQL 代码示例

● 通过关联数据包 1 和数据包 2，统计次日留存率指标，得到最终结果。结果数据包
生成的 SQL 代码示例如图 16.20 所示。

10. 数据推送任务配置

数据开发人员在检查 SQL 代码的逻辑正确性后，单击"新建 uData 提数任务"，系统将自动生成计算任务，并在任务完成后将生成的数据发送给指定的业务人员。生成执行任务并发送的示例如图 16.21 所示。

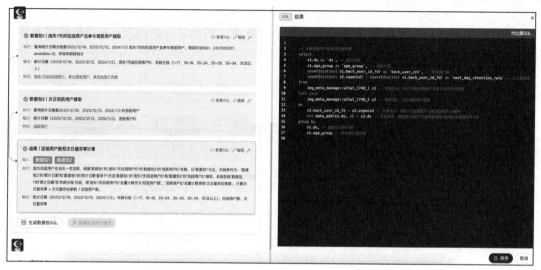

图 16.20　结果数据包生成的 SQL 代码示例

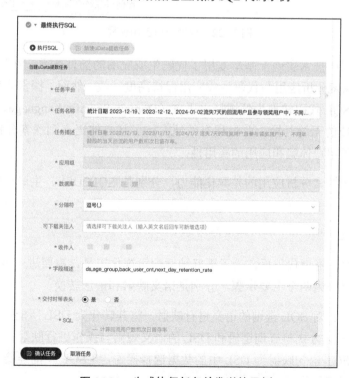

图 16.21　生成执行任务并发送的示例

16.4 探索分析应用

智能助手系统还可以辅助数据开发人员进行智能化的探索分析开发。本节将通过具体示例展示探索分析应用详细流程。

探索分析应用流程如图 16.22 所示。

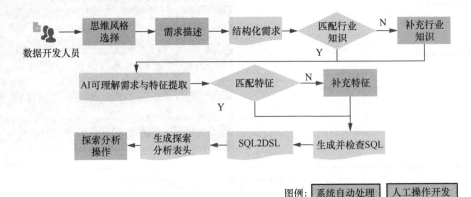

图 16.22　探索分析应用流程

探索分析应用在技术实现上基本复用了代码生成应用的插件体系。在生成并检查 SQL 的前置流程中，探索分析应用与代码生成应用保持高度一致。然而，探索分析应用的主要特色在于其能够将 SQL 代码转换为领域特定语言（Domain Specific Language，DSL），并实现与下游可视化系统的无缝对接。此过程有效地支持了从自然语言到探索分析展示的转换功能，极大地增强了用户体验和应用的实用性。

本节重点介绍探索分析应用的差异化能力，分别是 SQL2DSL、生成探索分析表头和探索分析操作。

1. SQL2DSL

在构建完 SQL 查询代码后，为了更好地适配可视化工具，需要进一步将 SQL 转换为 DSL。此过程可以分为两个主要步骤，分别是语义映射和语法转换。

- 语义映射：对 SQL 查询的语义进行映射，将其转化为 DSL 所能理解的语义，即将 SQL 的表达方式与查询逻辑和 DSL 的语义规则与操作进行映射。例如，将 SQL 中的 SELECT 语句映射为 DSL 中的数据选择操作，将 SQL 中的连接操作映射为 DSL 中的表关联操作。

- 语法转换：在完成语义映射后，将 SQL 查询的语法转换为 DSL 的语法，即将 SQL 的结构化查询语法转换为 DSL 的特定领域语言的语法。通常而言，需要根据 DSL 的语法规则和约定重新组织 SQL 查询语句。例如，将 SQL 中的 SELECT 语句转换为 DSL 中的特定领域查询操作语句，将 SQL 中的 WHERE 子句转换为 DSL 中的条件筛选语句。此过程通过大模型的内容生成能力将 SQL 的输入转换为 JSON。SQL2DSL 的提示词如案例 16.1 所示。

案例 16.1　SQL2DSL 的提示词

```
1.      import sqlite3
2.      你是一名资深数据开发人员，你将接收"输入 SQL"，按照以下"步骤"一步一步思考，严格按照"示例"的
格式输出，最终生成一个符合要求的 JSON。
3.      ## 步骤
4.      识别"输入 SQL"并去掉"输入 SQL"中的字段别名，拆分为 5 部分，分别为"查询字段"、"字段类型"、"
来源表"、"关联关系"和"筛选条件"，字段类型包含"维度"和"指标"
5.      识别"筛选条件"中的字段，作为"筛选字段"
6.      将"来源表"按格式填入"输出 JSON"的 tables 中
7.      将"关联关系"按格式填入"输出 JSON"的"join_conditions"中，"join_conditions"中的 op 只
可以是">、>=、<、<=、="中的一个。
8.      将"查询字段"和"筛选字段"按格式填入"输出 JSON"的"select_fields"中，如果
"select_fields"中有来源于不同表但"name"相同的字段，则创建字段别名"alias"，如果没有则"alias"留空，
创建方法为"table_label"拼接"name"。
9.      将步骤 4 中的"alias"(如果 alias 为空则使用"name")根据去掉了字段别名的"输入 SQL"的逻辑填
入"输出 JSON"的"select_fields"中"ret"中，需要注意的是"ret"中的"columnName"都是步骤 4 中的"alias"
或"name"。其中维度字段和直接 count、sum、max、min 计算的指标(比如 count(distinct role_id) 就是直接
计算的指标，count(distinct case when view_cnt >0 then role_id else null end)就不是直接计算的
指标)放到"dataSetCols"中，不是直接计算的指标放到"complexCols"中。"complexCols"中的参数只替换字段，
不替换常数值，比如 count(distinct case when view_cnt >10 then role_id else null end) 只替换
view_cnt 和 role_id，不替换"10"。
10.     将"筛选条件"中除了日期筛选的其他筛选条件按格式填入"输出 JSON"的"conditionSetCols"中，
"conditionSetCols"中的 op 为枚举值">, <, >=, <=, =, ≠, is_null, not_null, in, not in, 包含,
不包含，为空，不为空，非空"中的一个。
11.     将"筛选条件"中的日期筛选放到"ret"的"dateType"中，如果是 3 个连续日期就是最近 3 天，如果是
7 个日期就是最近 7 天，dateType 的枚举值"今天、昨天、本周、上周、过去 7 天、过去 30 天、过去 60 天、本月、
上月、过去 3 个月、过去 6 个月、上半年"中的一个。
12.     根据"示例输出 SQL"和"示例输出 JSON"输出最终的结果
13.     ## 示例输入 SQL:
14.     {select
15.     t1.ds, -- 日期
16.     t2.mode_id, -- 模式 ID
17.     T1.active_user_cnt_day, -- 活跃用户数
18.     from
19.     表 T1
20.     left join 表 T2
```

```
21.    on t1.user_id = t2.user_id
22.    where
23.    t1.ds = systemdate
24.    }
25.
26.    ## 示例输出 JSON：
27.    {
28.      "join_info": {
29.        "join_tables": [{
30.          "dataset_id": "",
31.          "label": "t1",
32.          "name": "用户分模式日增量表",
33.              "tb_name":"表1"
34.        }, {
35.          "dataset_id": "",
36.          "label": "t2",
37.          "name": "用户登录表",
38.              "tb_name":"表2"
39.        }],
40.    ...
41.      "ret": {
42.        "dateType":"当日7天",
43.        "figureType":"表格",
44.        "dataSetCols": [{
45.          "columnName": "t1role_id",
46.          "columnType": "指标",
47.          "computeType": "去重数",
48.          "comment": "活跃用户数"
49.        }
50.        }]
51.      }
52.    }
53.    ## 输入SQL
54.    %s
```

2. 生成探索分析表头

通过解析JSON生成探索分析表头，包括指标、维度、使用数据集、推荐图表类型等内容，用户可判断是否符合需求，并且可以选择生成正式的探索分析页面或重新修改需求进行表头生成。生成探索分析表头的示例如图16.23所示。

3. 探索分析操作

用户通过单击相应的界面按钮，将被引导至下游数据分析系统的探索分析页面。在该页面上，用户拥有极高的自由度来调整图表，如指标修改、维度修改、过滤条件补充等。修改结束后可以单击右上角的"另存图表"保存至正式的看板目录下，完成探索分析及看板的发布。探索分析页面示例如图 16.24 所示。

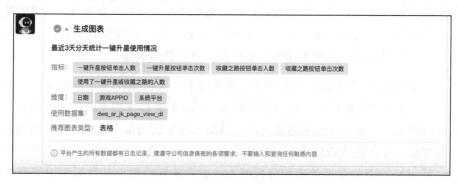

图 16.23 生成探索分析表头的示例

图 16.24 探索分析页面示例

相较传统的探索分析和看板开发，探索分析应用显著简化了用户在报表开发过程中的多个步骤，尤其减少了语义层的建设内容，同时简化了指标和维度的配置过程，用户无须进行烦琐的拖曳操作和图表配置，使得分析过程变得更加灵活和高效。

16.5 小结

本章系统地阐述了游戏经营分析场面面向开发者的智能助手系统的核心架构和具体应

用。首先，通过介绍游戏经营分析的背景，阐述当下游戏经营分析在数据分析场景的需求和痛点；其次，通过介绍智能助手的系统架构，阐述其系统核心功能的实现流程；再次，通过介绍代码生成应用，演示借助大模型和资产特征辅助开发人员快速提升 SQL 编码效率；最后，通过介绍探索分析应用，演示在 SQL 编码的基础上进一步转换为 DSL，完成与数据分析平台的衔接，助力业务人员更迅速地获取数据并进行决策制定。

然而，代码生成应用和探索分析应用仅是大模型与大数据在经营分析场景中的冰山一角，它们代表了在实现代码自动生成方面的初步尝试。随着技术的不断演进和业务需求的持续演变，可以预见，未来将有越来越多的产品借助大模型的力量实现更广泛的应用落地。这些产品不仅将助力企业在降低成本和提高效率方面取得显著成效，还将推动企业在创新能力上的飞跃。通过更智能的数据处理和分析能力，企业能够更快地从数据中提取有价值的信息，加速决策过程、优化业务流程，并在竞争激烈的市场中保持领先。

笔者团队也将在这条创新之路上不断探索和前行，致力于开发更多能够满足市场需求、推动技术进步的产品。我们相信，团队的不懈努力和持续创新，将能够为行业带来更多的可能性。